THE SCIENCE

Every Question Answered to Perfect Your Cooking

OF COOKING

烹飪的科學

推薦專文

　　對於烹飪的初學者而言，做菜的順序、原理、食材的使用方法是最難入門的，因為食譜通常都是口耳相傳的方式，導致大家可能覺得做菜很難。其實，只要掌握基本原理、了解食材特性，烹飪並不是難事，能轉化成享受生活的一種最佳管道。這本書讓我在既有的烹飪基礎上有了更深一層的理解，增加做菜的靈感與掌握度，值得推薦。

——料理作家〔Irene的美西灶腳〕陳秭璇

　　我相信在廚房除了經驗，多點科學知識會讓料理更美味！

　　每次看到別人煎出完整、表皮金黃酥脆的魚，就好羨慕啊，趕緊打聽是什麼牌子的鍋具這麼厲害，但鍋子一個換過一個，卻還是端不出讓自己滿意的魚料理。看過本書後恍然大悟——只要讓魚皮充分乾燥，高溫入鍋烹調就能煎出香酥的魚皮，根本不用換鍋子就能辦到啊！看來透過本書用科學的角度，理解食材的變化原理，不僅可以讓自己烹調時更加上手、端出滿意的菜餚增添料理時的信心與滿足感、還能省下不少添購鍋具的錢呢（笑）

——日常裡。小確幸 LaLa

· Liz Taster 美食加創辦人 高棋雯

· 電視主持 Soac 索艾克

· 烹飪書籍作者及譯者 松露玫瑰

Original Title: The Science of Cooking
Copyright © Dorling Kindersley Limited 2017
A Penguin Random House Company

出版／楓葉社文化事業有限公司
地址／新北市板橋區信義路163巷3號10樓
郵政劃撥／19907596　楓書坊文化出版社
網址／www.maplebook.com.tw
電話／02-2957-6096　　傳真／02-2957-6435
作者／斯圖亞特‧法里蒙
翻譯／張穎綺　企劃編輯／陳依萱
校對／黃薇霓
定價／480元
三版日期／2020年12月

A WORLD OF IDEAS:
SEE ALL THERE IS TO KNOW
www.dk.com

國家圖書館出版品預行編目資料

烹飪的科學／斯圖亞特‧法里蒙作；張穎
綺翻譯. -- 初版. -- 新北市：楓葉社文化,
2019.04　面；　公分
譯自：The science of cooking :
Every question answered
to give you the edge
ISBN 978-986-370-193-4（平裝）

1. 烹飪　2. 食譜
427　　　　　　　　　　108001420

目錄 CONTENTS

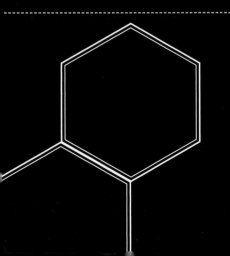

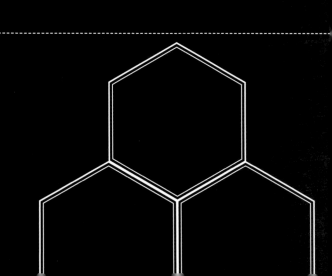

前言

每個廚師都知道，做菜給別人吃所帶來的滿足和快樂更勝於吃本身。

烹飪被稱為一門「藝術」，當中包羅了古往今來歷代廚師奉為圭臬的各種各樣步驟與程序。然而許多「制式規則」不但令人一頭霧水，還侷限了創造力的發揮。科學和邏輯學已證明傳統上的竅門、做法往往都是謬誤。比方，不必先將豆子泡水數小時再煮，要鎖住肉類的肉汁不須將肉「醒」一會兒，只醃一小時的肉，味道比醃上5個小時要來得好。

這本書裡匯集了超過160個烹調上最常見的疑難雜症，我以最新的科學研究成果為憑，提出兼具啟發性和實用性的解答。各位將看到科學這個絕佳的工具，如何幫助我們理解在日常廚房裡發生的各種小驚奇。透過顯微鏡，我們可以看到打蛋器如何把淡黃色的蛋白黏液轉變成蓬鬆雪白的蛋白霜。只要一個化學作用原理就足以說明，為什麼把牛排放進熱鍋、煎到

嗞嗞作響的這個步驟，就能把一塊淡而無味、難嚼的生肉塊變成令人口水直流的美味佳餚。

本書搭配鮮明生動的圖片和圖解，引領各位探索最常用的烹飪方法，從流程到技巧都一一解析，也揭露各種核心食材，諸如肉類、魚類、乳製品、香料、麵粉和蛋的小常識。本書也提供廚房用具的介紹，方便你按文索驥，為自家添置最合適的生力軍。

我撰寫本書時力求口語化，盡量避免專門術語，我的目的是協助讀者掌握更多的食物和烹飪科學知識，進而擺脫框架，讓創意起飛。廚師從此再也不受任何食譜的規則束縛，可以善用科學常識來開發新菜式、做不同的嘗試。我誠摯希望各位閱讀完本書以後，不僅僅深受啟發，也能夠活用相應的知識，以新穎的方法來烹調，為做菜這件事帶來樂趣和驚喜。

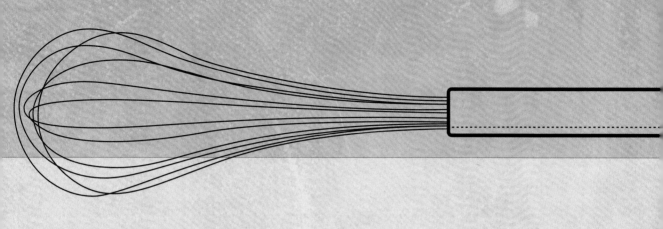

> 我的目的是讓各位讀者
> 掌握更多食物和烹飪科學知識，
> 進而擺脫框架，讓創意起飛。

斯圖亞特・法里蒙

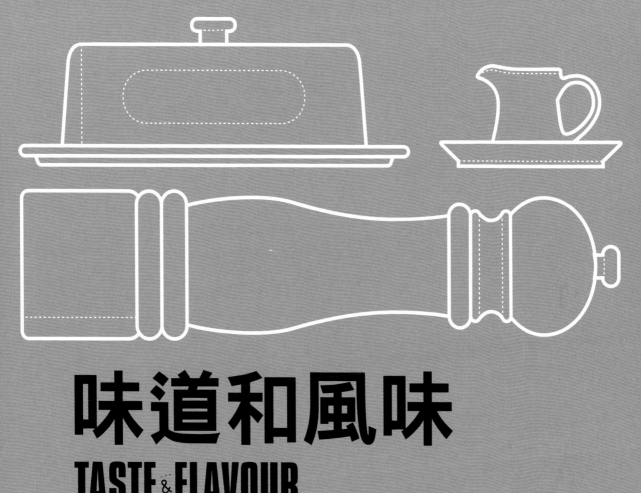

味道和風味
TASTE & FLAVOUR

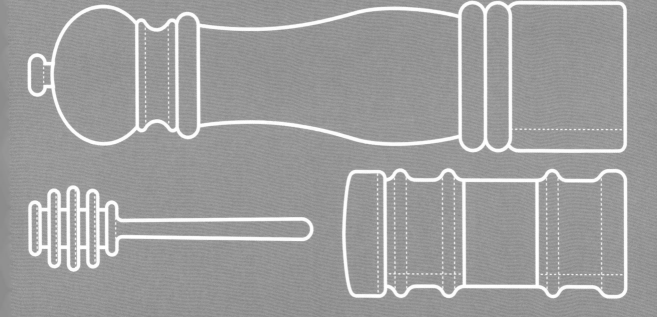

我們為什麼要
烹調食物？

把烹調視為純粹功能性的活動，只是看到它的一個面向。

雖然人類烹調食物的理由五花八門，但是我們的烹調能力主要取決於生存需要。烹調使食物變得更容易咀嚼，從而縮短所需的消化時間。人類的老祖宗類人猿一天有百分之八十的時間都花在咀嚼食物上。在起碼一百萬年前，人類已經懂得把食物磨碎、搗成泥狀，進行乾燥或醃製保存，這些烹調的雛形有助我們更快速地消化食物，花在咀嚼和消化食物的時間減少之後，便擁有更多餘裕來思考和從事其他活動。如今，我們每天只花百分之五的時間在進食。那麼，烹調食物還能給我們帶來什麼好處？

烹調使食物變得安全：烹調可殺死細菌、微生物和它們所產生的許多毒素。生肉和生魚經烹調後就變得安全，熱也能夠破壞很多的植物毒素，比如腰豆所含的有毒物質植物血凝素（phytohaemagglutinin）。

烹調使食物的風味更豐富：烹調使食物的滋味變得美妙無比。熱可使肉、蔬菜、麵包和蛋糕產生褐變反應，讓糖產生焦糖化反應（caramelize）；以及在「梅納反應」（Maillard reaction，見第16～17頁）過程中，釋出深藏在香草和香料中的風味。

烹調有助食物的分解消化：肉中的脂肪會融化，難以咀嚼的結締組織軟化成營養豐富的膠質，蛋白質原來緊密摺疊的結構會鬆開或「變性」（denature），更容易被消化酶分解。

烹調使澱粉變軟：難以消化的碳水化合物結實顆粒，一旦放入水中烹煮即會鬆開和軟化。蔬菜和穀類麵粉裡的澱粉經此「糊化」（gelatinization）過程，在腸胃道內更容易被消化吸收，為身體提供熱量。

烹調可促進營養素釋出：食物中有難以消化的「抗性」澱粉（resistant starch），不先以烹調分解澱粉的話，無法攝取到其中可觀的營養成分。加熱也可把細胞內的維生素和礦物質釋放出來，進而讓人體吸收到更多的必需營養素。

烹調有助我們發展社交關係：藉由烹調和共享食物，讓家人與朋友團聚在一起，是人類根深蒂固的心理傾向。研究顯示，經常和他人共同進餐可增進健康。

「烹調過的食物滋味美妙無比。
烹調可釋出食材深藏的風味，也可改變食物的口感。」

增進風味

幫助消化

✔

使食物
變得安全

發展
社交關係

軟化澱粉

釋放
營養素

我們如何
嚐到味道？

嚐味是比我們想像中還複雜的過程。

嚐味是一種多感官的體驗，包含感受香氣、口感和熱度，是將一切綜合而成的整體印象。

當你把食物放到嘴邊，在食物尚未接觸到舌頭以前，香氣已撲入鼻中。然後牙齒將食物咬碎，讓更多香氣釋放而出，此時食物的質地，或說「口感」，成為品嚐的重點。嘴裡的香氣分子飄蕩到口腔後方，上升到鼻腔的嗅覺接受器，但在此刻，味道彷彿是由舌頭嚐出。甜味、鹹味、苦味、酸味、鮮味和脂肪味接受器（見右頁）接受到刺激，便將味覺訊息傳送到大腦。在你咀嚼時，熱燙食物會冷卻下來，使得味道感受更強烈；味覺接受體在溫度30～35℃（86～95℉）之間最為活躍。

味覺訊號傳遞到視丘，再經過它傳到大腦的其他部位。

食物的氣態分子（airborne molecules）經由你的呼吸進入鼻腔。

當味道訊號傳導到額葉時，我們開始分辨出嗅到、嚐到什麼。

視丘

額葉

舌頭

舌頭上的味覺接受器感受到基本味道。

味覺訊號經由神經傳到大腦。

香氣分子傳入鼻腔後方的嗅覺接受器。大腦會將它們解讀為嘴裡嚐到的味道。

味覺訊號傳遞路徑

破解迷思

——— 迷思 ———
舌頭不同部位感受到不同味道
——— 真相 ———

德國科學家哈尼格（D. P. Hänig）於一九〇一年提出一個論點，認為舌頭上不同位置的味蕾分別對某種味覺有較強的感受性。他的這份研究後來被用來繪製出「味覺地圖」。時至今日，我們已知舌頭上的任何味蕾區域都能夠感受到所有味覺，舌頭各部位對不同味道的感受靈敏度差異微乎其微。

鹹味

鹹味接受器是由納離子（通常存在於鹽）觸發，它是一種維持人體體液酸鹼平衡的重要電解質。

甜味

甜味接受器大多由糖觸發。甜味代表此食物是容易消化的能量來源。

酸味

當酸味接受器偵測到水果的酸味，這個味覺訊號表示食物含有豐富維他命C（抗壞血酸），或者已經腐壞變質。

苦味

許多可能有害的天然毒性物質都會刺激苦味接受器，苦味是危險警告訊號，讓我們免於誤食有毒食物。

油脂味

新近十年的研究發現味覺細胞能夠感知到食物中的脂肪分子，油脂味代表此食物可提供豐富的能量。

鮮味

鮮味接受器可偵測到鮮甜甘美的味道，它是由麩胺酸（glutamate）這種胺基酸所引起的感覺，代表此食物富含蛋白質。

為什麼烹調過的
食物會
如此美味？

嚐味是比我們想像中還複雜的過程。

　　法國醫學家路易‧卡米爾‧梅納（LouisCamille Maillard）於一九一二年的一個發現，為廚藝科學留下長遠影響。他分析蛋白質基本單位（胺基酸）與糖交互作用時會發生什麼事，揭開含蛋白質食物，比方肉、堅果、穀物和多種蔬菜在加熱到溫度140℃（284℉）時會發生的一連串複雜反應。

　　如今我們把分子的這些變化過程稱為「梅納反應」。懂得這一連串變化，有助於我們理解食材在烹調加熱時如何變為褐色，又是如何形成千變萬化的風味。煎封過的牛排、煎得酥脆的魚皮、烤得香噴噴的麵包外皮，乃至於烘烤堅果和香料的香氣，都是梅納反應的功勞。兩種成分的相互作用就這樣產生每樣食物獨有的誘人芳香。若廚師能了解梅納反應的原理，做起菜來更是如虎添翼：他會在醃肉時加入含豐富果糖的蜂蜜來加強此反應；在熬糖時加入鮮奶油來供給牛奶蛋白質和更多的糖，以便創造出奶油硬糖和焦糖的風味；在酥皮麵團刷上蛋液來供給更多的蛋白質，以便促進表面褐變上色。

梅納反應

蛋白質的基本單位胺基酸與周圍的糖分子（即使是肉類也含有少量的糖）碰撞，結合為新物質。游離的新物質分子再度分開，與其他分子相互碰撞、結合，如此反覆之下可形成多到不可勝數的全新組合。從而產生出數百種不同的新物質，其中一些呈褐色，許多都帶有香氣。隨著溫度的上升，引發越來越多的變化。褐變反應時會形成什麼樣的風味和香氣，取決於各食物的蛋白質類型和糖含量。

梅納反應之前

發生了什麼事？

上升到140℃（284℉）

烹調開始

溫度必須達到140℃（284℉），糖分子和胺基酸才有足夠的能量來交互反應。在食物表面溼潤的狀況下，溫度都不會高於水的沸點100℃（212℉），因此必須先以乾燥（乾煮）熱能帶走表面水分，才能夠讓梅納反應發生。褐變反應時所形成的風味和香氣，端視各食物各自的蛋白質種類和含糖量而定。

發生了什麼事？

 +

胺基酸（蛋白質）　　　　　　　糖

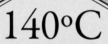

140°C

梅納反應大約在溫度
140°C（284°F）發生，
它使食物生成新的風味
與香氣。

梅納反應期間	梅納反應之後
140-160+°C（284-320+°F）	**180°C以上（356°F以上）**

140°C（284°F）	150°C（302°F）	160°C（320°F）	180°C（356°F）
烹調溫度達到140°C（284°F）時，含蛋白質的食物產生梅納反應，逐漸轉變為褐色。此過程也稱為「褐變」反應，但是顏色改變只是其中一部分的變化。在這個溫度時，蛋白質和糖會相互碰撞，然後融合，形成數百種新的風味物質和芳香物質。	隨著溫度上升，梅納反應變得劇烈。當溫度達到150°C（302°F）時，生成新風味分子的速度會比140°C（284°F）時快上兩倍，為食物增添越多的繁複風味和香氣。	隨著溫度繼續升高，各分子持續在變化，產生更多誘人的新風味和新香氣。風味在此階段達到最高峰。現在食物散發出陣陣的麥芽香、堅果香、肉香和焦糖般的風味。	當溫度達到180°C（356°F）時，即發生另一個反應，「裂解反應」（pyrolysis），或「燃燒」。食物逐漸變得焦黑，香味消失，只留下刺鼻的苦澀風味。裂解反應從碳水化合物開始，然後是蛋白質、脂肪，產生出一些有害物質。烹調時務必要小心，溫度一旦過高就應該讓食物離開熱源，避免燒焦。

胺基酸和糖開始結合，產生新的風味。

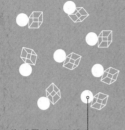

生成風味因子的速度加快兩倍。

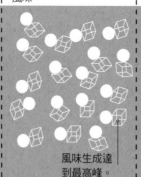

風味生成達到最高峰。

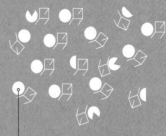

碳水化合物和蛋白質形成焦黑、苦味物質。

為什麼某些風味的搭配格外契合？

嚐味是比我們想像中還複雜的過程。

　　每種食物都有各自的風味成分和化學物質，從而形成各自不同的芳香或刺激氣味和味道。這些林林總總物質的名稱和化學式包括有水果的酯類、辛香料的酚類、花朵和柑橘類水果的萜烯類，以及刺激性含硫分子。直到最近，大家若要研究哪些食材適合搭配在一起，往往都還是透過反覆的嘗試。不過，有越來越多廚師熱衷於親身實驗，已經促使食物「搭配學」成為一門新興的研究。研究者已經統整出數百種食物的風味成分，這些資料顯示，傳統菜餚裡搭配在一起的食材的確有許多共通的風味成分，同時也揭露出更多出人意表的完美配對。但是，這些只是理論上的天作之合，食物質地並未被納入考量，而且不盡然適用於亞洲料理和印度料理，因為那些料理所搭配的辛香料往往有迥異的風味物質。

　　現在就讓我們來看看哪些食物與牛肉有共通的風味成分，適合搭配在一起。

　　連結的線條越粗，表示此食物與牛肉有越多的共通風味成分。

色塊 COLOUR KEY

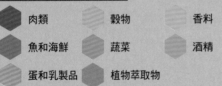

肉類	穀物	香料
魚和海鮮	蔬菜	酒精
蛋和乳製品	植物萃取物	

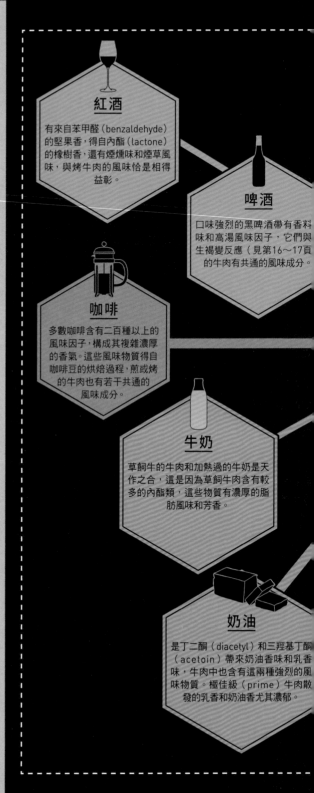

紅酒
有來自苯甲醛（benzaldehyde）的堅果香，得自內酯（lactone）的橡樹香，還有煙燻味和煙草風味，與烤牛肉的風味恰是相得益彰。

啤酒
口味強烈的黑啤酒帶有香料味和高湯風味因子，它們與生褐變反應（見第16～17頁的牛肉有共通的風味成分。

咖啡
多數咖啡含有二百種以上的風味因子，構成其複雜濃厚的香氣。這些風味物質得自咖啡豆的烘焙過程，煎或烤的牛肉也有若干共通的風味成分。

牛奶
草飼牛的牛肉和加熱過的牛奶是天作之合，這是因為草飼牛肉含有較多的內酯類，這些物質有濃厚的脂肪風味和芳香。

奶油
是丁二酮（diacetyl）和三羥基丁酮（acetoin）帶來奶油香味和乳香味，牛肉中也含有這兩種強烈的風味物質。極佳級（prime）牛肉散發的乳香和奶油香尤其濃郁。

紅茶

茶葉採下、乾燥、加熱和□□戈所產生的煙燻化合物和□牛肉相當匹配，也能強化後者的煙燻風味。

小麥

小麥麵包的褐色外皮和烤牛肉有許多共通的芳香化合物（得歸功於梅納反應，見第16-17頁）。在這數十種共通的化學物質當中，是甲基丙醛（methylpropanal）帶來麥芽香氣，吡咯啉（pyrroline）帶來土味、烘烤味和爆米花味。

葫蘆巴

葫蘆巴的咖哩般香氣得自葫蘆巴內酯（sotolon）這種化學物質，此物質在份量低時散發楓糖糖漿般的香氣。烤牛肉也有同樣的風味分子。把葫蘆巴葉加入醬料裡，或是與其他香料、牛肉一起烘烤，可以強化這些細微香味，並為烤牛肉料理增添新的辛香和花香氣味。

牛肉

烤牛肉帶有肉味、高湯味、青草味、土味和香料風味，研究顯示牛肉和其他食物有最多的共通風味成分。

洋蔥

烹調過、褐變後（通常被誤稱為焦糖化）的洋蔥有許多含硫的「洋蔥味」風味分子，烹調後的牛肉也含有類似的風味物質。

花生醬

□作花生醬的加熱和研磨過□中會產生帶有堅果芳香的□秦（pyrazines）物質，加上□作味和煙燻味，它和牛肉□是相當契合的搭配。

毛豆

毛豆這種蔬菜帶有清新青草味，但是一經過烹調之後，它們會產生與牛肉共通的堅果香氣。

蛋

經過烹調的蛋，其蛋黃中的脂肪會分解為各種各樣的新風味，比方「清新」、「青草味」的己醛（hexanal），脂肪味、「油炸」味的癸二烯醛（decadienal），熟牛肉也含有這兩種物質。

魚子醬

魚子醬和牛肉是出乎意料的配對，不過富含蛋白質和脂肪的魚子醬是甘美鮮味（來自麩胺酸）的絕佳來源，也帶有類似肉味的「胺類」（amine）香氣成分。

大蒜

辛辣的大蒜風味得自強烈的含硫芳香化合物，其中一些物質有肉類、牛肉和「生肉」的氣味。

蘑菇

蘑菇含有大量高湯鮮味的麩胺酸，經過烹調之後，會產生含硫的肉味風味物質。

廚房基本道具
KITCHEN ESSENTIALS

刀鋒（cutting edge）稱為
「刃口」（bevel），越往
刀尖厚度越薄，刀尖厚度
約為1公釐。

刀具 基本指南

廚房刀具貴精不貴多，
只要幾把就足以應付大部分需求。

　　許多主廚都把品質精良、鋒利又耐用的廚
刀視為個人最珍貴的財產。

刀的結構大解密

　　刀子是由衝壓（stamped）或鍛造（forged）而
成。市面上最常見的輕巧壓製刀是從一整片鋼
材衝壓出刀形。鍛造刀則是經過錘打、熱處理
和冷卻金屬坯料的鍛打製程，強迫金屬原子重
新結晶為更細的晶粒，這樣的「細晶粒」
（fine-grained）金屬更經久耐用。以下介紹每位
廚師必備的基本刀款。

碳鋼

這種金屬是單純的鐵與碳合金（不像其他鋼材會多
加別的成分）。只要細心保養的話，碳鋼刀的鋒利
度會比不鏽鋼刀持久，不過碳鋼很容易生鏽，因此
必須勤加保養、清潔、乾燥和上油才能常保如新。

不鏽鋼

在碳鐵合金裡加入鉻（chromium），即成為彈性
更好又不易生鏽的鋼材。高品質的不鏽鋼為細晶粒
鋼，因此鋒利度極佳，也可以再加入其他金屬元素
來提高材料耐用性。不鏽鋼刀易磨易利且堅韌耐
用，通常是最合適家庭廚師使用的實用刀具。

陶瓷

鋒利、輕盈、硬度高的陶瓷刀很適合用來切割肉
塊。它們的刀深通常是用氧化鋯（zirconium
oxide）製成，再研磨出剃刀般鋒利的刀鋒。陶瓷
刀無生鏽之虞，但難以打磨，也不具備鋼刀的彈
性，因此萬一不小心碰到骨頭等硬物或掉落的話，
很容易破裂或缺角。

鋸齒刀

―――――― 用途 ――――――

用來切割外皮堅硬或細滑軟韌的食物，比方
麵包、蛋糕或大顆番茄，適用於任何不需要
精細切割的狀況。

―――――― 挑選要點 ――――――

刀身要長，手柄握來舒適順手，刀齒要尖，
齒槽要深。

切肉刀的刀刃應該比主廚刀來得薄，
因為它被用來做最精細的切割。

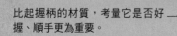

比起握柄的材質，考量它是否好
握、順手更為重要。

刀身可能整個或一部分延伸入刀柄，稱為「刀根」（tang）。刀身貫穿到握柄尾端的「全龍骨」（full tang）刀比穿心柄刀更結實耐用。

主廚刀

———— 用途 ————

切片、切丁、去骨、切塊，刀面可拍扁大蒜。

———— 挑選要點 ————

握柄必須合手，而且不會過重。要用來剔骨切肉的刀子，拿起來應該有足夠重的手感和良好的平衡性。

刀刃的弧度越大，越適合上下擺動的跺切刀法。弧度較平緩的刀刃適於切片用。

削皮刀

———— 用途 ————

切片、削皮、去果核，以及把香草莢的籽刮下這類細緻刀工。

———— 挑選要點 ————

像矛頭一樣尖的薄刀刃，若是用於快速、精細的切割，要選弧度平緩的刀刃，如此較易於進行直刀切。

鍛造刀越近刀尖厚度越薄；衝壓刀的刀身整體厚度一致。

若刀刃和刀柄相接部位有塊特別厚的底座，稱為刀枕（bolster），它是鍛造刀的標誌。

較短（6至10公分／2.5至4吋）的刀刃適用於精細的刀工處理。

要挑選鋸齒數少於40個、刀刃薄的為宜。鋸齒較少的刀更容易下刀，能夠切出更乾淨俐落的斷面。

切肉刀

———— 用途 ————

從大塊肉切下薄片。

———— 挑選要點 ————

刀鋒要長要薄，而且非常鋒利，刀尖為尖頭。刀刃弧度應該比主廚刀平緩為宜，因為它是用於切薄片，而不是上下擺動的切法。

如同鋸子的尖利齒牙可集中於一點施壓，進而戳穿表面，接著鋸齒的內凹刀面滑入裂縫，切開食物。

鍋徑20公分（4.5公升容量）的湯鍋適於烹煮大份量的米食或麵食、煮湯、燉菜和熬煮高湯。

鏽鋼外層、內包鋁材夾層的複合金鍋容易保養、導熱速度快。

鍋徑18公分（3.5公升容量）的湯鍋適用於烹煮小份量料理，也可用來沸煮蔬菜。

鍋具 基本指南

挑選一組優質的必備基礎鍋具，可讓你下廚時事半功倍。

你使用的鍋具是哪種金屬材質，會左右食物烹調的方式和結果，但更重要的關鍵是鍋身厚度；鍋底越厚，導熱越均勻。

會鏽蝕的金屬材質，比如碳鋼和鑄鐵材質的鍋具，在第一次使用之前應該先「開鍋」：在鍋內放油，開爐火空燒，如此反覆進行三至四次，即能形成一層有不沾效果的「油膜」（patina）。一般市售的不沾鍋係使用光滑的樹脂塗層，但此材料不耐260℃（500℉）以上的高溫，因此這類鍋子適合用來烹調易沾黏的細緻食材，比如魚類。

不鏽鋼

天天使用的湯鍋適合選擇厚重、耐用的不鏽鋼材質，但是它導熱很慢（除非內包鋁或銅夾層），而且食物易於沾黏在鍋底。由於是光澤表面，用這種材質的鍋來製作醬料或洗鍋收汁（deglaze），更易於掌握食材發生褐變的時機。

銅

厚重又昂貴的材質，但是對火候溫度的變化反應快，厚底銅鍋的導熱速度也比其他材質來得快。銅會和酸性食材發生反應，不過銅鍋內壁通常會鍍上另一層金屬隔層，以避免食物變色和沾染金屬味。因為此材質很厚重，用來製作炒鍋或中式鼎鑊時重量會過重。

鋁

導熱快，因此對火候的溫度變化反應靈敏，不過，這也意味鍋子一離開熱源就散熱很快。鋁的重量極輕，適合製作平底鍋、炒鍋和湯鍋。經過「陽極處理」的鋁鍋表面有一層氧化鋁膜，可防止鋁材和酸性食物發生反應。

碳鋼鍋堅固且傳熱快。

中華炒鍋（鑊）

———— 用途 ————

大火快炒、蒸煮、油炸。

———— 挑選要點 ————

鍋蓋必須和鍋身密合，鍋底要薄，把手要長且堅固。避免選擇有不沾塗層的鍋子，此種材料無法耐受大火快炒的高溫。碳鋼鍋是絕佳選擇；第一次使用之前必須開鍋，先把鍋上原有的油膜洗去，再將鍋子放在爐火上空燒至發黑，接著倒油，待冒煙即關火。待鍋子冷卻後，把油洗掉。重複進行步驟3到4次。

鑄鐵平底鍋

———— 用途 ————

烹調根莖類蔬菜、肉類、會沾黏食物（若已進行過開鍋）；可直接放於熱源上方燒烤或放入烤箱裡。

———— 挑選要點 ————

隔熱（因鑄鐵會蓄熱）的長柄把手，並有可供抓握的鍋耳以方便提舉鍋子。

圓形燉鍋

—— 用途 ——
焅肉。

—— 挑選要點 ——
鍋蓋和鍋身緊密密合，有易於抓握的把手。鑄鐵材質雖然厚重，卻是理想的燉鍋選擇，因為可儲熱，鍋內溫度可維持穩定。它的內壁上有琺瑯塗層，相當耐用，也不會和酸性食物發生反應。

鍋徑16公分（2公升容量），可用來融化奶油、製作焦糖、製作醬料和煮水波蛋。

湯鍋

—— 用途 ——
烹調醬料、燉菜、煮湯、熬高湯，沸煮蔬菜、炊煮米食和麵食。

—— 挑選要點 ——
鍋蓋和鍋身要完全密合，以便保留鍋中水分不流失，大鍋最好有鍋耳，以方便提舉鍋子。把手是耐熱材質的鍋子可放進烤箱。

鑄鐵蓄熱佳，適合長時間燉煮的菜餚。

置於爐火上使用時，圓形鍋底會比橢圓形鍋底導熱更均勻。

鍋徑24公分（10吋）平底不沾鍋

—— 用途 ——
烹調細緻魚肉、蛋類和法式薄餅。

—— 挑選要點 ——
鍋底要厚，不沾塗層厚度也要厚。選擇有信譽的品牌。

長把手

碳鋼
此材質的導熱速度比不鏽鋼快，但是它跟鐵一樣會生鏽，也會跟食物發生反應，因此第一次使用前必須開鍋，才能達到跟不鏽鋼一樣的耐用度。中華炒鍋和平底鍋最適宜碳鋼材質。

鑄鐵
鑄鑄鍋非常厚重、密度高，雖然預熱速度慢，但是一旦加熱到預定溫度，即可穩定維持熱度。這種材質的平底鍋或燉鍋相當適合用來將肉塊煎上色。裸鑄鐵會生鏽，並且和酸性食物發生反應，因此第一次使用前必須養鍋來形成不沾的油膜隔層，清洗時不宜大力刷洗。

不鏽鋼夾鋁的複合金材質很輕巧，甩鍋輕鬆不費力。

厚鍋底導熱均勻，不會有某個部位特別熱的狀況。

圓弧鍋體設計，適合烹調需要攪拌的料理和肉汁。

經過養鍋步驟的鑄鐵鍋即有不沾效果，但是要避免刷洗和使用強力清潔劑。

小鍋耳

鍋徑30公分（12吋）炒鍋

—— 用途 ——
煎封、煎炸大塊食材，熬煮醬汁，烹調大份量菜餚。

—— 挑選要點 ——
鍋蓋和鍋身必須完全密合，以便維持鍋內水分不流失；握柄要長，鍋底厚度適中。

◀ 量杯

一只透明的強化玻璃量杯可
用來精準測量液體的容積。
使用普通杯子的話，會因為
水的表面張力所致的凸出部
分，影響到判準。

電子秤 ▶

品質優良與否會左右精準
度。選擇要點包括：秤盤夠
大可供放置大碗，最大秤重
量至少為5公斤（11磅），
液晶顯示螢幕，精密度達0.1
單位。

用具 基本指南

不同的料理所用到的道具各不相同，
它們的款式、材質也五花八門。

　　工欲善其事，必先利其器。幾種重要的廚
房用具可協助你烹調出一道道美味佳餚。

你需要哪些用具？

　　跟過去相比，如今的廚房工具和器具可說
多到令人眼花撩亂，各種材質和款式應有盡
有、任君選擇。不過，你在選購所需道具時，
務必考量它們各自的優、缺點。並非所有的創
新產品都會帶來進步，你得注意用具的用途是
否多樣化，以及不同材質接觸不同食材會產生
的交互反應。

磨刀棒 ▲

金屬磨刀棒的原理是通過
摩擦來修復、拉直捲刃，
而不是把鈍的刃口磨利。
挑選時要選厚重鋼材、長
度25公分（10吋）的款式
為佳。人工鑽石和陶瓷材
質的磨刀棒可刮去一些金
屬，能夠稍微磨利刀鋒。

擀麵棍 ▲

木頭材質可恰到好處吸附防麵團沾黏的
麵粉，並且不會傳遞手溫，不會影響麵
團的溫度。選購時以不含握把的實心棒
狀擀麵棍為佳，兩頭稍細的款式更便於
靈活操作，比如滾動、多角度的碾壓。

其他有用的好幫手

- Y形削皮器是左撇子和右撇子都能使用的通用物品。
  挑選時以刀刃鋒利、刨刃與把手之間間隔2.5公分（1
  吋）為佳，足夠大的開口才不易卡住蔬果皮。
- 用來夾取食物、翻面的料理夾，選擇時以彈力好、圓
  齒夾片設計為佳。耐熱的矽膠材質最萬用，沒有刮傷
  任何材質表面之虞。
- 選擇食物調理機時，考量要點包括刀刃是否鋒利、堅
  固，是否附有麵團攪拌棒和切片、切絲器，以及馬達
  底座是否位於攪拌桿下方（別選擇皮帶傳動機型）。
- 搗泥器以具有長而堅固的金屬把手，搗面採多個圓狀
  小孔為佳，避免波浪長條形的設計。
- 蛋糕烤模最好有邊框扣環或可移動底盤，以利快速
  脫膜。
- 搗磨用的缽杵以表面堅硬、紋路稍粗為佳，比方花崗
  岩材質是不錯的選擇。

熱氣球形打蛋器 ▲

至少10根鋼絲的熱氣球形打蛋器為首選，它
的用途廣泛，而且效率更勝一籌。金屬絲的
堅硬邊緣可有效打入空氣並打碎脂肪球（fat
globule）。若使用不沾塗層的容器，則須
搭配矽膠材質的打蛋器。

◀ 刨絲器

選擇孔洞大的，刨起來會更有效率。穩
固的立式款式擁有四面不同的刨孔設
計，無論削粗條、削細絲、削檸檬皮和
磨粉，通通一把罩。

◀ 金屬篩網

金屬絲最合適編製超細網目來過濾最細小的顆粒。篩網的一側若有鍋掛設計，可將它跨放於鍋子、容器上頭使用。

漏勺 ▲

以把手長、勺面較深、像個小碗的設計為首選。不鏽鋼材質輕薄又堅固，因此比起較為笨重的塑膠或矽膠材質更適合撈取液體裡的食物。

湯勺 ▲

一支長柄的不鏽鋼湯勺適合用來撈除燉菜或高湯裡的油渣和浮沫。一體成形會比焊接製作的更經久耐用。

金屬煎鏟 ▲

要翻煎細緻、易碎食材時，最好選用輕薄又富彈性的金屬鏟，其鏟面以又長又寬、有孔為佳。使用不沾鍋鍋具時，切勿搭配金屬製鍋鏟，應該使用耐用塑膠或矽膠鍋鏟。

溫度計 ▲

最好選購有探針、可插入食材中心測溫的款式。製作焦糖時，應該使用最高測溫高於210℃（410℉）的溫度計。

塑膠鍋鏟 ▲

塑膠鍋鏟最能夠滿足精細操作的要求，比方切拌蛋白霜或回火調溫（tempering）巧克力。熱燙食物應搭配耐高溫的矽膠鍋鏟。

木製匙 ▲

木頭材質不會刮傷不沾鍋和金屬鍋鍋面，此外導熱慢，即使與熱燙食物接觸，匙柄依然不燙手。由於木頭是多孔隙的材質，會吸附食物粒子和氣味，因此使用完畢必須徹底清潔。

攪拌碗

不鏽鋼材質經久耐用，但不宜放入微波爐中加熱。強化玻璃材質耐熱、可微波。陶瓷和粗陶材質都有破裂的風險，但導熱慢，因此適合用來攪拌麵團。

砧板

木製砧板非常耐用，並且適合處理任何食物，由於該質料具有「彈性」，不像花崗岩、玻璃這類硬質砧板會讓刀變鈍。塑膠砧板的切割面容易藏汙納垢，成為細菌溫床，木頭砧板含有抗菌的單寧（tannins），更合乎衛生要求。

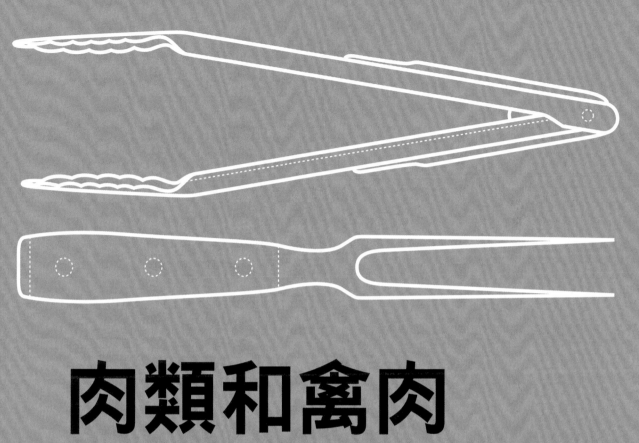

肉類和禽肉
MEAT & POULTRY

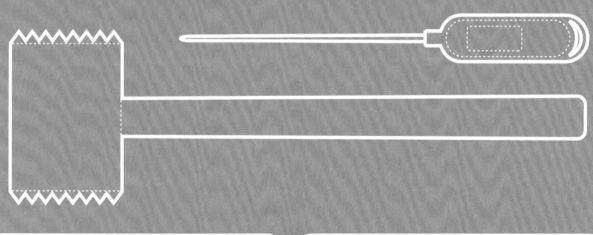

聚焦 肉類

多數傳統料理的核心食材都是肉類；了解肉的結構和組成，將有助你在烹調時截長補短，將肉品本身的美味發揮到極致。

肉類看似種類繁多，其實都是由三種組織構成，分別為肌肉、結締組織和脂肪。這幾種組織的比重和肌肉纖維的種類，也決定它最合適的料理用途。

動作施力的肌纖維為紅色或粉紅色，多數動物肉塊主要是由紅色纖維構成。肉的含水量約為70%至85%——烹調時必須盡可能保持它的水分不流失，才能做出嫩口多汁的成品。結締組織是分隔肌纖維束或結締肌肉和骨頭的防護薄層；它在烹調過程中會逐漸融解，賦予肉類料理油潤風味。不過，加熱到較高溫度時，結締組織會開始萎縮，肉裡的水分也隨之流失。生的脂肪組織很難嚼且淡而無味，但是只要加熱烹調之後，脂肪細胞便會破裂，為肉品增添濃厚的風味。

認識你所使用的肉

每種肉類的組成方式，包括脂肪和肌肉的相對比例、結締組織的多寡，以及肉塊的肌肉纖維種類，決定了它們的脂肪含量和蛋白質含量。所有肉類都是絕佳的蛋白質來源。以下為各種不同肉類的比較。

白肉

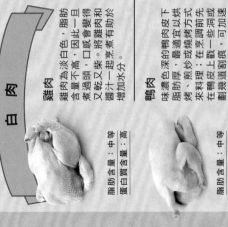

雞肉
雞肉色為淡白色，脂肪含量不高，因此口感會變得又乾又柴。將雞肉和醬汁一起烹煮有助於增加水分。
脂肪含量：中等
蛋白質含量：高

鴨肉
味濃色深的鴨皮下脂肪厚，最適宜以烘烤、煎炒或爆烤方式來料理。在鴨烹調前先在肉塊上數一些洞或劃幾道割痕，可加速皮下脂肪融化。
脂肪含量：中等
蛋白質含量：中等

火雞肉
火雞肉為白色、肌肉組織多、脂肪少，最合適煎炒或爆烤。腿肉的肉色較深，含有較多的結締組織，因此可用來燉煮。
脂肪含量：低
蛋白質含量：高

烹調
長時間燉煮可讓結締組織化為柔滑的膠質，煮出多汁的肉。

科學
結締組織是由蛋白質構成，而蛋白質在溫度52°C（126°F）左右開始軟化和分解。

結締組織
堅韌的結締組織將肌肉纖維固定成束，也連結起肌肉和骨頭。

丁骨
丁骨牛排集雙重口感於一身，骨頭的一邊是精瘦的菲力牛排，另一邊是多油花的沙朗牛排。

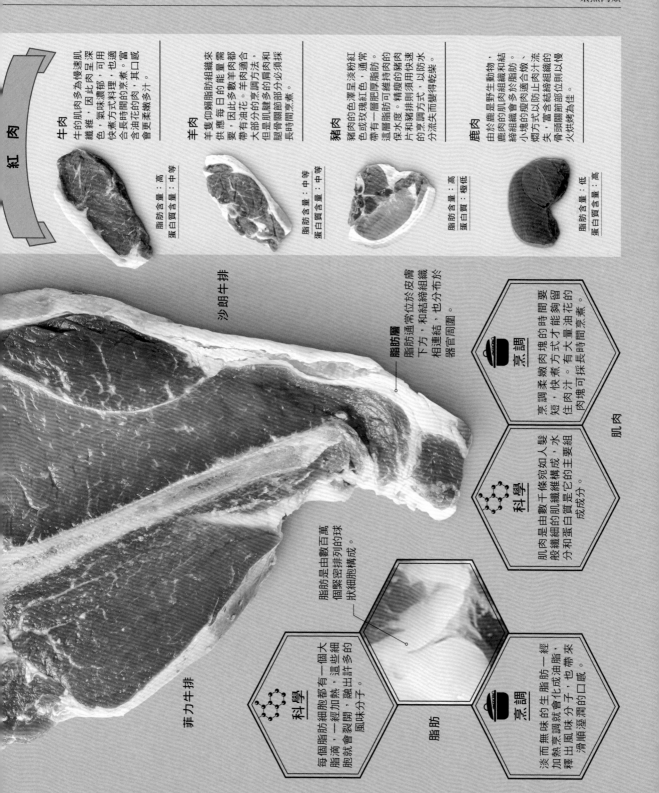

紅肉

牛肉

蛋白質含量：高
脂肪含量：中等

牛的肌肉多為慢速肌纖維，因此肉呈深色，氣味濃郁，可用快煮方式料理，也適合長時間的烹煮，其富含油花的肉，會更柔嫩多汁。

羊肉

蛋白質含量：中等
脂肪含量：中等

羊隻仰賴脂肪組織來供應每日的能量需要，因此多數羊肉都帶有一層肥厚脂肪，大部分的烹調方法，但是肌腱多的肩肉和腿骨關節部分必須採長時間烹煮。

豬肉

蛋白質含量：高
脂肪含量：極低

豬肉的色澤呈淡粉紅色及玫瑰紅色，通常帶有一層肥厚脂肪，這層脂肪可維持肉的保水度，精瘦肉和豬排則須用快速的烹調方式，以防水分流失而變得乾柴。

鹿肉

蛋白質含量：低
脂肪含量：高

由於鹿是野生動物，鹿肉的肌肉組織和結締組織多於脂肪，小塊的瘦肉適合燉燜方式以防止肉汁流失，當結締組織豐富的骨頭關節部位則以慢火供烤為生。

沙朗牛排

菲力牛排

脂肪層
脂肪通常位於皮膚下方，和結締組織相連結，也分布於器官周圍。

肌肉

烹調
烹調柔嫩肉塊的時間要短，快煮方式才能夠留住肉汁。有大量油花的肉塊可採長時間烹煮。

科學
肌肉是由數千條宛如人髮股纖細的肌纖維構成，水分和蛋白質是它的主要組成成分。

脂肪

科學
每個脂肪細胞都有一個大脂滴，一經加熱會裂開，這些細胞就會釋出許多的風味分子。

脂肪是由數百萬個緊密排列的球狀細胞構成。

烹調
淡而無味的生脂肪一經加熱烹調就成化成油脂，釋出風味分子，也帶來滑順濕潤的口感。

要怎麼分辨
肉品的品質？

超市貨架上琳琅滿目的生鮮肉品皆以保鮮膜或塑膠袋包覆，
加上有明亮的燈光照明，要篩選出優良肉品實非易事。

很多人都認為最新鮮、最美味的紅肉應該是鮮紅的櫻桃紅色澤，但真的是這樣嗎？你可以跟肉攤老闆指明要最美味的肉，他拿給你的可能是已經熟成一段時間、色澤略深的肉塊，這樣的肉風味更佳、肉質更軟嫩（見右頁）。本頁羅列選購肉品的一些訣竅，只要掌握這些原則，你也可判別出優質肉品。

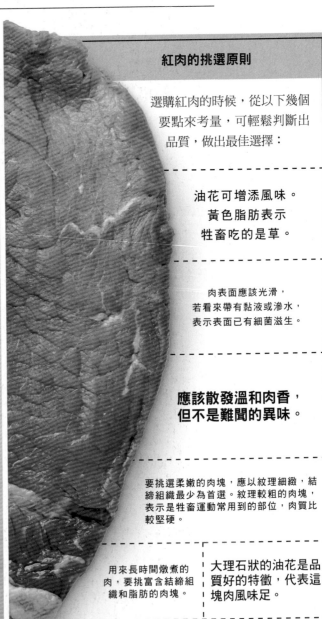

白肉的挑選原則

謹記以下各個要點，即可挑選到最新鮮的白肉。

雞胸肉
應該結實、
飽滿。

骨頭應該完好，
__無骨折__
斷骨等現象。

肉表面
應該乾淨、
無斑點。

表皮應該平滑、柔嫩。

白肉雞胸肉 ▶

紅肉的挑選原則

選購紅肉的時候，從以下幾個要點來考量，可輕鬆判斷出品質，做出最佳選擇：

油花可增添風味。
黃色脂肪表示
牲畜吃的是草。

肉表面應該光滑，
若看來帶有黏液或滲水，
表示表面已有細菌滋生。

應該散發溫和肉香，
但不是難聞的異味。

要挑選柔嫩的肉塊，應以紋理細緻，結締組織最少為首選。紋理較粗的肉塊，表示是牲畜運動常用到的部位，肉質比較堅硬。

用來長時間燉煮的肉，要挑富含結締組織和脂肪的肉塊。

大理石狀的油花是品質好的特徵，代表這塊肉風味足。

◀ 紅肉牛臀肉

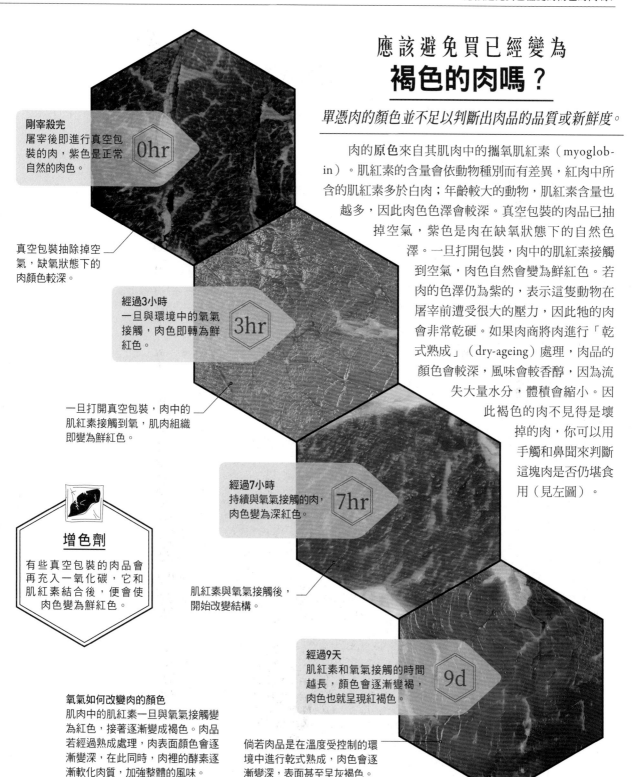

應該避免買已經變為
褐色的肉嗎？

單憑肉的顏色並不足以判斷出肉品的品質或新鮮度。

肉的原色來自其肌肉中的攜氧肌紅素（myoglobin）。肌紅素的含量會依動物種別而有差異，紅肉中所含的肌紅素多於白肉；年齡較大的動物，肌紅素含量也越多，因此肉色色澤會較深。真空包裝的肉品已抽掉空氣，紫色是肉在缺氧狀態下的自然色澤。一旦打開包裝，肉中的肌紅素接觸到空氣，肉色自然會變為鮮紅色。若肉的色澤仍為紫的，表示這隻動物在屠宰前遭受很大的壓力，因此牠的肉會非常乾硬。如果肉商將肉進行「乾式熟成」（dry-ageing）處理，肉品的顏色會較深，風味會較香醇，因為流失大量水分，體積會縮小。因此褐色的肉不見得是壞掉的肉，你可以用手觸和鼻聞來判斷這塊肉是否仍堪食用（見左圖）。

剛宰殺完
屠宰後即進行真空包裝的肉，紫色是正常自然的肉色。

0hr

真空包裝抽除掉空氣，缺氧狀態下的肉顏色較深。

經過3小時
一旦與環境中的氧氣接觸，肉色即轉為鮮紅色。

3hr

一旦打開真空包裝，肉中的肌紅素接觸到氧，肌肉組織即變為鮮紅色。

增色劑
有些真空包裝的肉品會再充入一氧化碳，它和肌紅素結合後，便會使肉色變為鮮紅色。

經過7小時
持續與氧氣接觸的肉，肉色變為深紅色。

7hr

肌紅素與氧氣接觸後，開始改變結構。

經過9天
肌紅素和氧氣接觸的時間越長，顏色會逐漸變褐，肉色也就呈現紅褐色。

9d

氧氣如何改變肉的顏色
肌肉中的肌紅素一旦與氧氣接觸變為紅色，接著逐漸變成褐色。肉品若經過熟成處理，肉表面顏色會逐漸變深，在此同時，肉裡的酵素逐漸軟化肉質，加強整體的風味。

倘若肉品是在溫度受控制的環境中進行乾式熟成，肉色會逐漸變深，表面甚至呈灰褐色。

為什麼不同種類的肉看起來的外觀和吃起來的
味道都如此不一樣？

　　肉的顏色與動物肌肉中攜氧的蛋白質肌紅素含量息息相關。肌紅素的含量越高，肉的顏色也較深、較紅，而肌紅素的含量越低，肉的顏色越淡。

　　某些動物不同部位肌肉中的肌紅素含量，也會因為各肌肉的運動量多寡而有差異，因此一隻動物同時含有白肉和紅肉。比如腿肉呈深色、這是因為腿部應付長時間耐力活動的「慢速肌」，需要穩定的氧氣供給，因此肌紅素含量較多。顏色較淡的「快速肌」是應付快速、突發的動作，需要消耗的氧氣較少，比如雞的胸肌在拍擊翅膀才會偶爾使用。

　　一隻動物本身的白肉和紅肉佔比，會左右其肉品的風味和質地。色澤較深、運動量大的肌肉通常含有較多的蛋白質、脂肪細胞脂滴、鐵質，以及促進新風味生成的酵素。

不同類別動物的肉色差異比較

不同動物肌肉中的肌紅素含量
這個圖表比較不同動物的肌紅素含量，並且說明含量的多寡如何左右肉的滋味，高含量的肌紅素可強化肉的風味，肌紅素含量低的肉，味道較平淡。

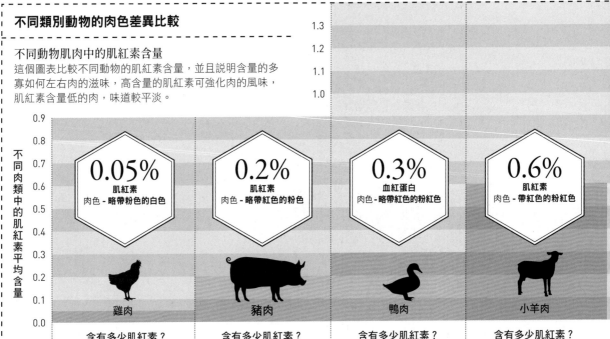

不同肉類中的肌紅素平均含量

0.05% 肌紅素　肉色 - 略帶粉色的白色　雞肉

0.2% 肌紅素　肉色 - 略帶紅色的粉色　豬肉

0.3% 血紅蛋白　肉色 - 略帶紅色的粉紅色　鴨肉

0.6% 肌紅素　肉色 - 帶紅色的粉紅色　小羊肉

含有多少肌紅素？
雞肉的肌紅素含量少於0.05%，為略帶粉色的白肉。

肌肉組成又是如何？
腿部的慢速肌負責牠每日的行走活動，因此雞腿的顏色比雞胸肉還深。

這一點為什麼很重要？
和不常使用到的胸肌相較，顏色較深的腿肉所含的肌紅素、可生成新風味的酵素、鐵和脂肪都比較多，因此風味會更足。

含有多少肌紅素？
豬肉的平均肌紅素含量約為0.2%，為略帶紅色的粉色肉。

肌肉組成又是如何？
背脊部的腰肉有白有紅，腿部的肌肉顏色較深。

這一點為什麼很重要？
淺色的瘦肉味道較佳。

含有多少肌紅素？
鴨子肌肉中的肌紅素含量平均約為0.3%，鴨肉肉色大多較雞肉和其他禽肉來得深。

肌肉組成又是如何？
鴨子大部分時間在行走，身上的肌肉大多為飽含脂肪、應付長時間耐力活動的紅色肌纖維。

這一點為什麼很重要？
脂肪能夠傳遞風味分子，也可產生更多風味，因此烹調鴨肉僅需少許調味。

含有多少肌紅素？
小羊肌肉中的肌紅素平均含量約0.6%，肉色呈略帶紅色的粉紅色。

肌肉組成又是如何？
後腿上端的切塊，比如臀腰肉，主要是用於耐力活動的紅色慢速肌纖維，因此這個部位的肉呈深紅色。

這一點為什麼很重要？
小羊肉的肌紅素和脂肪含量頗高，因此肉質多汁味美，烹調時只需要基本的調味。

不同動物的肉依肉色不同，
各有最適宜的烹調方式。

年齡的影響
動物的肌肉會隨著年歲增加而強化，脂肪含量變多，肌紅素含量也增加，因此其肉品更富風味。

看得到的肌紅素
積聚在盒裝肉品底部的紅色液體並不是血液，而是肌紅素和水的混合液。

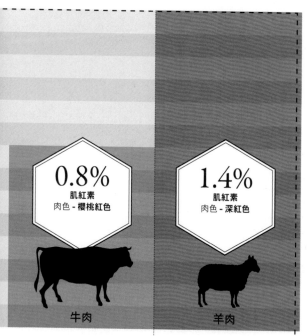

0.8%
肌紅素
肉色 - 櫻桃紅色

1.4%
肌紅素
肉色 - 深紅色

牛肉　　　　　　羊肉

含有多少肌紅素？
牛肉中的肌紅素平均含量為0.8%。肉色為明亮的櫻桃紅色。

肌肉組成又是如何？
牛隻每日行走的運動量很大，因此牠的肌肉主要是紅色慢速肌纖維。

這一點為什麼很重要？
肌紅素含量較高的慢速肌，滋味往往更濃郁，也都含有脂肪，風味相當足，因此烹調時通常只需基本的調味。

有多少肌紅蛋白？
成年羊（一歲以上的綿羊）肌肉中的肌紅素平均含量為1.4%。肉色呈深濃紅色。

肌肉組成又是如何？
成羊的肌肉歷經經年累月的使用，結締組織發展得更強勁，肌肉也更結實。

這一點為什麼很重要？
成羊有大量脂肪，風味比小羊肉更濃重，頗得一部分饕客的垂青。強烈的羶味可用香草和香料來調和、遮蓋。

有機肉品
是 較 好 的 選 擇 嗎 ？

*有機肉品的訴求為更美味、更健康，
也更能保障動物福利，然而哪些才是真相？*

　　科學已經證明吃得好、運動量足夠、未受到壓力的動物，牠們的肌肉紋理工整、肉質佳，還含有風味十足的脂肪。通過有機認證的肉品應該都符合這些條件，不過，還有其他一些因素會影響肉的品質，因此，在購買之前先確認肉品的來源牧場也是很重要的事（見以下圖框的文字）。

我們所了解的有機肉品標準
　　通過有機認證的肉品，意味這些動物的飼養、生產過程符合一系列規範要求，你可以買得安心滿意。

- 被飼養的禽畜得到良好的照顧，可以接觸戶外，生活空間裡沒有壓力來源，因此牠們通常會更健康，肉質必然優良。
- 雖然禽畜食用的是毫無人工添加物的有機飼料，但對肉的品質影響極微。
- 有機飼養的禽畜不會施打抗生素和生長激素，雖然許多國家的所有畜牛都已符合這個條件。
- 有機畜養場更願意維護提升飼養環境。
- 有機飼養的牲畜較有可能經過人道屠宰，因此肉品品質較佳。若牲畜臨死前受到壓力，會使體內的腎上腺素分泌增加，消耗掉肌肉所需的能量，導致肉色變深，肉質變得又乾又硬，。

有機飼養以外的影響因素

除了畜禽是否為有機飼養，另有幾個因素會影響肉的品質。牲畜食用的是糧草或穀物，對風味有一定的影響。吃穀物的牲畜，其肌肉含有更多帶有風味的脂肪，嚐起來不會偏酸，並且含有內酯這種美味物質，草飼牛的肉可能有苦味和草味。若肉品的保存或運送過程出現差錯，也會影響它的品質。現今消費者對有機肉品趨之若鶩，這意味這些肉品必須經過長途運送和長時間保存才到貨架上。因此，即使一家畜養場並非經過有機認證，但飼養和屠宰都採人道模式，並採產地直銷，這樣的肉品品質可能還優於有機肉。

純種牛和原生品種牛比較美味嗎？

原生牛種和純種牛的肉往往價格高昂，
但你可能納悶是否真的物有所值。

自從畜肉產業走向高度全球化，原生品種已逐漸減少。不過一百年以前，各地的草原還可見到許多品種的牛在漫遊，比方北戴文郡牛（North Devon）、加羅威牛（Galloway），但如今只剩下寥寥數種，諸如北美市場偏愛體型大、油花多的安格斯牛種（Angus），英國人則垂青較精瘦的利穆贊牛（Limousin）。

味道比較好嗎？

牛肉的風味相當繁複，但是不同品種的牛肉味道差異並不明顯。許多的研究結論都一再指出，肉塊的油花多寡左右滋味的重要性，遠遠大於品種的差別。但研究也指出，若屠宰和處理程序得宜，保存和運送過程妥當，烹調時審慎控制火候，原生品種牛的肉的確風味更濃厚，口感更柔嫩多汁，如果你在意這樣的細微差別，可以考慮選購價格高昂的頂級牛肉。

一般來說，頂級品種牛的畜養過程和環境更完善，屠宰後的肉品處理、保存和熟成過程都一絲不苟，這一切條件都能提升肉品的味道和口感。

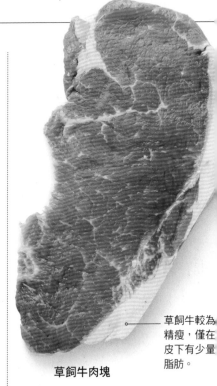

草飼牛較為精瘦，僅在皮下有少量脂肪。

草飼牛肉塊

體型越大的雞風味越淡而無味嗎？

你所購買的雞的體型大小，可作為該隻雞的品種指標，
因此可指明肉質風味的濃淡。

現代「白肉雞」（broiler）是目前飼養最普遍的雞種。此品種為數十年期間通過嚴格的選擇性育種所培育而出。

白肉雞為多個品種雜交組合的新品種，所選育的品種或是體型巨大，或是具有生長快的優點。如今大規模養殖場裡的雞隻，相較於五十年前的雞，體型大上四倍，而且僅需三十五天即能成長到可以宰殺的體重（傳統品種需要兩倍以上的時間），但由於此品種體型異常大，健康問題也層出不窮。現代白肉雞品種的出現，使得人人都可以負擔雞肉的價格，但不可否認這種雞的肉淡而無味。

原生品種雞生長速度較慢，價格較為高昂，但是有研究結果顯示，比起大規模密集飼養的雞，牠們的肉質口感更佳、風味更濃郁。

體型超大的雞

現今大規模養殖場裡的雞，跟五十年前的雞相較，體型大上四倍。

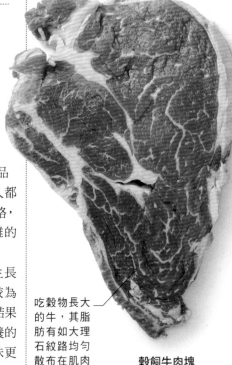

吃穀物長大的牛，其脂肪有如大理石紋路均勻散布在肌肉之間。

穀飼牛肉塊

動物所食用的飼糧

如何能影響其肉品的口感和味道？

牛隻所吃的是糧草或穀物，的確左右他們每日的卡路里攝取和生活形態，
而這兩項條件皆會影響到牛隻產出的肉質。

絕大部分的草飼牛在寒冷季節會食用穀物以補足每日所需熱量，在即將送進屠宰場前，也會以高熱量穀物飼料來養肥。穀飼牛肉的「羶味」較重，但許多饕客就偏愛這味道。新近的研究則顯示消費者的口味已有變化，現今大眾偏愛羶味比較淡的草飼牛肉。下列欄表呈現草料和穀料飼糧如何影響牛肉的口感和風味。

了解差異

草飼牛得自行在牧場上走動吃牧草，運動量較大，因此體型較小、較精瘦，肉質較結實。若牧草量不足，草飼牛和穀飼牛的體型差距會更可觀。

大部分脂肪都積聚於皮下，有些零售用肉塊已切除此層脂肪。因為吃的是草，脂肪呈黃色，這是來自天然牧草的色澤。

脂肪較少，倘若烹煮過頭的話，肉會變得又乾又韌。草飼牛肉會有濃厚的草腥味，一些人特別喜歡這股味道。脂肪裡的萜烯類（terpene）化學物質會讓牛肉聞起來有糞味，這種物質也會導致肉嚐來稍帶苦味。

草飼牛

穀物的熱量高，這代表穀飼牛增加體重的速度較草飼牛來得更快、更穩定。草飼牛的增重效率會隨著牧草的品質而變動。

一般而言，穀飼牛的油花（均勻分布於肌肉上的脂肪）比草飼牛多，口感也較為柔滑鮮嫩。

很多人認為穀飼牛肉風味更濃郁，口感更柔嫩順口，這是由於肉塊上油花豐富，一經加熱烹調，即帶來飽滿多汁的口感。穀飼牛有濃厚的「羶味」。

穀飼牛

你知道嗎？

草飼牛肉含有較多的omega-3脂肪酸

草飼牛的脂肪含量比穀飼牛約少4%，多數脂肪都儲存於皮下，而不是如大理石紋般均勻分布在肌肉之間。

雖然草飼牛的脂肪含量較少，但是跟穀飼牛相較，牠們的脂肪裡含有更多有益健康的omega-3。雖然與高脂魚（oily fish）的omega-3脂肪酸含量相較微不足道，但從這一點來看，草飼牛的營養價值略高於穀飼牛。

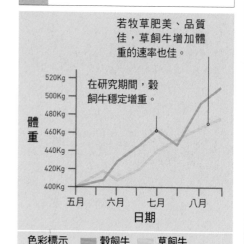

若牧草肥美、品質佳，草飼牛增加體重的速率也佳。

在研究期間，穀飼牛穩定增重。

體重

520Kg
500Kg
480Kg
460Kg
440Kg
420Kg
400Kg

五月　六月　七月　八月

日期

色彩標示 ▅▅ 穀飼牛　▅▅ 草飼牛

牛隻的增重研究

此圖表顯示草飼牛和穀飼牛在進屠宰場前的體重增加過程。食用優質牧草的牛，每日增加的體重依舊會比穀飼牛少0.2公斤。

取自牛隻腰脊部內側的菲力牛排，
真的是整隻牛最好的部位嗎？

牛隻不同部位的肉價格天差地遠，一頭牛就有如長著四條腿的股票市場。

菲力牛排，法文稱為filet mignon，是需求極大但稀少的牛肉珍品。大家對它趨之若鶩的原因，在於它取自整隻牛運動量最少的部位，也就是牛背部的里脊肉。它的肉質非常柔嫩，但僅佔整隻牛的一小部分，因此常常供不應求，但是菲力牛排值得老饕們追捧嗎？

脂肪如何提升肉的風味

菲力牛排的脂肪含量少，因為絕少使用的腰內肉消耗的能量不多。我們都認為飽和脂肪有害，但是脂肪幫助我們享受到肉的風味和質地，脂肪在遇熱時會融化，讓肉的口感變得多汁軟嫩。

切厚一點

菲力牛排以4公分（1.5吋）厚度為佳，這樣一來，煎出褐色香脆外層時，內層仍然鮮嫩。

此外，熱會促發脂肪產生化學反應（或氧化），從而產生各式各樣的新風味。脂肪也能夠融解芳香風味分子，讓它們進入我們的口腔，與味蕾接觸。

菲力牛排脂肪少，意味烹調時必須格外留心火候，以免過熟變乾，失去絲絨般柔滑的口感。如果你偏愛不到五分熟的肉，一塊烹調得宜的菲力牛排確實是最美味的牛肉部位。不過，如果你喜歡七分熟到全熟的肉，其他部位的牛肉滋味會更好。右頁（第39頁）羅列六個部位的牛肉詳解，介紹它們各自的風味、質地和最佳烹調方式。

> 「菲力牛排取自整隻牛運動量最少的部位，
> 肉質非常柔嫩，是廣受追捧的逸品。」

頸肉、肩肉、肩胛肉
這些部位的肉具有許多堅韌的結締組織，它們的售價較低。

菲力

沙朗

里脊肉

下後腰脊肉

丁骨

臀肉

肋排肉

頸肉
肩肉
肩胛肉

上等肋排

腹脇肉

前胸肉

前腱肉

上等肋排
這個部位的肌肉經常使用，肉質結實，滿布油花。

腹脇肉
含有脂肪、滋味豐富的腹脇肉可以切成肉絲，或做成多汁的絞肉。

前胸肉
肉質堅韌，適合長時間的慢煮烹調。

選擇你想要的部位
不同部位的肉有不同的肌纖維，會左右肉的風味、柔軟度和最佳烹調方式。這張圖呈現受歡迎的肉品分別來自牛的哪個部位。

其他頂級部位

里脊肉（TENDERLOIN）

質地
肉質非常軟嫩的菲力牛排即取自這個部位的瘦肉。

風味
脂肪極少，它的特點是口感柔嫩。

怎麼烹調
菲力牛排幾乎沒有脂肪和結締組織，這意味必須掌握火候以免流失水分。建議不可煎超過五分熟。

沙朗（SIRLOIN）

質地
上後腰脊部位的肉質較軟，有少許油花；下後腰脊肉的油花較多，但肉質較結實。

風味
由於含有油花，沙朗的口感滑順多汁，風味濃郁。

怎麼烹調
適合煎烤等快煮方式，熟度以三分熟至五分熟為宜，重點在維持柔嫩度。

丁骨（T-BONE）

質地
骨頭的一側為軟嫩的菲力，另一側為富含油花的沙朗，這是滋味絕佳的部位。

風味
它的脊骨可增添風味。

怎麼烹調
適合煎或燒烤，熟度以一分熟到三分熟為宜。

肋眼（RIB EYE）

質地
價位較低，但有「蘇格蘭菲力牛排」之稱，它取自肋骨周圍運動量大的肌肉，肉質較結實。

風味
富含油花，因此風味十足。

怎麼烹調
起碼煎到五分熟，以確保它的脂肪和結締組織都軟化。

臀肉（RUMP）

質地
含有三種肌肉，整體而言肉質比菲力或沙朗結實。

風味
由於滿布油花，臀肉的風味十足。

怎麼烹調
適合用煎的方式，熟度以三分熟到五分熟為宜。

肩肉（CHUCK）

質地
取自運動量大的頸部和肩部，含有堅韌的結締組織。

風味
滿布脂肪，因此風味濃郁。

怎麼烹調
適合加入液體的長時間烹煮方式，讓肉的結締組織分解成膠質，肉會變得軟嫩。

為什麼
和牛這麼貴？

滿布油花的和牛肉是全球各地饕客夢寐以求的珍饈之一，它們有充分理由受到追捧。

「和牛」（Wagyu）意思是「日本的牛」，泛指油花量特多，甚至可高達40%的若干牛品種。拜油花之賜，和牛肉風味馥郁，格外美味可口。不同和牛品種肉中的鈣蛋白酶（calpain）活性也特別強，這是一種可軟化肉質的蛋白分解酵素。

日本的和牛養殖場為了讓肉品符合最頂級的資格（見下圖文字），往往不惜下重本。據說有些牧場會幫牛隻按摩來維持肌肉柔軟度，還餵食冰啤酒來增加牠們的脂肪含量。飼養過程既勞心又費力，肉品的滋味和質地也確實更優異，因此最頂級的和牛肉價格不菲，一公斤售價可高達五百英鎊。

「有些牧場會幫牛隻按摩來維持肌肉柔軟度，還餵食冰啤酒。」

和牛分級制度
和牛（見上圖）是按大理石紋油花、顏色和肉質來劃分等級。A級為最高級別，而每級又再分為1至5個等級，A5即為最高級。A5級和牛的顏色紅豔有如紅寶石，滿布漂亮油花，入口後有天鵝絨般柔滑的口感。

有機雞、散養雞和圈養雞

有何差異？

雞隻的飼養方式會影響其肉品的品質和風味。

在規模化的禽畜養殖場裡，雞隻所受到的待遇最為惡劣。多數白肉雞（作為肉雞飼養的一種混種雞品種，參見第36頁）都是擠在超容的雞棚裡度過牠們短暫的一生。動物福利的改善向來牛步化，因此特定的認證標識（labels）有助我們了解雞隻的飼養方式。不過，散養雞或有機雞的風味、營養價值，乃至動物福利（散養雞）是否更優異，這一點目前尚無定論。

真相是什麼？

飼料、生活空間、壓力程度和生命週期都會影響雞肉的味道。認證標識雖然也可能誤導人，但了解雞隻的飼養環境，你多多少少能夠掌握牠們的肉品品質（見右圖）。散養雞的生命週期可能較長，但牠們能夠到戶外活動的時間有限，因此壓力程度可能相當高，導致肉質乾硬又帶酸味。反觀圈養雞通常在幼齡時屠宰，肉質會較為軟嫩。但一般來說，小型養殖場裡飼養的是生長速度慢的品種，食用的糧料較多元，因此肉質較結實、風味較豐富。

有機思考

英國現今的養雞場，只有不到1%比例為有機飼養。美國的有機飼養養雞場約佔整體的2%。

散養

飼養環境條件

散養雞必須有戶外活動的機會。這些雞的生活環境比圈養雞來得好，然而不是每隻雞都能走到通往戶外的出入口，許多雞並未真的接觸戶外。

這意味著什麼

能到戶外活動的雞，肉中的蛋白質含量更高。不過，許多散養雞場裡的雞壓力程度很高，不免會影響到肉品的品質。

你知道嗎？

玉米雞不一定是品質的保證

以玉米餵養的雞不必然有較好的生活環境，此一標識並非肉品的品質保證。

對味道的影響

玉米雞的肉帶有高湯風味，但是味道和口感也取決於飼養的環境條件。餵食玉米的雞通常為室內圈養，但也可能為散養或有機飼養，購買前務必確認標識。

室內圈養

飼養環境條件

在規模化的養殖場裡，雞隻被圈養在雞棚裡，沒有到戶外活動的機會。飼養密度為每平方公尺19至20隻雞，這些雞可能一輩子生活在人工光照之下，無緣享受到自然光。

這意味著什麼

雞隻在幼齡時即遭宰殺，活動量極少，這意味肉質必然軟嫩，但肉色較淡，味道也較為平淡。

圈養雞
每平方公尺
19至20隻雞

散養雞（走地雞）
每平方公尺
13至15隻雞

怎麼辨別出
注水肉？

市面上普遍可見注射加水的肉，此一加工對肉的滋味和質地有不同影響。

大規模養殖業者通常會在肉品中注水，他們聲稱這是為了加強肉的品質，而不是增加重量來牟利。帶骨肉和全雞，可利用針筒把水分打入肉裡；培根和火腿的溼醃（wet-cured），則是直接注射鹽水，或是浸泡在鹽水裡；亦可將肉品放入真空按摩機（vacuum tumbled），加入鹽水來滾揉，使肉的含水量提升。

當然，某些種類的肉，比如雞肉，用鹽水浸泡可使肌纖維腫脹，肉質也就變得更嫩，但是注水也可能影響原有的風味，使滋味變得較平淡。

注水肉的特徵

來判斷一塊肉是否注水，包裝盒底部是否有水漬並不是可靠的指標，因為未注水的肉也會釋出水。應該檢視包裝上的成分標示，確認肉所佔的百分比，如果水的比例高，或者包裝標名「注水」或「含水」，此肉品就是注水肉。

37%

雞肉淨重若有三分之一以上是水分，即可能為**注射水分**所增加的重量。

25%

培根淨重若有四分之一為水分，即可能是透過**溼醃**所增加的重量。

有機

飼養環境條件

有機飼養的雞可到戶外活動，享有的室內生活空間也比其他種類的養殖雞來得大。業者不會施用抗生素。「有機」這個分類標識代表現行最符合動物福利的飼養方式。

這意味著什麼

有機雞通常來自小型養殖場，為生長速度慢的雞品種。牠們的食物來源多元，因此肉質較為堅實，也更富風味。omega-3脂肪酸含量也高於其他養殖條件的雞。

有機雞

每平方公尺
5至12隻雞

將肉品冷凍保存，
會破壞它的味道和質地嗎？

冷凍櫃確實讓我們的生活更方便，有了它，食物可保存長達數個月，但家庭用冷凍櫃的馬力低，
效能遠遠遜於工業用冷凍櫃，後者可「急速冷凍」，讓肉品急速冷凍凍結。

　　肉類的冷凍是由外而內的凍結過程。使用家庭用冷凍櫃的話，凍結的速率慢，其間不免有銳利的冰晶生成，它們會逐漸增大，接著刺破細嫩的肌肉組織。待肉品解凍後，肌肉細胞裡的水分便從戳出的孔隙流失，肉的含水量變少，柔嫩度變差。

　　再者，肉品冷凍越久，越會產生名為「凍燒」的副作用，也就是肉品表面的冰晶在冷凍櫃的乾冷空氣中蒸發，在肉表留下密密麻麻的「燒」斑。用真空包裝袋裹好要冷藏的肉品，可減輕這種情況出現。右表詳列各種肉品的建議冷凍期限，超過的話，肉的脂肪會劣化，肉的品質也變差。

肉塊		建議冷凍期限
雞肉	切塊	
	全雞	
牛肉、小牛肉、羊肉和豬肉	肉排	
	帶骨大塊肉	
	帶骨小塊肉	
	絞肉	
香腸		
培根		
月份		1　2　3　4　5　6　7　8　9　10　11　12

建議的冷凍期限

這張圖表列出的建議冷凍期限，是以口感和味道為考量，超過的話，兩者都會明顯變差。有些肉品，比如肉排和大塊的肉，都可以冷凍保存更長的時間，但是由於脂肪逐漸變質（會「氧化」），散發出腐敗的氣味，最好在冷凍期限內就食用完畢。

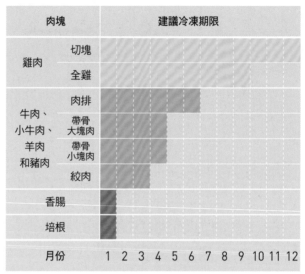

將肉打扁到約3至5公釐（1/8至1/5吋）厚。

搥肉是
必要的步驟嗎？

在烹調前先用鬆肉器搥打肉塊，乍看之下是違反常理的舉動，
但是這麼做有幾個出乎意外的好處。

　　用鬆肉器搥打肉塊可重壓、破壞肌纖維，切斷它們周圍的結締組織。乍聽之下令人憂心，但是以這種方式切斷肌纖維和肌肉組織，代表這塊肉在烹調過程中能夠保留5%到15%的含水量，因為經過敲打的肌纖維收縮的幅度較小，而纖維裡受損的蛋白質會吸收水分，讓肉質更軟嫩多汁。

　　堅韌的牛排和肉塊尤其需要這樣的搥打步驟來嫩化肉質。精瘦的雞胸肉則不需要搥打，只需用鬆肉鎚平滑的那頭輕輕敲平肉片，使烹調時受熱更均勻即可；如果不均勻敲平的話，雞胸肉較薄的那端已經熟透時，厚的那頭中間仍可能是生的。

肉要怎麼搥打

藉由反覆搥打來讓肉變嫩的步驟，力道不用大，但是肉的兩面都要均勻敲打。

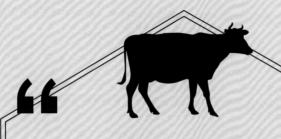

" 將肉品冷凍時，
它是**從外層開始**，
逐步向中心凍結。
家用冷凍櫃馬力小，
肉品達到完全凍結的時間
可長達**數天**之久。 "

燻烤 的過程

食物經燻烤後所產生的獨特風味和香氣，
一部分來自肉塊發生褐變反應時
所釋出的芳香分子。

以明火燒烤食材看似簡單，但燻烤食物之前若能掌握一些科學知識，就可以烤出美味成品。一開始如何擺置木炭，炭火和食物之間的距離，這一切條件都會左右食材烤出的熟度和風味的濃淡。以木炭進行燻烤時，肉的油脂滴落到炭火上會隨即蒸發，從而釋出各種風味分子，它們隨著熱煙霧一起上升，附著在肉的底面。脂肪較多的肉塊，比方帶骨肉或肋排，受熱後會析出更多油汁，產生更多的濃烈芳香分子。瓦斯烤爐的加熱效率相當優異，但是烤出的成品滋味和炭火燻烤相比可能相對平淡。

最佳顏色

燻烤爐的內壁以銀色為佳。銀色可反射熱能（輻射），增加食材接收的熱能。

木屑的作用

加入木屑可多添一股風味。溫度超過400℃（752℉）時，木柴中的木質素（lignin）會分解為芳香粒子。

小小的作用

將食物和炭火的距離拉開一倍，從10公分（4吋）拉大到20公分（8吋），傳導到食物的熱能只會減少三分之一。

擺置食物

若是中型的燻烤爐，為確保食材可受熱，它們和炭火距離約10公分（4吋）為佳。再近一點的話，食材表面有燒焦之虞。

#3

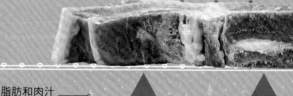

脂肪和肉汁滴落。

加熱木炭

點燃木炭後，必須等到炭幾乎已無明火時再將食物放上去烤。這時的木炭表面已覆有一層白色灰燼，燃燒速度穩定，傳導到烤架的溫度也很均勻。

風味分子隨著煙霧上升。

#2

透風孔可用來調節空氣量大小。

撥弄一下木炭可帶進更多空氣助燃，讓炭火燒得更旺。

灰燼落在燻烤爐的底部。

#1

鋪好木炭

在燻烤爐的底架鋪好木炭。木炭和爐底之間留有間距，以便讓空氣流通，炭火才會燒得更旺，底部也可承接掉下的灰渣。

箇中乾坤

隨著受熱，肉的表面水分蒸發殆盡後，會形成脆皮。當溫度維持在100℃（212℉）時，肉的上方會形成「沸騰區」。這個位置的肉會維持溼潤，而熱能從該處傳導到肉的內裡。

厚度超過4公分的肉塊傳熱慢，因此烘烤時最好蓋上爐蓋。

熱空氣在燻烤爐裡循環流動時，肉從四面八方接收熱能。

拉上爐蓋的話，可以限制空氣進入助燃，可達到降低溫度效果。

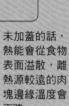

沸騰區

肉的表面已脫水，透過梅納褐變反應（見第16～17頁）形成脆皮。

必須稍微打開透風口，以便讓煙霧散出。

色彩標示

◀●●● 熱的傳導

▬▬▬ 乾燥脆皮

肉塊越大，與炭火的距離要越遠，否則內裡尚未熟透，表面已烤焦。

保持熱度

拉上可密合的蓋子，可打造出宛如封閉烤箱的效果，適合烹調較厚的肉塊和帶骨肉。

運用透風口來調節溫度。進入的空氣量越大，炭火會燒得越旺。

未加蓋的話，熱能會從食物表面溢散，離熱源較遠的肉塊邊緣溫度會下降。

以中型燻烤爐而言，食物和炭火的距離以10公分為佳。

#4

強化風味

在燻烤過程中，油脂會滴落在木炭上。隨著蒸發，油脂會釋出濃烈的風味分子。這些分子隨著熱氣上升，散布在肉的底面。

了解差異

木炭

木炭能帶來豐富的風味，但難以準確掌握烤熟食材所需的時間。

木炭需要30到40分鐘來達到烘烤溫度。可利用透風口調節進入的空氣量大小來調控溫度，不過炭火對空氣量變化的反應相當慢。

溫度可達650℃（1200℉）以上。

容易做到煙燻效果，因為有上蓋設計的烤爐，爐蓋可完全密合。

風味比瓦斯烤爐烤出的成品來得好，因為油脂或肉汁滴落在炭火時，可釋出香氣四溢的蒸氣。

瓦斯烤爐

瓦斯烤爐易於達到烘烤溫度，也易於調控溫度。

點燃爐火後，約5到10分鐘即可達到烘烤溫度。用調節器即可控溫，有多個出火口，可隨時改變溫度。

最高可達溫度比木炭炭火低，約在107℃至315℃（225℉至600℉）。

適合當作烤箱使用，但是難以做出煙燻效果，因為基於安全考量，爐蓋無法密合。

適合必須快速烹調的食材，比如烤漢堡肉的話，成品的風味和炭烤幾無差別。

醃肉 有哪些好處？

「marinate」醃漬這個字，
字面意義為「泡在鹹海水」裡。

　　大家對醃漬汁通常抱有誤解。以前的醃汁只是用來保存肉類的鹽水，但是如今大家以為把肉品浸泡在味道濃厚的「醃漬汁」裡，可以達到醬汁滲透入味的效果。這只是迷思（見下面圖框）。然而，這並不是說把肉浸在醃漬汁裡毫無用處，因為若能以對的食材來製作醃料，醃漬過的肉會裹上一層香氣、風味十足的醬汁，而肉的外層也會更柔嫩。

肉應該醃泡多長時間？

　　醃泡時間不宜超過24小時，最好別浸太長時間。如果把肉醃過久，醃料裡的鹽會開始滲入表面，等到加熱烹調時，肉的外層會變得軟爛。在烹調之前，只須將肉浸泡30分鐘，已足以增添風味。

柔嫩又美味

醃漬汁裡的各種材料可協同作用來增添肉的風味和軟化外層肉質。在烹調過程中，醃料裡的糖與蛋白質有助加強肉的褐變反應，產生芳香四溢的脆皮。

完美煎封

諸如蛋白和小蘇打粉這類鹼性食材可以促進褐變反應。

破解迷思

—— 迷思 ——

醃泡可讓醬汁滲透到肉裡

—— 真相 ——

實際上，醃汁不可能滲透到肉裡面。肉由75%的水構成，肌肉組織細胞排列緊密，就像一塊溼透的海綿一樣，多數風味分子都大到無法擠入其間。多數風味分子都來自油脂分子，油脂分子也無法擠入肌肉細胞之間。這意味油脂分子與風味分子頂多滲透幾公釐的深度，只集中於肉的表面。

醃汁的材料

醃汁的風味組合多種多樣，不計其數，但是必定要加入幾個關鍵成分才能夠確保醃肉有好效果。醃汁應該包含以下主要成分：鹽、油脂類、酸性食材（可自行斟酌是否加入，它們會減緩褐變反應），以及調味料，比如糖、香草、辛香料等等。

醃汁的基本材料

- **鹽**：這是最重要的醃汁成分，因為除了強化整體風味，它也可分解肉類表面的蛋白質結構（見右欄內文），使得少許水分得以進入，肉質變得更柔嫩。

- **油脂**：可用油脂，比方橄欖油，作為醃汁基底，油脂可攜帶、傳播其他的風味分子，也在烹調過程中起到潤滑肉品的作用。印度料理的醃汁，傳統上會加入優格。牛乳裡的糖和蛋白質在烹調過程中可與肉所含的糖分和蛋白質交互作用，從而產生獨特的芳香物質。

酸性食材（可加或不加）

- **檸檬汁**：可刺激苦味味蕾，為醃汁增加強烈的風味。它也有助軟化肉的外層。

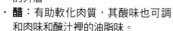
- **醋**：有助軟化肉質，其酸味也可調和肉味和醃汁裡的油脂味。

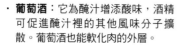
- **葡萄酒**：它為醃汁增添酸味，酒精可促進醃汁裡的其他風味分子擴散。葡萄酒也能軟化肉的外層。

調味料

- **糖**：可降低舌頭對苦味的感受性。也可增添風味，因為糖可促進褐變反應，也可帶來焦糖化反應。比起白糖，使用蜂蜜或果糖會更好。

- **香草和辛香料**：使用是為了加強風味的層次和深度，並且可決定醃汁的口味是甜、辣、濃重或清爽。它們的風味分子是藉由醃汁中的油脂來析出。

檸檬　　　　辣椒

烹調肉類的時候，
鹽巴該先加還是後加？

*看似大同小異，
但是放鹽的時機確實會帶來迥然不同的結果。*

　　若在烹調肉品之前先加鹽只是為了提味，那麼先加或後加都不成問題。然而，加鹽步驟可不僅是為了增添風味而已。若你曾經用鹽來清理灑出的紅酒液，肯定知道鹽有不可思議的吸水力，即所謂的「潮解」（hygroscopy）特性。在生肉上抹鹽有相似效果，能夠把肉中的水分攜出，在肉表面形成一層鹽液。

提升肉質

　　右圖呈現在烹調之前放鹽，以及先行抹鹽，隔一段時間再烹調兩種情況下，鹽粒會發生的作用。烹調前一刻才放鹽，可以讓肉脫水，隨後將表面那層鹽水拭乾淨，即可促進肉塊的褐變反應，讓它更快上色。事先撒鹽，等一段時間再烹調，則有其他好處。鹽留在肉表面的時間越久，表面的肌肉蛋白質開始「變性」，肉質會軟化；約40分鐘後，肉明顯變得柔嫩。在烹調之前，把表層鹽水擦乾即可促進褐變反應。

例外情況

　　雖然鹽可幫助軟化肉質，但絞肉不可先放鹽。鹽會讓碎肉的細緻「肌理」軟化，導致這些肉末黏在一起。先放鹽的漢堡肉會變得像橡膠一樣有彈性，這樣的肉掉落在地確實彈得起來。

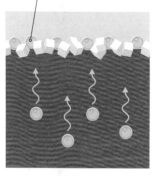

鹽將肉裡的水攜到表面。

烹調前一刻才放鹽
只要幾分鐘時間，鹽會將肉裡的水分攜出。和出汗一樣滲出的水和表面的鹽粒結合為鹽水。

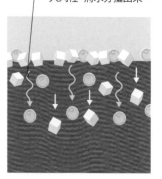

隨著時間過去，鹽會滲入肉裡，將水分攜出來。

預先撒鹽，放置一段時間再烹調
約15分鐘以後，鹽和水開始滲進肉裡。鹽水會分解蛋白質，或說讓它們「變性」也就是從原來的摺疊狀態鬆開，肉質因此變軟和變嫩。

如何在自家**製作煙燻肉**？

歷史悠久的煙燻法，最初是為了保存肉類因應而生；
如今我們以煙燻處理食物是為了改變它的香氣，創造出繁複迷人的風味。

用煙燻肉有冷燻和熱燻兩種方式。冷燻是加熱到30℃（86℉），讓木屑產生的燻煙籠罩食材，但不會使食材熟成。熱燻溫度則為55℃至80℃（131℉至176℉），煙霧會使肉熟成（見下方圖示），但所帶來的甜味、辣味風味化合物數量不及冷燻方式。

煙燻的科學原理

隨著受熱，木柴裡頭的一種「木質素」會裂解，產生大量的芳香風味分子，分子隨著煙霧飄蕩，附著在肉的表面。木質素是在木柴溫度達到170℃（338℉）時開始分裂並釋出煙。溫度達到200℃（392℉）時，煙越來越多，顏色也加深，木質素裂解開來，釋出縷縷焦糖香味、花香味和烤麵包的香氣。當溫度來到400℃（752℉），木柴變黑，煙霧變得更多更濃，在此階段，風味分子的生成反應來到最高峰，增添更多層次的風味。如果煙霧開始變薄，表示木頭的溫度燒得過高或是已經燒盡。

橡樹

製作熱燻肉

實作

熱燻法和冷燻法各有其專用設備，但運用廚房裡唾手可得的器具來煙燻食物也很簡單。如下圖所示，熱燻可用中華炒鍋或平底鍋為工具，食材以小份量的肉為宜，比如雞胸肉、雞翅或豬肋骨都很合適。這個製作法也適用於硬質乳酪和魚類，比如鮭魚片。

#1

準備調味香料
用一大張堅韌鋁箔紙包覆住中華炒鍋，鍋底處則留下直徑5公分（2吋）的圓洞不包。在襯有鋁箔紙的鍋內，均勻撒入2湯匙的烹飪用木屑（諸如核桃樹、橡樹、樺樹木屑）。也可以加入其他調味料，比方茶葉或辛香料。接著放入鍋架。

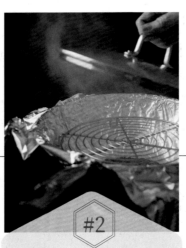

#2

釋出風味分子
開中大火，加熱鍋子約5分鐘，直到木屑穩定冒出煙。持續加熱，直到木屑的燻煙釋出木頭裡的芳香風味分子（達到溫度170℃/338℉時開始），這些分子會附著在肉的表面。

#3

將燻煙密封在鍋內
當燻煙開始變濃、顏色變深，將肉品放置於鍋架上，肉與肉之間要留些間隙以便煙氣流動。蓋上鍋蓋，將鋁箔紙邊緣拉高包覆住鍋蓋緣。這個步驟可防芳香燻煙溢出鍋外。

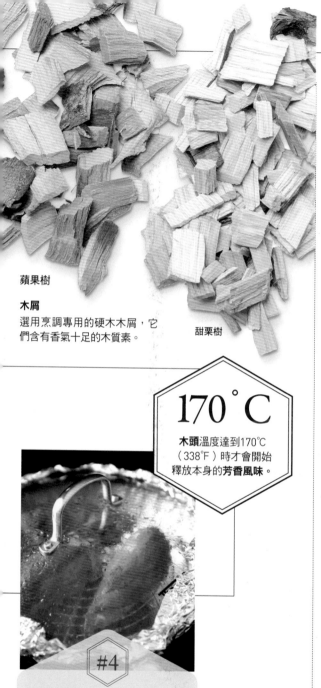

蘋果樹

木屑
選用烹調專用的硬木木屑，它們含有香氣十足的木質素。

甜栗樹

在自家有辦法
對肉進行熟成處理嗎？

熟成過程能夠賦予肉品繁複風味和香氣，
但是市售的熟成肉可能價格奇高。

　　乾式熟成肉品是耗費時間並且需要空間的處理過程，經過熟成的肉塊體積會縮減，因此價格自然高昂。將肉放置在冷且溼潤的環境中，肉中的酵素便會慢慢分解膠原蛋白和肌纖維，使肉質變嫩，而且原來淡而無味的大型風味分子會分解為較小的芳香風味分子。使用專用設備的話，溫度、溼度皆經控制，大型帶骨肉即在這樣的環境裡花上數個月熟成，想在自家廚房製作的話，使用帶骨牛肉和冰箱也可達到類似效果。以下的時間軸圖表介紹肉在熟成不同階段的變化。

170°C

木頭溫度達到170℃（338℉）時才會開始釋放本身的芳香風味。

#4

燻煙籠罩食材
以中大火高溫加熱鍋子10分鐘，鍋內的燻煙籠罩著肉。接著將鍋子離火，讓鍋內的肉繼續浸浴在燻煙裡20分鐘，若希望做出更強烈的風味，可延長時間。最後以燒烤或切片煎炒方式來讓表面產生褐變反應，形成脆皮。

熟成時間軸

經過熟成的肉品會發展出繁複風味，肉質也會變得軟嫩。
以下為牛肉在熟成各個階段的變化一覽。

時間	發生什麼
DAYS 01–14天	**開始變嫩** 將大塊帶骨牛肉用架子架起來，下方墊一個盛水盤，盤內放入少量的水。將盤帶架放入冰箱冷藏（3-5℃/37-41℉）。酵素開始作用，使肉質變軟；到了第14天，肉質已達到最高嫩度的80%。
DAYS 15–28天	**風味開始發展** 酵素持續分解肌肉組織，同時間，肉開始產生堅果的香氣。在盛水盤裡裝滿水，這麼做可使冰箱裡的空氣維持溼潤，以免肉變得過乾。
DAYS 29–42天	**柔嫩度和風味達到頂點** 熟成時間越長，肉中的酵素有越長時間進行作用，進而發展出更多的風味。脂肪會分解，產生宛如乳酪的濃郁風味。在烹調之前，將熟成肉長有霉斑的木炭色表層切除，只使用裡頭的深紅色肉塊。

應該將肉的脂肪
全部切除嗎？

這樣做是為了避免攝取動物飽和脂肪，固然有益健康，但是脂肪在烹調上還有其他作用。

我們都曉得紅肉所含的飽和脂肪不僅有高熱量，還會引發體內膽固醇增加。但是肉的許多風味也得自脂肪組織，因此從烹調角度，最好保留肉的脂肪。

還是有一些例外。「黛安娜牛排」須用快煎，脂肪會來不及熱。做燉牛肉菜式也得切除大塊脂肪，因為烹調時間不足以讓膠原蛋白分解，讓所有脂肪融化。

提升肉的風味

隨著加熱烹調，脂肪會氧化，產生多種新風味，同時也會融化，讓肉變得更飽滿多汁。

逆紋切還是順紋切？
肉怎麼切很重要嗎？

只要觀察肉表面的肌理紋路，就可知道肌纖維的紋理方向。

切肉是順著紋理「縱切」或逆著紋理「橫切」，會大大左右肉品的柔嫩多汁程度。「紋理」指的是肌纖維紋路方向。拿起一塊肉時，你可觀察其表面的肌纖維和結締組織紋路走向。如果你順著肌理切開肉，便會分開為條狀的肌纖維。若你要做肉類料理，應該橫著紋理切肉，也就是逆紋切。這樣先切斷肌肉纖維，當你將肉塊送入口裡時，牙齒才容易咬斷包覆肌肉纖維束的結締組織。咀嚼起來輕鬆，咬開肉以後，能夠好好享受柔滑的膠質和脂肪滋味。若是順紋切出的肉，咀嚼起來要多花十倍的力氣。

做出完美
脆皮豬肉的訣竅是什麼？

許多熱愛肉類的老饕對金黃酥脆的脆皮豬肉情有獨鍾。

將宛如橡膠般彈韌的淡色豬皮轉變為輕盈的脆皮是一大挑戰，但只要遵循正確的前置作業和烹調流程，這一道菜其實是容易上手的菜色。

要如何做出酥脆豬皮？

許多人以為脆皮僅僅是豬的脂肪，但它其實是一整層豬皮，除了皮下脂肪，還包含了結締組織和蛋白質，因此有一半為不飽和脂肪，這是它的一大優點。照著下述方法來做，即可完成一道色、香、味俱全的脆皮豬肉。

實作

製作脆皮豬肉

要做出金黃色澤的酥脆豬皮，有幾個至關重要的步驟。前置作業必須讓豬皮脫水，並劃出切痕。烹調過程則包含兩個階段。首先以低溫烘烤豬肉，賦予肉質

#1

抹鹽和乾燥

要做出完美的脆豬皮，在烹調之前必須先將豬皮脫水乾燥。預先將整塊豬肉均勻抹上鹽。鹽會帶出肉中的水分。拭乾豬皮上滲出的水分，接著將豬肉塊置入冰箱冷藏，這個步驟可讓豬皮進一步脫水。

烤全豬

以叉子串起整隻豬肉旋轉串烤，豬皮不斷受到高溫輻射，更容易烤得酥脆。

> 「脆皮是一整層的豬皮，
> 包含了強韌結締組織
> 和蛋白質。」

飽滿多汁的口感，但是此階段的豬皮仍然硬韌。要使表皮變得酥脆，最後步驟則是高溫烘烤（見下面圖示）。

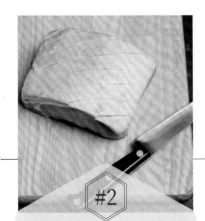

#2

增加受熱面積

在豬皮劃開數道切痕是增加受熱面積的關鍵步驟，這麼一來，烤箱的熱空氣能夠進入到切開的表皮裡面。用刀切劃過表皮，將切口拉開為一指寬。務必往下切到脂肪層，但不要劃到肉。在烹調過程中，水分會從切口溢出，豬皮脂肪會冒泡泡，表皮逐漸變得酥脆。

#3

慢慢烤熟，接著靜置

以中溫190℃（374℉/瓦斯烤箱火力5）左右來烘烤，一塊450公克（1磅）重的肉塊須烤35分鐘。烤過以後，肉的部分已將近全熟，將刀子刺入肉裡轉動會稍微被彈回。這個階段的肉塊飽滿多汁，但脂肪部分仍然滑韌。從烤箱取出這塊肉，用鋁箔紙包覆住，靜置一會。與此同時，把烤箱溫度調到240℃（464℉/瓦斯烤箱火力9）。

#4

增加熱度

待烤箱預熱完成，在肉塊上淋上醬汁或油脂來加速熱傳導到表皮的效率。接著將豬肉塊再放回烤箱裡，烘烤約20分鐘。在此期間，必須定時翻轉肉塊，以免某些區塊受熱過度。隨著高溫烘烤，表皮會產生褐變反應，皮內還留存的水分會變成蒸氣溢出，表皮開始冒泡泡，逐漸變為酥脆口感。

肉應該
退冰到室溫再烹調嗎？

許多廚師為了縮短烹調時間，
會事先把肉從冰箱取出來退冰。

在烹調之前，先讓肉退冰到室溫看似可以加快烹調速度。事實上，這麼做能縮短的烹調時間微乎其微，反倒會造成食物安全風險。一塊中等厚度的牛排，肉的內部溫度可能耗費2小時才上升僅僅5℃（41℉），而在這段時間裡，肉的表面已經滋生感染型細菌。雖然以高溫煎肉可殺死肉表的細菌，但它們所產生的毒素可能已滲透到肉裡，並無法完全滅絕。

唯有使用薄底平底鍋來煎肉時，才需要事先將肉拿出來稍微退冰（但不是回到室溫），因為一塊冷凍牛排可能導致鍋內油溫降到褐變反應所需的140℃（284℉）以下。

高溫油煎牛排
真的能夠「封住」肉汁嗎？

油煎牛排是相當普及的做法，
但是它的好處可能跟你料想的不一樣。

一般普遍認為以高溫油煎肉類，可快速在表面形成堅硬脆皮來「封鎖住」肉汁。然而科學研究發現事實恰好相反，高溫快速炙煎牛排所形成的硬皮並無法防止水分滲出；實際上，一塊經過高溫油煎的牛排會比未炙煎的牛排更快變得乾硬，因為讓肉表上色的高溫會讓肉裡面的水分流失得更快。不過，油煎出的褐色脆皮確實讓牛排更加美味，因為高溫能觸發梅納反應（見第16～17頁），產生無數芳香分子，形成引人垂涎的香氣。

油煎過的牛排

怎麼煎出一塊
完美的牛排？

怎麼樣才是一塊「完美」的牛排，每個人的標準
截然不同，但是有幾個可依循的基本原則。

一塊牛排是否美味，取決於個人的口味，但只要把握幾個基本準則和實用訣竅，即可讓你不致枉費上等牛肉。把平底鍋或烤盤加熱到應有的高溫，接著按下面表框的訣竅和右頁（第53頁）的熟度指南來烹調。該份熟度指南適用於厚度4公分（1.5吋）以下的牛排。

煎出美味牛排的零失敗祕訣

烹調牛排時掌握下列幾點，即可達到最佳風味和口感：

要做出柔嫩多汁、風味飽滿的牛排，首先要選擇油花均勻漂亮的厚實肉塊。

要煎、烤出恰到好處的褐色脆皮，可在烹調前40分鐘先撒點鹽，再拭乾備用。

以高溫快速油煎牛排，可使肉表形成可口的褐色脆皮而內裡的肉軟嫩多汁。

以燻烤方式來烹調牛排，可增添獨特的煙燻風味。這是煎烤達不到的增香效果。

時常翻面，讓牛排兩面均勻受熱。

烹調結束後，靜置一下讓肉汁沉澱，牛排吃起來會更柔嫩多汁。

若牛排厚度超過4公分，油煎後須送進烤箱烤過再上桌。

若想增添其他香味，可在烹調的最後階段加入奶油，待奶油融開後，以湯匙舀奶油汁，均勻澆淋在牛排上。

油煎完牛排以後，可用原鍋來製作醬料，牛肉流出的膠質可增加醬汁稠度。

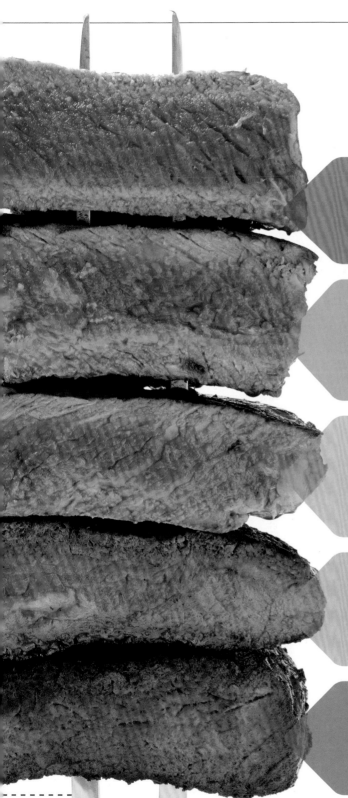

怎麼才算熟？

要判斷肉的熟度，使用肉類溫度計是最精準的方式，不過，若是紅肉的話，也可從肉色和質地來判定。只要用手指確認觸感，再觀察肉的外觀顏色，即可評斷出牛排的熟度。

生肉（bleu）

每面只花1分鐘快速油煎，肉的質地和化學組成和全生肉幾乎一樣。生肉牛排觸感非常柔軟，就像張開手掌，觸壓大拇指下方那塊肉的感覺。肉的內部溫度約為54℃（129℉）。

一分熟（rare）

把拇指和食指捏在一起，再戳壓拇指下方的肉，一分熟的牛肉觸壓起來就是這種感覺。這種肉滑嫩多汁，而肌纖維已經開始收縮，流失的水分越少，肉色就越粉紅。這是每面加熱2分鐘半的熟度，肉的內部溫度為57℃（135℉）。

三分熟（medium-rare）

三分熟牛排的質地和一分熟差不多，但是肉色較粉紅，肉質較緊實。把拇指和中指捏在一起，再按壓拇指下方的肉，三分熟的肉就是這種觸感。這是每面加熱3分鐘半的熟度，肉的內部溫度為63℃（145℉）。

五分熟（medium）

肉的內部溫度為71℃（160℉），肌肉裡大部分的蛋白質已經變性並凝聚，肉呈淡褐色。肉質緊實而溼潤，把拇指和無名指捏在一起，觸壓拇指下方的肉，五分熟的肉就是這種觸感。這是每面加熱5分鐘的熟度。

全熟（well-done）

肉的內部溫度達到74℃（165℉），有更多的蛋白質發生鍵結凝聚，細胞裡的水分被擠出，肉變得更硬，肉汁減少，肉色變得更深。把拇指和小指捏在一起，再觸壓拇指下方的肉，全熟的肉就是這種觸感。這是每面加熱6分鐘的熟度。

慢燉
的過程

以低、中溫長時間烹煮，
能將硬實肉塊轉變為入口即化的絕品。

以低溫長時間烹煮食物，堅硬肉塊中的軟韌膠原蛋白能夠慢慢融化為絲絨般柔滑的明膠，這是發生在溫度65℃至70℃（149℉至158℉）的反應。明膠在烹煮食材的湯汁裡分解，使汁液稠度增加，並且讓滋味馥郁的脂肪乳化，產生濃郁甘美的肉汁醬。烹煮完畢後，將肉塊帶湯汁靜置一陣子，能讓肉更加溼潤多汁。明膠能吸水，因此肉裡的膠質會吸收湯汁。瘦肉熟得快，因此結締組織極少的肉若採用慢煮方式，肉會變得過乾。

溫度越低越好

保持低溫。肌纖維在60℃（140℉）即可熟化；溫度越高，肉的水分流失越多。

68°C

（154℉）是膠原蛋白開始融為明膠的溫度。

增加稠度

若使用的是慢燉鍋，烹調結束後，需要增加鍋內湯汁的稠度，務必先把煮好的肉品取出，再把湯汁改放在爐火上煮沸。

放入食材

將食材置入內鍋。慢燉鍋的加熱溫度不會達到梅納反應（見第16～17頁）所需的溫度，因此洋蔥和肉需要褐化上色的話，應該先用平底鍋和一般爐火煎過。

#1

熱氣密封於鍋內

除了必須添加調味料的情況，否則在烹煮過程中，切勿打開鍋蓋察看。一旦掀開鍋蓋，水蒸氣和熱氣都會逸出鍋外；若有水蒸氣逸出，須多加湯汁入鍋。

#6

熱能向上輻射

熱能從底座傳導到內鍋鍋底和鍋身。熱能接著傳遞到鍋內湯汁和裡頭的食材。

#5

加熱器位於外鍋底部或外鍋鍋身（有些機型兼具這兩種熱源）。

加入湯汁

慢燉鍋的熱源在底部,就像置於爐火上的鍋子,因此鍋內水分都煮乾的話,會有燒焦之虞。放入鍋內的液體湯汁足以蓋過所有食材即可,不可加太多,否則湯汁會變得淡而無味。

#2

蓋緊鍋蓋

蓋上鍋蓋。它能防止熱能和水蒸氣逸散,使內鍋的溫度維持穩定,也可避免湯汁蒸發掉。

#3

箇中乾坤

堅韌的白色結締組織是由膠原蛋白和彈力蛋白構成。膠原蛋白在52℃(126℉)會開始變性,在58℃(136℉)會收縮、擠出水分,體積逐漸縮小。當溫度來到約68℃(154℉)時,膠原蛋白會分解,接著重新組合為柔滑的膠質,賦予乾燥的肉質滑潤多汁的口感(見下圖)。不過,一般的烹調溫度無法使彈力蛋白分解,因此它們仍是不宜食用的軟骨。

色彩標示

膠原蛋白分子
明膠分子

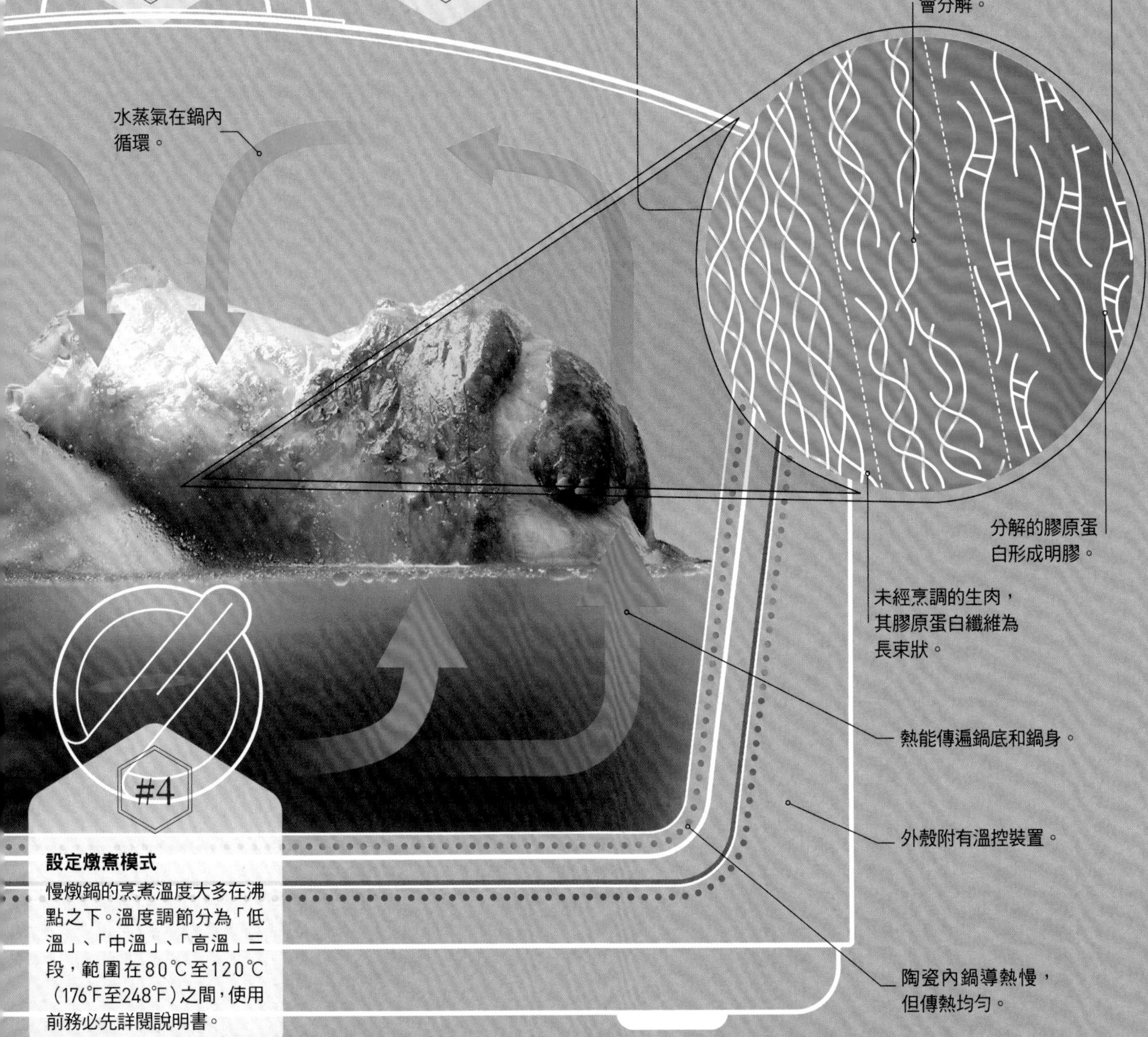

膠原蛋白纖維束在68℃(154℉)左右會分解。

水蒸氣在鍋內循環。

分解的膠原蛋白形成明膠。

未經烹調的生肉,其膠原蛋白纖維為長束狀。

熱能傳遍鍋底和鍋身。

外殼附有溫控裝置。

#4

設定燉煮模式

慢燉鍋的烹煮溫度大多在沸點之下。溫度調節分為「低溫」、「中溫」、「高溫」三段,範圍在80℃至120℃(176℉至248℉)之間,使用前務必先詳閱說明書。

陶瓷內鍋導熱慢,但傳熱均勻。

怎麼烹煮雞肉或火雞肉才能避免
肉質變得又乾又柴？

一些前置處理方式和烹調技巧可幫助保持瘦肉的水分不流失。

禽鳥的細緻白肉大多為用於快速爆發式運動的快速肌（見第34頁），這類肌肉厚大、柔嫩，熟化的速度快。脂肪和結締組織是確保肉品口感滑潤多汁的關鍵成分，但雞胸肉僅有極少的脂肪，而且幾乎沒有結締組織。以一般的家用烤箱來烹調雞肉或火

瘦肉塊

淡色的雞胸肉是雞肉中油脂最少、最精瘦的部位，在烹調時稍有不慎就很容易變得乾澀。

雞肉固然方便，但是烤箱中的熱空氣會讓這種脆弱白肉的水分很快流失。以下介紹的前置處理方式和烹調方法適用於整隻禽鳥或分切的肉塊，可確保雞肉和火雞肉在烹調過程中維持溼潤多汁的口感。

明火	真空低溫烹調法	剖開平烤	鹽水浸漬

明火

做法

稱為「旋轉串烤」，是以叉子串起整隻禽鳥，再置於開放的火焰（烤床）上方，持續轉動燒烤。

這樣做有什麼幫助

隨著叉子持續轉動，來自火焰的紅外線輻射會均勻加熱肉的每一面。比起把肉品放入封閉的烤箱，在乾燥、熱空氣中慢慢熟透，這種明火串烤方式可減少肉的水分流失量。

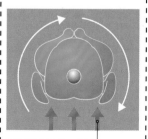

持續轉動叉子，肉品的每一個部位均勻接受到輻射熱。

真空低溫烹調法

做法

較小的肉塊最適用這個方法。做法是將肉塊放入密封袋，然後將袋子放入可精準控溫、保持恆溫的水浴設備中烹煮。

這樣做有什麼幫助

這是保持雞肉溼潤口感的最簡單懶人方法。肉在維持恆溫的熱水中慢慢熟透，幾乎不可能煮過頭。不過真空低溫烹調法意味肉不會褐變，為了產生梅納反應（見第16～17頁）才有的風味，最後可以平底鍋快煎或以火焰槍炙燒。

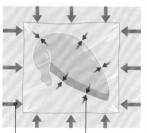

熱水從四面八方加熱食物。

雞肉的水分不流失。

剖開平烤

做法

將整隻禽鳥放入烤箱烘烤時，可以採用這種方法。由於將脊椎剪除，整隻雞可鋪平，中間為胸部位，兩側為腿部。

這樣做有什麼幫助

將整隻禽鳥平擺，就跟用鬆肉器搥打雞胸肉一樣（見第42頁），可讓肉的各部位以相同厚度均勻受熱。這種做法能夠加快肉熟透的速度，因此肉外層的水分不致流失過多。

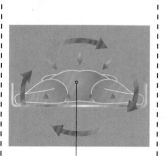

剖開平烤，中央的胸肉熟得較快，有助保留更多水分。

鹽水浸漬

做法

把整隻禽鳥放入鹽水中浸漬過夜。

這樣做有什麼幫助

浸鹽水的目的是強行讓水進入生肉的肌肉組織。經過數小時浸漬，鹽會滲浸肉裡（稱為擴散作用），把水分一起帶入（稱為滲透作用），水分即隨著鹽深入肉的內裡。這個方式有其缺陷，因為鹽分滲透的速度很慢，可能無法觸及所有肌肉組織。

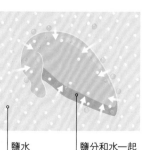

鹽水

鹽分和水一起進入肉裡。

為肉品淋澆油脂或汁液，
這樣的滋潤有何作用？

用肉品本身流出的油脂和肉汁來澆淋、塗刷，是相當有效的美味魔法。

在烹調過程中為肉淋油刷汁的做法，一般認知可增加肉的水分，使得口感更柔滑多汁；但科學研究發現這不是事實（見下側破解迷思表框）。然而，為肉品澆淋、塗抹它本身流出的油汁，的確能夠提升成品的風味和口感，這是因為這樣做可以增加受熱面積，從而加速梅納褐變反應（見第16～17頁），釋放豐富多樣的風味分子，也讓肉表形成脆皮。油亮的肉汁代表這塊肉的口感柔潤多汁，但要謹記，油脂會加快烹調速度，因此要留心火候，避免讓肉的外層煮到乾澀。

肉汁醬料底

烹調過程中產生的汁液和肉屑可用來做出滋味濃郁的肉汁醬。

塗油棒

肉類塗油棒可用來沾取油汁，再均勻淋、抹於肉塊。

加入脂肪

做法

把禽鳥胸肉和其他含有脂肪的溼潤食物一起烹煮。

這樣做有什麼幫助

即使以完美條件來烹調禽鳥胸肉，由於它們本身缺乏脂肪，吃起來仍然可能乾澀。把胸肉切片或切絲，跟含脂肪的溼潤食物一起烹調，或是加入膠質豐富的肉汁，可達到調和作用，賦予嫩滑多汁的口感。

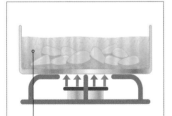

含有脂肪和明膠的汁液可使肉品的口感滋潤不乾澀。

支解處理

做法

把整隻禽鳥支解、分塊。

這樣做有什麼幫助

支解整隻禽鳥再烹調，或是直接購買分切好的禽鳥肉塊，作用就跟剖半平烤類似，是一個防止將肉煮得太乾的簡單方法。較快熟的胸肉可和肉色較深、適合慢煮的小腿肉、大腿肉分開烹調。一隻禽鳥可大卸為八塊：兩隻小腿、兩隻大腿、兩片胸肉和兩隻翅膀。

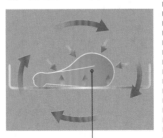

如果肉為相似種類，熱能以一致速率煮熟各部位。

破解迷思

—— 迷思 ——

滋潤肉品是為了保持溼潤

—— 真相 ——

放入烤箱烘烤的肉品易變得乾澀。一代代所傳授下來的竅門是以肉烹調時流出的油液、肉汁澆淋再塗抹於上，以增加肉的溼潤多汁口感。不過，澆淋在肉塊上的汁液，僅有少許會滲入肉裡，甚至完全只停留在表面；汁液會緩緩滴落或形成油亮釉面。肌纖維已經充滿汁液，因此無法再吸收；再者，膠原蛋白纖維受熱縮小，會擠出肌纖維中的水分。

我怎麼辨別**肉已經熟了**？

*有些食物，比方蛋類，可以用計時器來掌控烹煮的熟度，
但烹調肉類的技巧就在於拿捏熟度，知道何時該停止加熱。*

　　每一塊肉都有各自不同的厚度、含水量、含脂肪量、結締組織多寡、骨頭位置，這些會影響烹調時間的長短。脂肪導熱慢，因此較肥的肉塊需要更多時間才能熟透；富含白色堅韌結締組織的肉塊也需要長時間烹煮，以便讓堅硬筋腱有時間慢慢分解為軟而多汁的明膠；骨頭則是導熱快，能快速將熱能傳導到肉的內裡，

因此可加快烹調速度。使用易於辨讀的電子探針式肉品溫度計，是最容易測試肉塊是否已熟的方式。你也可以透過紅肉的外觀和觸感來分辨熟度（見下欄和第53頁），依你偏愛的熟度來烹調。像雞肉這種白肉則必須煮到全熟，豬肉須煮到很熟，但可保有一點粉紅色。參照以下的指南來檢查各種肉是否烹煮得當。

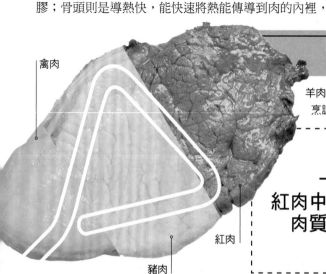

禽肉

紅肉

豬肉

紅肉怎麼樣才算熟？

羊肉、牛肉這類紅肉，可依照個人口味喜好，
烹調為一分熟、五分熟或全熟。

**一分熟的
紅肉中央為血紅色，
肉質非常軟嫩。**

五分熟的紅肉，肉質較堅實，
但口感依然溼潤，
肉色呈淡褐色。

全熟的紅肉顏色呈深褐色，
肉質結實甚至堅硬。

雞肉怎麼樣才算熟？

以尖細刀子的刀尖或竹籤戳一下肉，看看流出的汁液是否清澈。如果汁液裡不見任何粉紅色，意味著肌紅素已經完全分解，肉的中心溫度已經達到煮熟所需的74℃（165℉）。

以木柴或木炭燒烤或燻烤時，
來自熱源的熱氣能穿透雞肉表面，
觸發一連串反應，
使得肉外層的肌紅素固定
為粉紅色澤，
但是內裡的肉已經熟透。

幼齡的動物都是紅骨髓，
因此，骨頭若帶紅色，
可能只是代表這隻雞還未長為
成年雞即遭宰殺。

豬肉怎麼樣才算熟？

雞肉得煮到整塊肉完全變為白色才算熟。但豬肉不同，只要電子探針溫度計指出肉的中心溫度達到62℃（144℉），這塊肉即算煮熟。

**全熟豬肉
整塊呈白色，
略帶粉紅色澤。**

為什麼烹調完成的肉品
必須先靜置再上桌?

肉品烹調後需靜置,是大家都熟悉的烹調概念,
但是許多人對之所以要這麼做的理由,
存在著一些誤解。

將肉靜置的好處多多,比方盛盤上桌的肉「出血」會少一些,切出的肉片會更乾淨漂亮,吃起來的口感更多汁。至於烹調完成的肉品應該靜置多久時間,並沒有任何既定的規則,舉例來說,一塊中等大小的牛排,在室溫下靜置數分鐘即可。在這段時間裡,較高溫的肉外層,將熱能往內部傳遞,肉中間溫度較低,水分向外擴散,使得整塊肉的溫度更均勻,吃起來飽滿多汁。最重要的是,靜置時,肌纖維之間的水分會與分解的蛋白質混合在一起,使得「內部的肉汁」變得更稠。若是將牛排靜置冷卻,這些濃稠的內部肉汁會變得更鮮美可口。

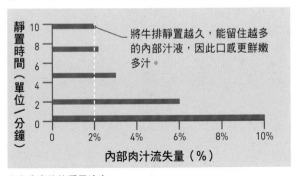

將牛排靜置越久,能留住越多的內部汁液,因此口感更鮮嫩多汁。

肉在烹煮後的重量流失
上圖顯示同樣大小的牛排在烹煮後不同時間內因為「出血」所流失的重量。2分鐘後流失6%;靜置10分鐘後,僅流失2%。

破解迷思

— 迷思 —
將烹煮好的肉靜置是為了讓收縮的肌纖維再放鬆

— 真相 —
宰殺後的動物,肌肉會經歷一個「屠體僵直」階段,肌肉蛋白絲會失效,因此無法收縮或放鬆。此外,肌肉蛋白質在溫度50℃(122℉)以上即會變性。將肉靜置是為了使肉汁變稠,也可讓肌纖維吸回一些肉汁,但沒有「放鬆」肌纖維的作用。

可以怎麼處理
煮過頭的肉?

就像打翻的牛奶一樣,
肉一旦煮過頭就沒法挽救。

煮過頭的肉,其蛋白質已經凝結,肌纖維已經流失水分而萎縮,導致肉變得又硬又乾。不過,還有一線生機。最有效的補救方法是複製長時間燉煮的效果。長時間慢慢燉煮出的肉品吃起來柔滑多汁,這是因為有順滑的明膠(見第54~55頁)包裹住堅硬肉塊,因此可以把煮過頭的瘦肉塊切片,放入肉類高湯、脂肪或奶油,以及柔軟膠質所組成的肉醬汁。另一個改善口感、添加溼潤度的做法,則是把乾硬的肉加進帶水分的菜式,如下圖所示:

油炸的用油可帶來多汁口感。

加進油炸餡餅裡
把肉切成小丁,跟洋蔥拌在一起做成油炸餡餅。

濃稠醬汁增加多汁口感。

切碎末加入醬料裡
可把乾硬的肉切成碎末,用於製作義大利麵食醬料。

蔬菜可增添不同口感。

用於炒菜
將過乾的肉切成細片,與蔬菜一起炒。

攪打過程中,加入的脂肪帶來溼潤口感。

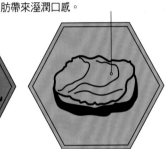

攪打為肉醬
可將肉和脂肪一起攪打,製成肉醬。

做出
美味醬料
的祕訣是什麼？

醬料可調和風味，使菜餚的口感臻於完美，
它的調製是一門技藝。

　　一道完美的**醬料**或汁液，從滋味、香氣、口感到風味配對，都必須契合得恰到好處。醬料能強化主要食材原有風味，比如紅酒燉牛肉（beef bourguignon）的濃郁醬料可增加牛肉滋味，有的醬料則有味道互補或增強其他風味的功能，萬一把肉煮過頭時，也能仰賴醬汁來補救乾澀口感。

調製醬料

　　醬料是比水濃稠，但比主要食材稀薄的滑順液體。右圖呈現如何從液體開始調製醬料，以及各種增稠劑。澱粉為最常使用的增稠劑，它們的適用範圍雖廣泛，但可能變得過於厚重，而且澱粉分子會與風味分子緊密結合，導致味覺器官察覺不到風味，必須額外再增加調味料。以油和脂肪為底料的醬料風味較濃，因為風味分子較易融於脂肪。

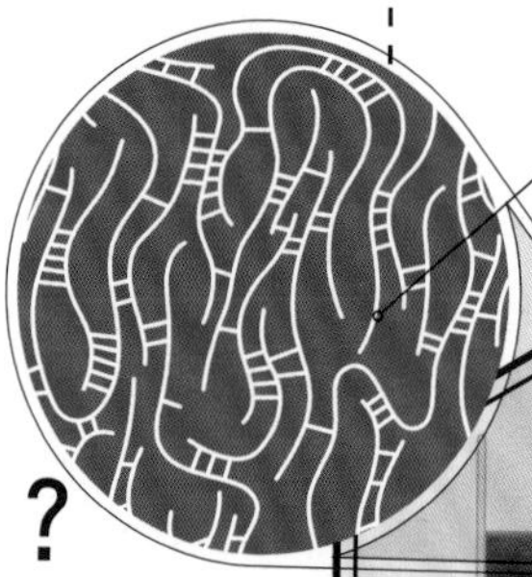

澱粉粒膨脹後會釋出澱粉分子，這些分子相互連結，形成網狀，醬料因此變稠。

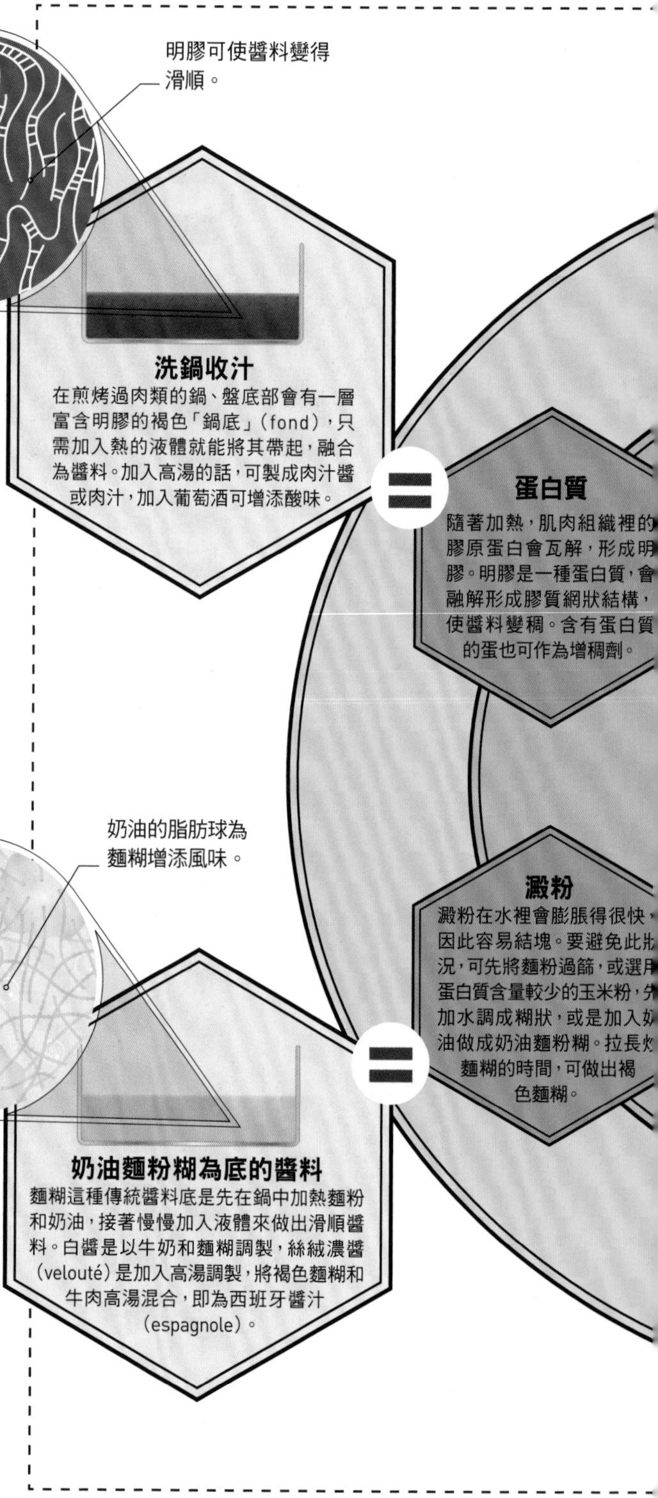

「醬料能強化主要食材原有風味，比如紅酒燉牛肉的濃郁紅酒醬。」

明膠可使醬料變得滑順。

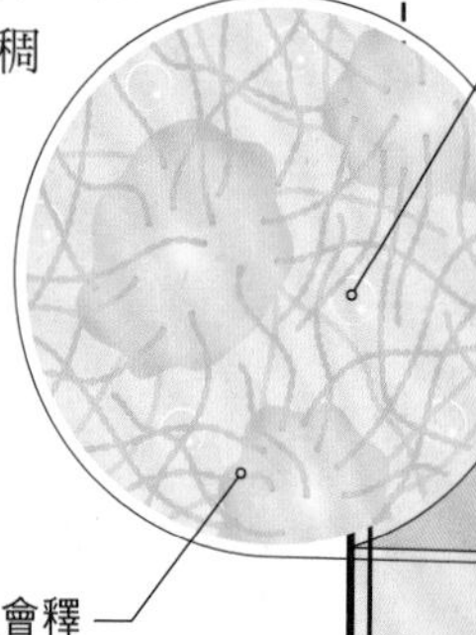

洗鍋收汁
在煎烤過肉類的鍋、盤底部會有一層富含明膠的褐色「鍋底」（fond），只需加入熱的液體就能將其帶起，融合為醬料。加入高湯的話，可製成肉汁醬或肉汁，加入葡萄酒可增添酸味。

=

蛋白質
隨著加熱，肌肉組織裡的膠原蛋白會瓦解，形成明膠。明膠是一種蛋白質，會融解形成膠質網狀結構，使醬料變稠。含有蛋白質的蛋也可作為增稠劑。

奶油的脂肪球為麵糊增添風味。

澱粉
澱粉在水裡會膨脹得很快，因此容易結塊。要避免此狀況，可先將麵粉過篩，或選用蛋白質含量較少的玉米粉，先加水調成糊狀，或是加入奶油做成奶油麵粉糊。拉長炒麵糊的時間，可做出褐色麵糊。

=

奶油麵粉糊為底的醬料
麵糊這種傳統醬料底是先在鍋中加熱麵粉和奶油，接著慢慢加入液體來做出滑順醬料。白醬是以牛奶和麵糊調製，絲絨濃醬（velouté）是加入高湯調製，將褐色麵糊和牛肉高湯混合，即為西班牙醬汁（espagnole）。

牛奶和鮮奶油的脂肪球表面包裹著天然乳化劑分子，因此脂肪球可和水相融。

醬料

醬汁可將一道菜餚的風味統合在一起，調製醬料需要幾個主要成分。

增稠劑

調製醬料時，增稠是一個非常重要的步驟。各種增稠劑和各種液體可組合為多種多樣的醬料。

液體

大部分的經典醬料都以水為基本原料。水是由迴力鏢形狀的微小水分子構成，水分子的流動性很高，彼此之間不會相撞。一旦把水和增稠劑（見上欄）裡的較大分子混合，它們的流動就緩慢下來，因此液體就變稠。

鮮奶油

牛奶和鮮奶油的脂肪球表面包覆著可乳化的蛋白。鮮奶油所含的蛋白質，也可幫助其他脂肪均勻散入醬料中。

＝

鮮奶油醬料

鮮奶油所含的微小乳脂球，能讓醬料變得濃稠滑順。風味分子更易融於脂肪，進而能在舌頭上停留得更久。可將高脂鮮奶油和高湯混合來做出濃稠醬汁，或將鮮奶油加入奶油麵粉糊來調製成白醬。

＋

攪打得夠細的食物粒子，能均勻分散在液體中。

你可以使用的水樣液體：

清水是最簡單的液體原料，但這種水基醬料需要加入額外調味料才能有滋有味。

高湯取代清水，能為醬料帶入高湯本身的調味和豐富風味。

葡萄酒較清水稍稠，可為醬料添入酒本身的酸味、單寧味、甜味和苦澀味。

牛奶透過熬煮，能把牛奶裡的脂肪球打碎，使醬料變稠。

鮮奶油的香氣和質地比牛奶更濃稠豐盈，加入鮮奶油的醬料經過熬煮，很快就會變稠，口感也無比滑順。

＋

食物粒子

若把肉類、蔬菜或水果等食物搗、碾得夠碎的話，也可以為醬料增稠。醬料的稠度將取決於這些粒子的顆粒大小和數量。

＝

蔬果泥

用食物粒子增稠醬料的典型例子，就是使用番茄醬或番茄泥。同時也可以加入含脂肪食材來加強稠度，比方奶油和鮮奶油，不過，要注意低脂鮮奶油遇酸性食材會凝結。

花時間精力 **自製高湯是值得的嗎?**

要是問任何一個接受過正統廚藝訓練的主廚如何讓菜餚的美味更上一層樓,
他一定會告訴你,其中的關鍵在高湯。

自行熬煮高湯確實大有好處,自製高湯能賦予菜餚的風味廣度和深度,高湯粉或高湯塊遠遠無可比擬。法國正統料理開山鼻祖奧古斯特·艾斯科菲耶(Auguste Escoffier)就強調使用新鮮食材熬煮高湯的重要,缺了這一步,任何菜餚至多只能達到一般水準。

運用和熬煮高湯

熬製高湯的目的是將新鮮食材的風味萃取出來。將鍋中的水保持在接近沸點的似滾非滾狀態,在長時間熬煮之下,蔬菜和肉等食材會緩緩釋放出風味分子。熬製高湯並沒有絕對的金科玉律,不過最好避免加鹽,再來以調味簡單、少量為宜,這樣的高湯能夠適用於多種多樣的菜色,而味道強烈的香草和辛香料在烹煮菜餚的最後階段再添加即可。基本肉類高湯或蔬菜高湯可作為許多菜色的基底;可加入麵粉調製成「麵粉糊」,可與葡萄酒、香草、辛香料混合,熬煉為味道更濃郁的濃縮醬汁,可加入鮮奶油或奶油,或者當作濃湯湯底。

什麼是法式高湯 (BOUILLON)

BOUILLON在法文裡是肉湯的意思。如今這個字普遍上是用來指稱市面上現成的高湯粉。

實作

熬煮雞高湯

將所需材料切成小塊,可增加它們的受熱面積,加快肉、骨的風味分子和明膠釋出,因此能夠更快提煉出風味。也可使用壓力鍋來代替普通湯鍋,如此一來,鍋內的水可達到高溫但不沸騰(見第134頁),可加快風味萃取並讓高湯保持清澈。

#1

將雞肉褐化上色

將整隻雞的骨頭拆解開,放入已預熱的烤箱,以200℃(392℉/瓦斯烤箱火力6)烤20分鐘。或者在平底鍋裡放入少許油,以中火將雞骨頭煎至金黃色到褐色。這個步驟可產生梅納反應(見第16頁),為高湯增添更強烈、繁複的風味。

#2

加入蔬菜和芳香材料

將雞骨置入大鍋內。加入1顆洋蔥切丁、2根胡蘿蔔切丁、2根芹菜切塊、3瓣大蒜、半茶匙的黑胡椒粒,以及一大把香草,可選用香芹、新鮮百里香或月桂葉,倒入冷水,水位要加到約高於所有材料2.5公分(1吋)。

#3

在爐火上加熱

開火將鍋內的水煮沸,接著轉為小火。以文火慢熬至少1.5小時(3至4小時為佳)。不斷撈除液面的浮渣泡泡。如果使用的是壓力鍋,熬煮30分鐘至1小時即可。將鍋子離火,靜置冷卻,接著撈除油脂,並用細目濾網過濾,這樣就完成了高湯。可馬上使用,放入冰箱冷藏可保存3天,放入冷凍庫冷凍可保存3個月。

為什麼牛肉一分熟即可食用，**雞肉或豬肉卻不行？**

如果你喜歡吃一分熟牛肉，
很可能會納悶為什麼其他肉類不能以相同方式來烹調。

有些種類的肉比其他的肉有更高的食物中毒風險，程度取決於動物飼養、餵食和宰殺的方式。

要留心雞肉

雞肉未熟透不能入口，這種擔憂並非空穴來風。雞肉通常帶有危險的細菌，諸如沙門桿菌和曲狀桿菌。大部分細菌並非生存於肉的內部，而是來自環境中的動物糞便汙染。以大規模養殖場來說，送上電宰場運輸帶宰殺的雞隻屠體往往堆疊在一起，雞隻的各個部位都容易受到細菌汙染。至於體型較大的牲畜，比方牛隻和豬隻，屠宰過程的每個環節通常更謹慎，因此屠體遭受汙染的可能性比較小。這些肉只要表面經過高溫油煎，即足以殺死任何細菌。吃廚餘和其他動物肉品、內臟的豬隻，牠們的肉裡可能存在寄生蟲卵。不過，鑑於養殖管理已日益成熟，大部分的專家認為豬肉只要煮熟，即使稍帶粉紅色，仍是安全無虞。烹調禽肉和豬肉時，只要加熱達到一定溫度即可殺死細菌。

> **官方組織建議**
> 要殺死可能致病的細菌，雞肉加熱後的中心溫度至少要達到74℃（165℉）以上，豬肉至少要達到62℃（144℉）以上。

為什麼很多食物 **嚐起來像雞肉？**

鵝肉、青蛙肉、蛇肉、烏龜肉、蠑螈肉、鴿子肉等等，
這些肉吃起來的味道都有點像雞肉！
這一點倒有個合理的解釋。

我們吃得出不同種類紅肉的差別，但是初次品嚐某種動物的白肉時，通常會把它跟雞肉相比較。箇中關鍵就在於該動物的肌肉纖維類型。

一種肌纖維類型

雞不常做需要長時間施力的運動，因此牠們的肌肉大部分是「快速肌」，這類肌纖維是用於短暫、爆發性的動作，比方拍擊翅膀。快速肌纖維柔軟，精瘦，不含能帶來風味的脂肪組織，因此嚐起來淡而無味。多數嚐來像雞肉的動物肉，比如鴿子肉或青蛙肉，都有類似的白色肌纖維比例。紅肉與白肉相反，含有較多用於長時間施力的紅色「慢速肌」，這類肌纖維有更多脂肪和帶來特殊風味的物質，因此更容易區別不同種類紅肉的差異。不同動物的肉都有各自的風味分子，但是科學家已經追溯出肉類風味的起源。他們發現，人類現今食用的動物（豬、牛、鹿除外），大部分是從一類雞肉味的動物演化而來。

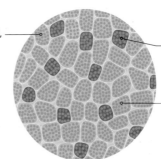

淡色的快速肌纖維。

有少量深色慢速肌纖維。

沒有脂肪或脂肪含量極少，因此味道比紅肉還淡。

白肉肌肉組織

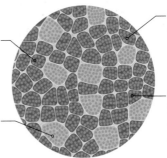

深色的慢縮肌纖維。

含有許多可產生風味的酵素。

細胞裡和肌纖維周圍都有脂肪，使得慢速肌別有風味。

沒有或僅有少量的淡色快速肌纖維。

紅肉肌肉組織

肌肉類型和肉的風味
上圖的兩種肌肉類型呈現紅肉和白肉的肌纖維組成如何影響外觀和風味。

魚類和海鮮
FISH & SEAFOOD

聚焦 魚類

如果你想擴展風味上的多元體驗，不妨考慮海鮮類。水底世界的生物物種類之多，是陸上哺乳類動物的五倍。

魚類含有豐富蛋白質和基本營養素，卻只有少量的飽和脂肪。因此是營養價值極高的食物。魚類的風味輪廓細緻，肉質脆弱。這意味烹調把魚要格外用心。魚肉就像陸地上任何動物的肉，也由肌肉組織、結締組織和脂肪組織構成。但他的肌肉組織截然不同。魚肉大多為肌肉組織、爆發性的肌肉，以因應日常短暫，而且他們的肌肉加速運動，而非像他們的冷環境海水、河水的冷環

境中也能正常運作。這意味加熱魚肉時，讓肉中蛋白質從摺疊狀態鬆開和凝聚的溫度會比陸地動物肉所需的溫度還低。正是基於類似理由，魚肉的冷藏時間上限必然短於肉類。因為魚肉中的蛋白質分解酶在近似海水環境的溫度（5℃／41℉）下活力會增加，使得魚肉很快就就腐壞。將魚放在冰桶（0℃／32℉）裡，更低溫度可以使這些酵素的活性減低，鮮魚保存時間可延長一倍。

認識你所使用的魚

魚類富含蛋白質和基本營養素，但不同魚種的脂肪含量多寡會影響烹調方式。脂肪很多的魚，例如鮭魚，適合的烹調方法相當多樣，而較瘦的白肉魚，或像鱈魚這類肉質脆弱的魚，只適合溫和的烹調法，比如水波煮（poach）。

多脂魚

鮭魚
鮭魚肉油脂多，肉質厚實，適合的烹調方式相當多。野生鮭魚的肉質比養殖鮭更精瘦結實。

脂肪含量：多
蛋白質含量：中等

鯖魚
這種小魚有奶油味，略帶鹹味。肉質聚實，可採用燻烤或整條燒烤，它們易腐敗，必須置於冰塊中保存。

脂肪含量：多
蛋白質含量：中等

鮪魚
鮪魚為掠食性魚類，屬溫血魚、活動力強，其肉質血實、深富風味。不過，鮪魚肉有節分明的肌肉層，水分容易流失，為了保持絲滑口感，採取最好快速烹調方式。

脂肪含量：少
蛋白質含量：高

頭
大部分是骨頭和結締組織，它們在加熱烹煮後會軟化、融解為明膠。魚頭可為高湯和魚做湯菜色增添味道和口感。

眼睛
新鮮的魚眼明亮清澈且凸出。如果魚眼暗淡渾濁，代表鮮度已經下降。魚眼可以吃，某些國家的料理將之視為珍貴食材。

鰓
魚鰓是魚的呼吸器官，他們透過細根分明的鰓絲從水中吸取氧氣。魚鰓偏紅色，因此呈紅色，起來有苦味，烹調前最好先去除乾淨。

魚片
是將魚剖半去骨而成。這種切片的肉最厚。

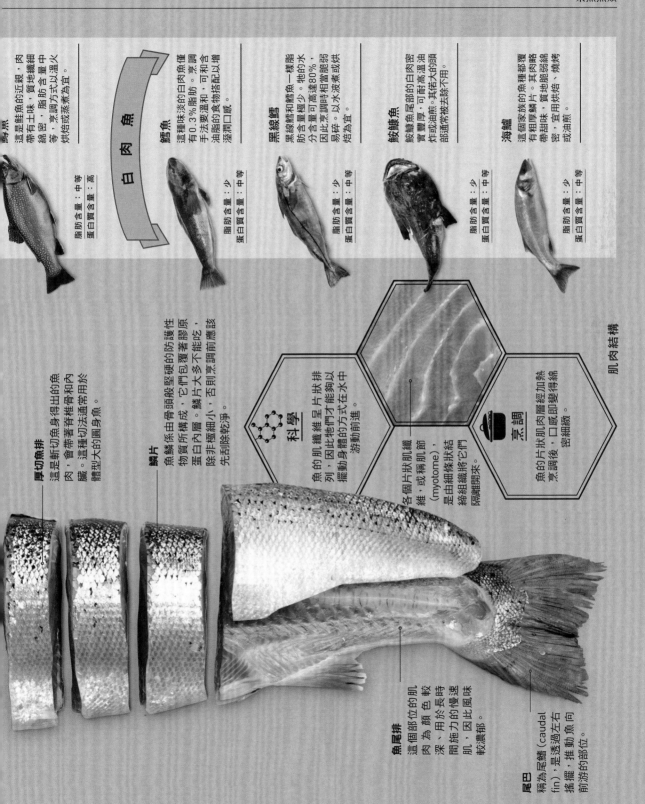

這是鮭魚的近親，肉帶有土味，質地纖細綿密，脂肪含量中等，烹調方式以溫火烘焙或蒸煮為宜。

脂肪含量：中等
蛋白質含量：高

白肉魚

鱈魚
這種味淡的白肉魚僅有0.3%脂肪。烹調手法要溫和，可和調油脂的食物搭配以增添潤口感。

脂肪含量：少
蛋白質含量：中等

黑線鱈
黑線鱈和鱈魚一樣脂肪含量極少。牠的水分高達80%，因此烹調時相當脆弱易碎，以水波煮或烘焙為宜。

脂肪含量：少
蛋白質含量：中等

鮟鱇魚
鮟鱇魚尾部的白肉密實豐厚，可耐高溫油炸或油煎，其碩大的頭部通常被去除不用。

脂肪含量：少
蛋白質含量：中等

海鱸
這個家族的魚種都覆有相厚鱗片。其肉略帶甜味，質地脆密綿密，宜用烘焙、燒烤或油煎。

脂肪含量：少
蛋白質含量：中等

肌肉結構

科學

魚的肌肉纖維呈片狀排列，因此他們才能夠以擺動身體的方式在水中游動前進。

各個片狀肌纖維，或稱肌節（myotome），是由細狀結締組織將它們隔離開來。

烹調

魚的片狀肌肉層經加熱烹調後，口感即變得密細緻。

厚切魚排
這是斬切魚身得出的魚肉，會帶著脊椎骨和內臟。這種切法通常用於體型大的圓身魚。

鱗片
魚鱗係由骨頭般堅硬的防護性物質所構成，它們包覆著膠原蛋白內層。鱗片大多不能吃，除非極細小，否則烹調前應該先刮除乾淨。

魚尾排
這個部位的肌肉顏色較深，用於長時間施力的慢速肌，因此風味較濃郁。

尾巴
稱為尾鰭（caudal fin），是透過左右搖擺、推動魚向前游的部位。

怎麼判別 魚肉是否新鮮？

鮮魚的貨架壽命很短，因此懂得辨識魚的鮮度，是相當有用的技能。

從魚死亡的那一刻起，其肌肉裡的蛋白質分解酶就開始作用，天然存在於魚體上的細菌也開始瓦解魚肉。由於魚體上的細菌在較低溫環境中也繁殖得相當好，再者因為不飽和脂肪比其他種類的動物脂肪更容易腐敗，任何的魚應該在捕獲後一週內食用完畢。以下列出的幾個要點可幫你辨識出最新鮮的魚。

皮膚和鱗片
鮮魚的魚皮和鱗片應該具有明亮的金屬光澤，若體色黯淡無光，且鱗片剝落、不完整，代表魚不新鮮。

氣味
應該散發新鮮、微鹹的海洋氣息。不要選購具有強烈魚腥味或格外腥臭的。

眼睛
魚眼應該明亮、凸鼓起，不要選購魚眼渾濁、塌陷的。

鮭魚

觸感
越新鮮的魚越緊實，按壓起來應該結實有彈性，若手感柔軟，觸壓後的凹陷回彈得較慢，代表不新鮮。

鰓
魚鰓應該鮮紅、溼潤，觸感乾淨，不新鮮的魚鰓顏色暗沉，摸起來發黏。

破除迷思

——— 迷思 ———
任何魚都有魚腥味

——— 真相 ———
剛捕獲的鮮魚其實聞起來有宜人的鮮草氣息，但這種甜美氣味只消二到三天就會消散。海水魚的腥味，是細菌和魚體的酵素將尿素和氧化三甲胺（trimethylamine oxide, TMAO）分解後所產生的。淡水魚體內雖不含氧化三甲胺，但是細菌的分解作用會產生腐敗味，隨著時間經過，牠們照樣會散發腥味。因此，剛捕獲、極新鮮的魚不會有「魚腥味」，但隨著鮮度降低，魚腥味就變得越來越濃。

為什麼魚被稱為 「大腦食物」？

兩百萬年前的人類祖先已捕魚為食。現今，許多研究者認為魚的營養成分能促進人的大腦發展。

魚類富含的碘、鐵和其他礦物元素，都是兒童大腦健康發育所必需的營養元素。魚除了提供強化腦力的礦物元素，其油脂也含有人體不可或缺的不飽和脂肪酸omega-3。大腦裡的神經細胞係由稱為髓鞘的脂肪組織所包覆，以保護細胞正常運作，omega-3即為此神經髓鞘的構成要素。這種強化大腦功能的優質脂肪，鮭魚、鰻魚、沙丁魚、鯖魚、鱒魚和鮪魚等多脂魚種身上的含量最多。

前置作業或烹調方式都會影響魚肉的脂肪酸含量。魚罐頭經過高溫殺菌流程，會流失掉大量omega-3，而高溫烹調方式，比方油煎，也可能使其分解或氧化。烘焙或蒸煮這類溫和烹調方式最利於保存魚油。

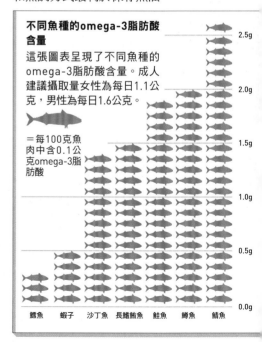

不同魚種的omega-3脂肪酸含量
這張圖表呈現了不同魚種的omega-3脂肪酸含量。成人建議攝取量女性為每日1.1公克，男性為每日1.6公克。

= 每100克魚肉中含0.1公克omega-3脂肪酸

2.5g
2.0g
1.5g
1.0g
0.5g
0.0g

鱈魚　蝦子　沙丁魚　長鰭鮪魚　鮭魚　鱒魚　鯖魚

多脂魚是omega-3脂肪酸的最佳食物來源之一，
這種脂肪酸對人體和大腦健康都有著極其重要的作用。

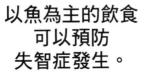

以魚為主的飲食可以預防失智症發生。

omega-3可促進腦神經突觸的生成和傳導效能，提升大腦的學習力。

健康的大腦

研究顯示，經常吃多脂魚的人在老年時大腦萎縮的程度較輕。

研究顯示，富含魚油的飲食可提高心智能力和反應靈活度。

研究發現，注意力不足過動症（ADHD）的兒童在服用魚油後，症狀有所改善。

強化大腦

使用魚油補充品，有助於早產兒腦部的正常發育。

多吃多脂魚
可以改善睡眠品質。

脂肪酸
有益於腦部
血液循環。

安全食用量

深海魚的體內累積了高量的汙染物，比方汞，因此多脂魚的一週攝取量不宜超過四份。

強化大腦的營養素
研究顯示，即使是omega-3含量低的魚，也富含有益大腦的營養成分，可以幫助我們維持心智機能和敏銳度。

含量最高的魚

每100公克鯖魚肉中的OMEGA-3含量，高達2.6公克。

為什麼鮭魚肉的橘色分這麼多種深淺？

大家都理所當然地認為鮭魚肉的顏色是品質的指標。

如果你曾經吃下太多紅蘿蔔，想必可以明白所吃食物的顏色如何能夠影響皮膚的顏色。紅蘿蔔的色素，是一種叫胡蘿蔔素（carotene）的物質，能讓皮膚變橘。鮭魚所攝取的食物中含有天然類胡蘿蔔素家族的一員——「蝦紅素」（astaxanthin），因此牠們的肉色會呈橘色（見下圖）。

不同深淺的橘色

野生鮭魚的顏色會隨著牠們所獵食的食物而有差異。唯有某些品種的帝王鮭（King Salmon）例外，由於

牠們無法消化還原此種紅色素，因此跟其他種類的野生鮭相較，牠們的肉色較白。

養殖鮭魚的肉色會比野生鮭魚更鮮豔、更偏橘色。雖然養殖鮭沒有機會吃到甲殼類動物，但養殖場會在飼料中添加蝦紅素，來賦予牠們漂亮的淡粉或亮橘肉色。這種做法是為了增加賣相，消費者一般都認為顏色越紅的鮭魚肉越新鮮，味道、品質也更好。不過，美味可口的白肉帝王鮭證明這種看法有誤。

常見顏色

賦予甲殼類動物橘紅色澤的蝦紅素，也是讓紅鶴的羽毛呈粉紅色的原因。

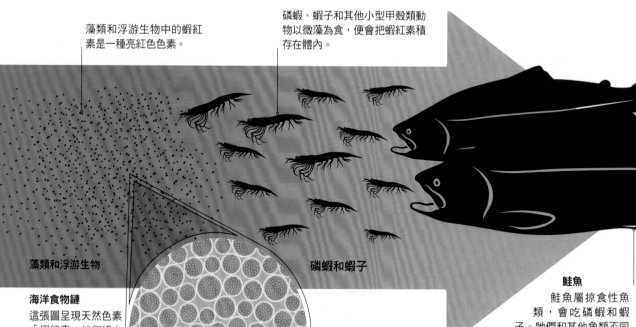

藻類和浮游生物中的蝦紅素是一種亮紅色色素。

磷蝦、蝦子和其他小型甲殼類動物以微藻為食，便會把蝦紅素積存在體內。

藻類和浮游生物

磷蝦和蝦子

鮭魚
鮭魚屬掠食性魚類，會吃磷蝦和蝦子。牠們和其他魚類不同的是，會把攝取到的蝦紅素儲存在肌肉裡，因此鮭魚肉色會變為橘色。

海洋食物鏈
這張圖呈現天然色素「蝦紅素」如何經由食物鏈層層傳遞，進而影響到甲殼類動物和鮭魚的顏色。

藻類中的蝦紅素
這種叫紅球藻（Haematococcus algae）的分子普遍存在綠藻，是蝦紅素含量極高的藻類之一。

細胞裡的紅色素

綠藻細胞

養殖魚和野生魚 一樣好嗎？

判斷魚貨的優劣時，養殖方式、生活形態和屠宰作業環節都是應該要考慮的要項。

在牧場裡畜養牛、羊、豬和雞，大家似乎都覺得天經地義，但以魚塭養魚卻容易被冠上違反自然的罪名。在人類主要的食物當中，目前唯有魚類絕大部分仍然來自野生撈捕，我們一般都認為，跟圈養在魚塭的養殖魚相比，在海水裡自由自在悠游的野生魚會更可口、更健康，品質會更好。儘管這兩種魚的味道和口感上是有一些微小差異（見下欄），但實際上難以分辨。坊間流傳養殖業者會在飼料裡添加抗生素，在池水中施用殺蟲劑，還餵食人工色素以便讓魚的肉色更鮮豔（見第70頁），種種說法引人憂心，但事實上，許多鮭魚養殖場已經率先致力提升養殖環境條件。從動物福利角度，撈捕野生鮭也存在弊害，因為不時會誤捕到其他魚類，導致牠們受傷、喪命，再者，海洋生物資源並非永不枯竭。要買得安心、吃得放心，購買野生魚時，應考慮貨源是否來自「不濫捕」的業者，選購養殖魚時，應認明養殖場是否通過認證、符合水產養殖最佳規範的最高標準。

趨勢變化

預估在二○三○年左右，我們所食用的海鮮應該有三分之二來自水產養殖，而非野生撈捕。

了解差異

野生鮭

 肌肉纖維比養殖鮭緊實，因此吃起來的口感比較扎實。平日對抗海流、獵食食物、逃避掠食者等運動都會增強肌肉。

 野生鮭的含脂量低於養殖鮭，但是含有更高比例的優質脂肪酸omega-3。

 野生鮭在臨死前承受的壓力較高。牠們可能在拖網漁船的網裡奮力扭動。因此，就像在屠宰前受到壓力的其他動物一樣，牠們的肌肉裡會累積較多的乳酸，導致肉吃起來有金屬味。

養殖鮭

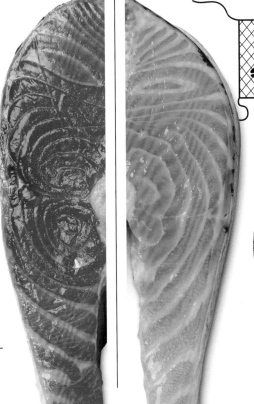

 嚴密控制的餵食，代表養殖鮭能成長得很好。一些養殖場是用投餌機往池裡投餵飼料。待魚隻進食速度慢下來，即停止餵料，因此養殖鮭和野生鮭一樣有飢餓期間，可保持行動敏捷。

 養殖魚的飼料都經過精心調配，以增加魚兒的生長速率，一般包含大豆粉、魚粉和魚油。

捕捉有效率，魚兒掙扎的狀況較少，這代表魚肉肉質不會因臨死前的緊迫壓力而變差。捕撈起來的魚會先置入冷水裡，接著用電擊擊昏後再迅速宰殺。

買蝦要買帶頭的 比較好嗎？

蝦是世界上最廣泛食用的海鮮，市面上有各式各樣的蝦子商品。

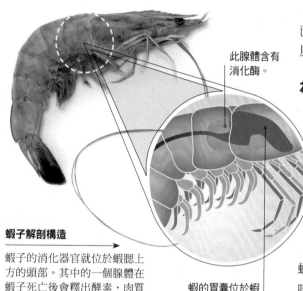

此腺體含有
消化酶。

蝦子解剖構造

蝦子的消化器官就位於蝦腮上
方的頭部。其中的一個腺體在
蝦子死亡後會釋出酵素，肉質
便逐漸腐敗。

蝦的胃囊位於蝦
頭的底部。

市面上賣的蝦子有全蝦、已經去頭的、殼已切開的、已經剝殼的。我們一般都認為整隻完好的魚吃起來最新鮮、風味最濃郁，但是就蝦類而言，就不盡然如此。

為什麼蝦頭會影響味道

蝦子死後，消化系統裡的物質很快會擴散到肌肉裡。這些消化液裡的消化酶隨即開始分解蝦肉，導致肉質變得軟糊。這些消化酶多數是由蝦頭背面的肝胰腺（hepatopancreas）分泌而出，因此儘快去除蝦頭能夠減緩蝦子變質速度。除非是非常新鮮的鮮蝦，不然出貨前就去頭的蝦子才具有最佳肉質。如果你吃的是剛撈捕上岸的新鮮蝦子，帶頭的蝦子在烹調過程中能保留更多的水分和風味不流失。蝦殼和一大部分的蝦頭是不能吃的，不過可以用來熬煮出美味高湯。

生蝦還是熟蝦好？
鮮蝦好還是冷凍蝦好？

*不管是從海裡撈捕或是養殖場收成，蝦子在出水後數小時之內
就會開始腐壞，儘速處理是保鮮的關鍵。*

由於蝦子腐壞得很快（見上個問題），通常在撈捕後就會立即處理。也許一經撈捕上船就急速冷凍，或是先浸在冰塊水內保鮮，上岸後立即加工處理，或是在船上以海水煮熟。上岸後才加工煮熟的蝦，以及養殖場收成的蝦，煮熟的過程較溫和，但仍然可

−20°C

蝦子在捕撈後，
以-20℃（-4℉）以下
的溫度急速冷凍。

能煮到過熟、過乾。因此，除非你買得到剛撈捕出水的蝦子，否則為了風味和新鮮度起見，最好選擇帶殼、去頭的冷凍生蝦。經過「單隻急速冷凍處理」（IQF, individually quick frozen）製程的蝦子品質最好。

蝦子咖哩

蝦子有分節的軀體，
還有一層「外骨骼」硬殼，
因此有「海蟲」之稱。
牠們是龍蝦和螃蟹的小小親戚，
也是世界上最廣泛食用的海鮮。

為什麼 牡蠣要生吃？

烹調會讓動物肉的蛋白質凝聚，對於牡蠣這類軟體動物來說，
加熱不利於肉質口感。

多數食物經烹調後味道會更好：蛋白質會分解為可刺激味蕾的小分子（胺基酸），澱粉會分解為甜味更重的糖，堅硬纖維會軟化，鬆軟質地會變得扎實，多餘水分會蒸發。但像是牡蠣和剃刀蛤蜊這些貝類卻經不起加熱，每多煮一分鐘，風味就流失得越多。

軟體動物跟多數魚類（見第66～67頁）不一樣，牠們是仰賴體內帶風味的胺基酸，特別是麩胺酸，來平衡滲透壓，抵抗海水的鹽分。麩胺酸能刺激舌頭上的鮮味（umami）感受器（見第14～15頁），因此貝類吃起來有鹹香和肉味。加熱會使牡蠣和剃刀蛤蜊肌肉的蛋白質凝聚，以致這些風味分子被封鎖住，無法接觸到味蕾。唯一可以再將它們釋放出來的方式是烹煮得再久一些，讓蛋白質結構再度分解。但是經過此段時間，貝類的肉會變得有如橡膠子彈一樣嚼不動。

常見的牡蠣種類

不同品種的牡蠣各有獨特的風味，不過牠們的風味也取決於養殖海域的海水鹽度和礦物質含量。以下是市面上最常流通的牡蠣品種。

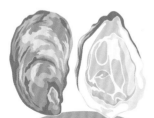

大西洋牡蠣

大西洋牡蠣為北美洲東岸唯一的原生品種，也是美國的主要養殖品種。牠們的外殼形狀有如淚滴，極有辨識度。

—— **風味** ——

清新海水味、鹹鮮味和礦物味。口感清脆。

歐洲牡蠣

原產於歐洲，外形特點是扁平。從十九世紀以來，野生歐洲牡蠣的分布區域持續在減少。現今在歐洲以外很難找得到這個品種的商品。

—— **風味** ——

味道溫和，略帶金屬味。口感爽脆彈牙。

熊本牡蠣

原產於日本，不過現在風靡全球。跟多數品種相比，牠們的體型較小，也需要更長的時間生長到成熟。外殼有很深的凹痕。

—— **風味** ——

味道比其他品種更溫和，帶有甜瓜香味，口感滑嫩。

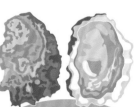

太平洋牡蠣

目前在世界各地都常見養殖的太平洋牡蠣，原產於亞洲的太平洋海岸。美國和歐洲面臨野生牡蠣日漸減少的問題，便引入此品種養殖。

—— **風味** ——

風味各異其趣，但是海水味通常沒有其他品種那麼重。

哪個季節
最合適吃生蠔？

許多人認為夏天不是吃牡蠣的季節，
但這條忠告只有在過去才是金科玉律。

英國有句俗語說，五月到八月（夏季）不吃生蠔。這條忠告是為了預防食物中毒起見。夏季是海藻生長最繁盛的季節，藻類產生的毒素會汙染海水，若是攝入這類毒素可能會引發食物中毒。

海藻大量繁殖，引起海水變色的這種現象，被稱為夏季「紅潮」。傳統上不在夏季吃生蠔的另一個理由在於，夏季是牡蠣的繁殖季節。在每年的這段期間，牡蠣用盡所有儲存的能量來產卵，因此蠔肉會變得小又薄，肉質變軟，風味大幅下降。

牡蠣養殖

目前市面上販售的牡蠣大多來自人工養殖，生長的水域受到妥善維護。養殖業者也會選擇產卵期極短的品種，或以人工方式取出精卵。如今一年到頭都買得到牡蠣，要生吃或煮熟品嚐，悉聽尊便。

「多數食物經烹調後
味道會更好，
牡蠣和蛤蜊卻非如此。」

怎麼生吃才安全

牡蠣和蛤蜊算是高風險食物。像牡蠣和蛤蜊這類軟體動物為濾食動物，即通過吸取和過濾排除海水，攝食水中的浮游生物和藻類。這個過程可能吸取到會致病的微生物，每一枚貝類就猶如一個小型感染源。

多數的致病微生物都來自廢水、汙水的汙染，但市面上販售的牡蠣絕大部分來自近海養殖，水域的細菌和化學性物質含量受到定期監測，以確保水質未受汙染。牡蠣於出售前也會經過「吐沙」處理——將牠們浸泡在乾淨的鹽水裡，牠們就會自動吐出汙物。

為了確保食用安全，購買軟體海鮮時一定要選擇有信譽的店家。牡蠣應該冷藏（最好放置在冰塊上），並且立即食用。如果你的免疫系統失調或衰弱，應該避免生食海鮮。

破解迷思
—— 迷思 ——
牡蠣是催情聖品
—— 真相 ——
說到牡蠣能催情的迷思，科學角度的解釋大多歸諸於牡蠣含有大量的鋅，此礦元素可促進睪固酮（testosterone）的分泌，此男性荷爾蒙濃度高的話，性慾也比較高。因此，吃牡蠣固然可以補充鋅，但任何含鋅量豐富的食物也可以。牡蠣所含的另兩種物質：天冬胺酸和NMDA（甲基-D-天冬胺酸），倒是在其他食物中少見，而兩者都有助提高人體性荷爾蒙含量。不過，用老鼠實驗的結果，截至目前並未有定論。無論如何，女性攝取過量的鋅會使泌乳素（prolactin）分泌增加，這是一種令人產生滿足感的荷爾蒙，會導致性慾降低。

油煎 的過程

以少許熱油在鍋中加熱食物，
是烹調肉類或魚類最簡單快速的方式。
不過它的作用原理是什麼？

油煎是快速烹調出美味食物的好方法。油類升溫的速度比水快一倍，並且可以加熱到較高溫度。高溫可使食材產生梅納反應（見第16～17頁），形成芳香氣味和褐色脆皮。油能夠潤滑食物，食物的風味分子會融於熱油中，增添食物本身的奶油味或自然鮮香。這張圖呈現油煎的作用過程，助你完美掌握煎、炒的訣竅。

較厚的肉塊
由於熱能是慢慢傳導到肉和魚肉的中心，厚度超過4公分（1.5吋）以上的肉塊可先用油煎，接著應該移入烤箱繼續加熱到需要的熟度。

75%
油煎的油溫比沸煮的水溫高0.75倍。

快速烹調法
油類加熱可達到的溫度高於水的沸點，因此油煎是一種快速烹調的方法。

倒油
放至少一湯匙的葵花油或任何冒煙點高的油脂（見第192頁～193頁）。油可將熱能傳遞到食物，並且能潤滑，防止食材沾黏於鍋面。燒熱鍋子，直到油開始產生小泡泡。

#2

將食材下鍋
將食材下鍋。它們一碰到熱油時，應該會發出嘶嘶聲，這是食材表面水分開始蒸發的聲音，代表油溫已經超過100℃（212℉）。要煎出散發香味的褐色脆皮，水分應該儘速蒸發完畢，因此油溫最好達到140℃（284℉）以上。

#3

不可一次下鍋過多的食材，否則油溫會下降，油溫太低時，魚肉等於靠自身溢出的水分蒸熟，就達不到高溫油煎效果。

開爐火
將厚底平底鍋置於爐上，以中大火加熱至少1分鐘，使鍋燒熱。

#1

箇中乾坤

食材一下鍋碰到熱油時，與水不相容的油會潤滑和包覆住食材底部，使熱能均勻傳導到它的每個部位。食材表面脫水、變熱的速度很快，而熱能傳導到中心的速度相對緩慢。

色彩標示

烹調魚肉時的油膜
油脂傳遞熱能
水蒸氣

什麼是拌炒

拌炒是指在深炒鍋裡放少量的油，加熱到高溫，廚師握住鍋把，持續搖動鍋子，使小塊食材在熱油中炒熟。

熱能慢慢傳至中心。

表面脫水，造就出酥脆表皮。

魚肉表面的水分蒸發，發出「嘶嘶聲」，沒有水分殘留就能避免魚皮沾鍋。

翻面、煎到中心熟透

經常替食材翻面以確保它們受熱均勻。因為魚的肌肉組織脆弱（見第86頁），煎魚則只需翻一次面。將魚下鍋，煎約3至4分鐘後即可翻面。煎到期望的熟度時，即可起鍋裝盤。

#4

如果油溫降得太低，食材會沾鍋。

厚底鍋導熱快，蓄熱性佳。

熱源至少要接觸到鍋底三分之二的面積，這有助熱能散布得更均勻。

「油煎的高溫會使食材表面脫水，進而形成褐色脆皮。」

怎麼在自家 **做魚肉防腐處理？**

鹽漬是歷史最悠久的魚類防腐方法之一，它相當簡單，在自家廚房就能輕鬆完成。

最鮮美的魚肉質軟嫩多汁，但倘若我們沒有冷凍櫃，想把這條魚保存到其他日子再食用，冷藏方式會讓充滿水分的魚肉成為細菌滋生的理想潮溼環境。因此，若只有冷藏這個方式，以鹽漬為魚肉脫水，是避免它們成為細菌溫床的不二法門。挪威的鱈魚乾（tørrfosk）即是以流傳至今的這類傳統古法來製作：將去除掉內臟的整條鱈魚掛在戶外的架子上自然風乾。但是家庭廚師無法採用這種方式，因為這種製程需要可供風乾的戶外空間，而且得耗費數個月才能完成，而且魚腥味可能相當重。在自家廚房用鹽漬處理魚肉，是比風乾法更快速、方便的防腐方法。

用鹽覆蓋住整塊魚肉，可使其肌肉組織的蛋白質分子結構鬆開，效果一如經過加熱烹調。鹽逐漸滲入肉裡，而水分被帶出，最後肉質變得緊實，散發強烈風味，這種做法稱為乾漬（dry curing）。在醃漬鹽裡加糖，能夠賦予甜味，也有助防腐作用。也可將魚肉浸泡在濃鹽水裡，這種溼漬法有助保留魚肉的多汁口感。溼漬通常用於體型較小的魚或是將進行煙燻處理的魚肉。

質地

醃漬魚有緊實、乾燥質地；自家醃漬的鮭魚質地口感近似於煙燻鮭魚。

如何乾漬鮭魚肉

要醃漬的魚肉，應該選擇最新鮮的——可直接購買生魚片產品，或是跟信譽良好的商家採買，接著將魚肉冷凍24小時以殺滅可能存有的寄生蟲。為了增加魚肉表層的風味，可在醃漬鹽裡加入檸檬皮、黑胡椒、香草或烘烤過的辛香料，用食物調理機攪打混合均勻。

實作

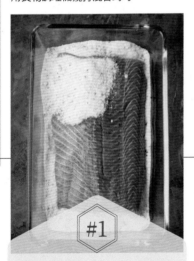

#1

準備醃漬材料
將500公克（1磅2盎司）細鹽和500公克（1磅2盎司）精白紗糖均勻混合。取一半份量放入平底淺盤中鋪底，再放上一塊乾淨、乾燥、約700公克（1磅9盎司）重的去皮鮭魚塊。將另一半的鹽、糖混合料鋪蓋在魚肉上。

#2

增加與鹽的接觸面積
以保鮮膜包裹好魚肉，再以重物加壓。這個步驟能讓醃漬料更緊密接觸魚肉，有助肉質變得更為緊實。隨後將淺盤放入冰箱冷藏，厚度約2.5公分（1吋）厚的魚肉要醃漬24小時，按厚度等比例增加醃製時間。

#3

察看魚塊狀況
打開保鮮膜，確認魚肉的質地，觸壓起來應該有緊實度。如果仍然鬆軟，再塗一次醃漬料，重新裹上保鮮膜，用重物壓緊，再放入冰箱冷藏24小時。待肉質變得緊密，即是大功告成。將魚塊沖洗乾淨，接著拍乾，置回冰箱冷藏，於3天內食用完畢。

醃漬魚上桌
醃漬過程釋出的酸使得魚肉有強烈味道，因此最好切成薄片再裝盤食用。也可切掉較鹹的表層再吃。

鹽焗魚的烹調原理

是什麼？

這個由來已久的古老烹調技法乍看之下有難度，其箇中原理其實很簡單。

在各種烹調魚類的方法當中，以鹽將整隻魚裹起來再加熱，看似是最華而不實的技法。取一條全魚，例如海鱸、鯛魚或笛鯛，先加調味料，再用加入蛋白混合的鹽蓋滿魚身，然後進烤箱烘烤。將烤成金黃色的鹽殼敲開，即可享受裡面烹調得宜的魚肉。

作用原理

覆蓋於魚身的鹽，作用就像以酥皮、烤盤紙或鋁箔紙裹起魚身，可避免魚肉的水分流失。裹在裡頭的魚肉是靠自身的汁液蒸熟，而不是被烤箱的熱、乾空氣烘熟。蛋白的蛋白質受熱會凝固，有助維持魚身上下周圍的鹽殼在烘烤過程中保持完整。由於鹽往魚肉裡擴散的速度非常緩慢，因此在魚肉烘熟的時間裡，僅有微量的鹽會滲入到肉裡，這意味著鹽焗魚的味道就和其他種類的焗魚相差無幾。

200°C
（392°F）
是鹽焗魚的理想烘烤溫度。

鹽焗的起源
人類最早的鹽焗烹調遺跡是在突尼西亞發現的，時間約在西元前四百年。

買鮮魚好 還是冷凍魚好？

將魚冷凍可抑制細菌和微生物的生長和繁殖，
也能阻止魚體肌肉組織的蛋白質分解酶開始作用。

脆弱的魚肉很快就會腐敗，而且天然存在於魚體上的細菌在冰箱裡繁殖得很快（見第68頁）。

和其他肉類相較，魚類冷凍的保鮮效果較佳，這是因為牠們的肌肉細胞膜富有彈性，遭銳利冰晶刺傷的程度較輕微。如果是「急速冷凍」（見下面欄框），更不易有冰晶傷害，魚的質地和味道幾乎就和鮮魚一樣。但是家用冷凍櫃馬力小，冷凍的速度慢，會破壞細緻的魚肉蛋白質。

因此，如果能買到剛撈上岸並置於冰塊上保存的魚貨，鮮魚會是最佳選擇，否則應該購買冷凍魚。

風味傳遞

紙包魚的魚汁含有魚身、配料滲出的風味分子，此汁液可作為醬料底使用。

了解差異

急速冷凍的魚

工廠用急速冷凍櫃可讓魚快速結凍，減少冰晶生成的數量。

⚡ **捕撈上來的魚**，通常就在船上立即以-30℃（-22℉）低溫冷凍保存，以避免產生腐敗。等船靠岸後，再送進工廠的急速冷凍櫃，以-40℃（-40℉）完成冷凍。

自家冷凍的魚

家用冷凍櫃馬力小，冷凍速度慢，形成的冰晶比較多、比較大。

✳ **魚肉的汁液**是混合了蛋白質和礦物元素的鹹水。鹽會降低水的冰點，家用冷凍櫃的結凍速度因此更緩慢，逐漸變大的冰晶會增加魚肉蛋白質的受損程度。

了解差異

紙包

以紙包包裹魚身，再放入烤箱烘烤，可保留魚肉水分不流失，效果一如水波魚（見第83頁）這種慢慢加熱魚肉的烹調方式。

 它的做法：用烤盤紙或鋁箔紙將魚裹住，再進行烘烤。烤盤紙通常有不沾黏的矽樹脂塗層，可提供隔熱效果，降低烤盤的熱傳導速度。鋁箔紙會沾黏食材，但導熱速度快。

 最適用於烹調魚排。可在魚排上鋪蓋香草、辛香料和蔬菜。

不包

不包裹就直接烘烤，成品就如同烤箱烤出的肉，表面會變乾，但這是烹調全魚的理想方式。

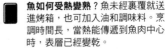 **魚如何受熱變熟**？魚未經裹覆就送進烤箱，也可加入油和調味料。烹調時間長，當熱能傳遞到魚肉中心時，表層已經變乾。

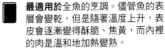 **最適用於**全魚的烹調。儘管魚的表層會變乾，但是隨著溫度上升，表皮會逐漸變得酥脆、焦黃，而內裡的肉是溫和地加熱變熟。

我可以直接 烹調冷凍魚嗎？

不退冰就烹調會增加烹煮時間，但也有其優點。

體型較小的魚不必解凍，直接烹調的效果相當好。大塊魚和全魚則可能會出現外焦內生的問題，因此應先解凍再烹調為宜。

薄至中等厚度的魚排不解凍直接烹調，不管味道和口感都媲美鮮魚，且魚皮的酥脆度可能更勝一籌。魚肉內部的冰晶融化速度緩慢，會拉長烹調的時間，但魚皮也有更多時間煎烤至焦黃酥脆，同時魚肉中心不至於熟過頭。

要解凍魚肉，必須用盤子盛裝，置入冰箱冷藏室，或是用密封袋包裹起來，浸泡在一碗冰水裡。水可加速退冰，而冰冷低溫可抑制細菌繁殖。

烘烤魚肉時，**該用紙包或不包？**

不同的烤魚方法會帶來大相逕庭的效果。

烘烤魚類有兩大方法，而結果截然不同，因此要採用哪一種方式（見下面圖欄），端看你所需的料理成果。紙包魚（en papillote）是一道端出來好看的菜色：連紙包一起裝盤上桌，將烤紙剪開後，香氣撲鼻而來，色香味俱足。看起來厲害，而做法其實很簡單：用烤盤紙將魚裹起來，透過魚本身的汁液來蒸熟。也可改用鋁箔紙包覆，效果相似，只不過它會沾黏食材，而且金屬紙傳熱快；因

此，魚肉的每個部位都應先塗上一層油脂，否則會沾黏在紙上。用紙將魚類裹起來烹調，可保留魚肉的鮮甜多汁，也可讓佐料更有效入味。

全魚的話，也可不包裹就進烤箱烘烤，超過140℃（284℉）以上的溫度能將魚皮烤到酥香焦黃，而內部的魚肉受熱溫度較溫和，可防止水分流失。

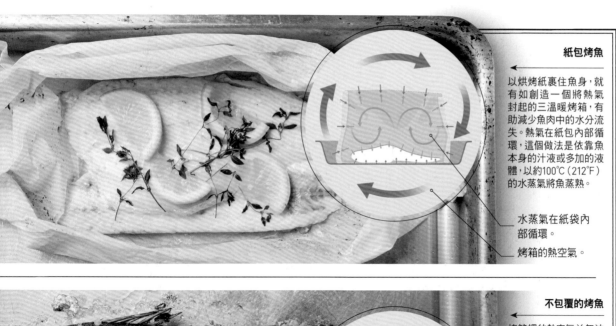

紙包烤魚

以烘烤紙裹住魚身，就有如創造一個將熱氣封起的三溫暖烤箱，有助減少魚肉中的水分流失。熱氣在紙包內部循環，這個做法是依靠魚本身的汁液或多加的液體，以約100℃（212℉）的水蒸氣將魚蒸熟。

水蒸氣在紙袋內部循環。

烤箱的熱空氣。

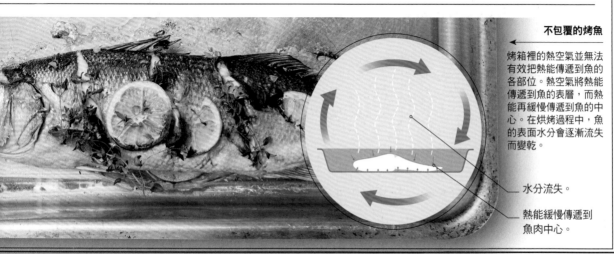

不包覆的烤魚

烤箱裡的熱空氣並無法有效把熱能傳遞到魚的各部位。熱空氣將熱能傳遞到魚的表層，而熱能再緩慢傳遞到魚的中心。在烘烤過程中，魚的表面水分會逐漸流失而變乾。

水分流失。

熱能緩慢傳遞到魚肉中心。

根據不同的烹調方式，
該如何保留住魚肉水分？

魚類的構造是為了因應冷水中的生活環境；其細緻的肌肉組織和化學組成可適應較低溫度，
因此烹調魚類必須注意別煮過頭。

　　許多廚師都認為魚是棘手食材，因為他們並不了解魚肉蛋白質在烹調過程中變性和凝固的速度有多快。魚肉的這種變化發生在40℃～50℃（104℉～122℉）之間，而紅肉則是在50℃～60℃（122℉～140℉）之間。一旦超過這個範圍，肌肉細胞和結締組織會流失水分而萎縮，肉質也就變得乾柴、纖維粗糙。

達到「均勻」受熱

　　魚肉的表面會比內部先熟，以高溫烹調時，表面和內部溫度差異，即是溫度梯度（temperature gradient）會更大。即使將魚肉從熱源移開，肉的餘溫仍會往中心傳遞，繼續加熱肉。這就是所謂的「延續烹調」（carryover cooking）。像是油煎這種高溫烹調方式，梯度變化會更劇烈，因此最好在魚肉即將完全熟透時就離火。若是較慢速的烹調方式，比如水波煮和真空烹調法，則可讓魚肉受熱得更均勻。右邊的圖表介紹三種不同烹調方式，包括舒肥真空烹調法、油煎和水波煮會有的溫度梯度。

　　要判斷魚肉是否已經熟透有幾個方法：熟透的魚肉結實、完全不透明，輕鬆就可以拉起魚骨；或可使用電子探針式溫度計，肉的中央溫度達到60℃（140℉）以上就算煮熟。

利於烹調的切法

要讓一塊厚薄不均的較厚魚肉均勻受熱，最好在較厚的部分劃刀，每隔1至2公分（3/4吋）切一刀。

真空低溫烹調法	油煎
烹調後的魚肉依然溼潤多汁。	以翻面的方式讓魚肉兩邊都受熱。

60℃（140℉）

77℃（171℉）
68℃（154℉）
60℃（140℉）
54℃（129℉）
60℃（140℉）
68℃（154℉）
77℃（171℉）

魚肉浸在水中，熱能從四面八方均勻滲透。	將魚起鍋以後，餘熱仍然繼續傳遞到魚肉中心。
以真空低溫烹調法（見第84頁）的溫水浴來慢慢煮熟魚肉，可使魚肉表層和內裡的烹調速度一致，最後的成品熟度均勻且柔潤多汁。	**煎魚**是以高溫來烹調，表層會比內部先熟。即使魚已起鍋，餘熱仍然「延續」烹調，因此魚肉容易煎過頭而變乾。
適合魚種	**適合魚種**
舒肥真空烹調法的慢煮，最適用於結締組織多或魚體厚實的魚。	油煎適於肉質軟嫩的魚排和細緻魚類，因為快速煎熟可避免魚肉因煮過熟而支離破碎。
章魚、魷魚、鮭魚、多佛真鰈、黑線鱈、鮟鱇魚	大比目魚、多佛真鰈、鱈魚、鮭魚、海鱸、鮪魚、鯖魚

黑線鱈　　　　　　　海鱸

> 「由於魚肉本身就細緻，在烹調時必須注意火候和時間。」

如果採用水波煮溫火慢煮，
魚肉會煮到軟糊嗎？

水波煮魚可以是一道精緻、風味十足的菜色，
唯有了解魚的肌肉構造才能夠提升水波煮魚的技巧。

水波煮

中心和邊緣的溫度梯度相對小。

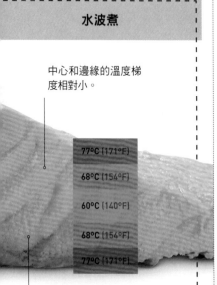

77°C（171°F）

68°C（154°F）

60°C（140°F）

68°C（154°F）

72°C（171°F）

就和真空低溫烹調一樣（見左頁），魚肉受熱相當均勻，成品肉質軟嫩。

水波煮魚最好以溫火烹煮（見右欄）。水波煮的溫度梯度較油煎和緩，因此魚肉的受熱更均勻。

適合魚種
許多種類的魚都適合水波煮，尤以魚體厚實的魚效果最好。

鮭魚、大比目魚、鱒魚、多佛真鰈、大菱鮃、鮪魚

大菱鮃

魚肉肉質細緻，需要細心烹調（見左欄）。水波煮是一種簡單、容易上手的方式，可讓魚肉穩定受熱，慢慢地煮熟。不過，一般會擔心水波煮魚一旦煮過頭，魚肉會吸入太多水分，變得軟糊。事實上，魚的肌肉並無法吸收太多液體，因為肌肉細胞已經飽含水分，並沒有多餘空間來吸收煮液。水波煮可防止魚肉變乾，因為魚肉中的水分不會從表面蒸發。對水波煮的一個普遍誤解是：以為是將水煮沸。但以沸水來煮魚會難以估量烹煮時間，再者魚肉外層可能會煮過頭，散碎到滾水中。

70%
魚的肌肉細胞有70%為水分，因此細胞無法再吸收更多水分。

風味滲透
為了替魚肉增添額外風味，可以將蔬菜、檸檬和香草這類食材加入煮液裡。不過，水分子傳遞風味的效果平平，味道並不會到深入到魚肉內部，因此結果可能差強人意。不用清水，改以魚高湯、蔬菜高湯或葡萄酒來當煮汁，更能有效讓魚肉表面入味。

了解差異

水波深煮
水波深煮是以溫火烹煮，將鍋裡的液體溫度保持在71～85°C（160～185℉）之間，魚肉完全浸在煮液裡。

水波深煮是非常溫和的煮魚方式，可確保魚肉煮熟後依然柔嫩。鍋內有足夠液體浸蓋過所有食材，一些風味分子可滲入煮液和魚肉表層。

魚肉**完全浸泡**在煮液裡，魚肉能均勻受熱煮熟，而且烹調時間容易拿捏，約10至15分鐘。

水波淺盤煮
水波淺盤煮是以溫火烹煮，使用寬的煮鍋，液體溫度保持在85～93°C（185～199℉）之間。魚只有一半，甚至只有三分之一浸在液體中。

煮液份量較少，飽含從魚肉逸出的風味分子，可調味、用來製作濃郁醬料。

較不易拿捏烹調時間，因為一部分魚肉未浸於煮液中。可在魚肉上鋪蓋一層烘烤紙來防止水蒸氣散逸，幫助魚肉的上半部受熱煮熟。

真空低溫 烹調的過程

以舒肥法，即真空低溫烹調來調理食物，
只要操作流程正確，成品的口感和鮮度都無與倫比。

　　法國人發明的真空低溫烹調法越來越普及。這個烹調法所需的設備看起來高科技，但原理非常簡單：將食材置入真空密封袋，再用長時間低溫加熱。要運用此方法，必須備有有兩項基本工具，一是抽出袋中空氣的真空包裝封口機，二是可精確控制水浴溫度的烹調機。有溫控的加熱器，可將水溫穩定維持在不同食材所需的煮熟溫度。這是完全不會失手的料理方式，而且食物受熱均勻、熟度一致。

DATA

作用原理

將食物置於真空袋裡，放入水中加熱，水溫控制在較低溫度。

最合適的食材

魚排、雞胸肉、豬排、牛排、龍蝦、蛋和胡蘿蔔。

要留意什麼

就和其他低溫烹調方法一樣，食材並不會褐化上色，因此，如果你想要煎封表面、形成酥脆表皮，應該在真空烹調之前或結束之後進行煎封。

41°C

一分熟鮭魚，水溫設定為41℃（106℉），全熟鮭魚，水溫設定為60℃（140℉）。

低溫和慢煮

設定好溫度，接著讓肉或魚在此溫度水浴3小時，完全不須擔心會煮過頭。

僅限新鮮食材

真空低溫烹調可強化氣味，無論它們是好聞或難聞，因此必須選用非常新鮮、毫無腐壞跡象的魚和肉類。

箇中乾坤

在水浴中，熱能從四面八方穿過食物表層。真空袋能防止水分進入和溢失，食材中心的溫度慢慢上升到與外層相同，因此沒有溫度梯度（見第82頁）的問題。食物受熱均勻，不會出現外焦內生的狀況。

魚肉從裡到外都均勻受熱。

熱能從四面八方傳遞到食物。

色彩標示

水的熱能傳遞到食物內部
水的溫度穩定維持在60℃（140℉）

了解差異

真空低溫烹調法

將食材置入真空密封袋，並以恆定水溫慢慢加熱，幾乎沒有煮過頭的可能性。

 烹調時間：食物在水浴中慢慢煮熟，調味料是和食材一起放入密封袋中。

 風味：真空密封袋能留住風味和水分。由於袋內為低壓狀態，有助汁液芳香和風味融入到肉裡

水波煮

將食材浸於液體裡慢慢煮熟，水溫比真空低溫烹調法的水浴來得高。

 烹調時間：能更快完成烹調，但容易煮過頭。可作為煮汁的液體選擇很多，例如清水、高湯、牛奶或葡萄酒都可以。

 風味：煮汁裡的風味分子在烹調過程中可散布到魚肉上，但食材本身的風味分子也會釋出到湯汁裡。

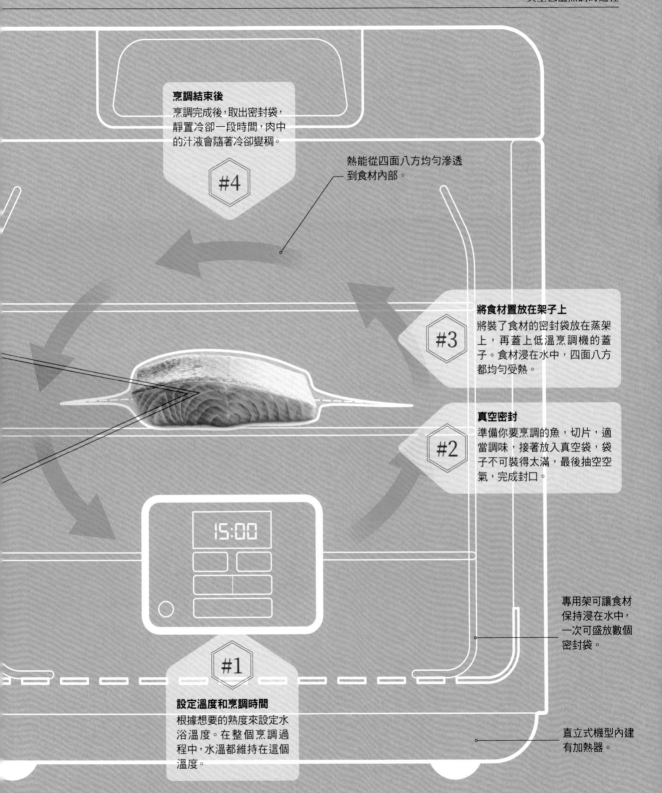

烹調結束後
烹調完成後，取出密封袋，靜置冷卻一段時間，肉中的汁液會隨著冷卻變稠。

#4

熱能從四面八方均勻滲透到食材內部。

將食材置放在架子上
將裝了食材的密封袋放在蒸架上，再蓋上低溫烹調機的蓋子。食材浸在水中，四面八方都均勻受熱。

#3

真空密封
準備你要烹調的魚，切片，適當調味，接著放入真空袋，袋子不可裝得太滿，最後抽空空氣，完成封口。

#2

15:00

#1

設定溫度和烹調時間
根據想要的熟度來設定水浴溫度。在整個烹調過程中，水溫都維持在這個溫度。

專用架可讓食材保持浸在水中，一次可盛放數個密封袋。

直立式機型內建有加熱器。

要怎麼把
魚的外皮煎到金黃酥脆？

恰到好處的酥黃魚皮和柔軟綿密的魚肉形成完美的互補。

挑選魚種

避開表皮像橡膠一樣彈潤或過薄的魚種。海鱸、鯛魚、鮭魚、比目魚和鱈魚都易於煎出酥脆表皮。

要做出酥脆、金黃色的魚皮，一定要仰賴極高溫的烹調方式。高溫能讓魚肉中的水分蒸發，並讓表皮加熱到梅納褐變反應（見第16～17頁）所需的溫度140℃（284℉）；這種胺基酸與糖發生的化學反應，可使魚皮變得酥脆、轉成金褐色澤，並產生芳香氣味。如果魚皮還有殘餘水分，熱能會耗費在帶走溼氣，而不是引發梅納反應，而在魚皮脫水變乾之前，內部的魚肉可能已經煮過頭。如果鍋子溫度不夠，將魚下鍋時沒有嘶嘶聲，魚皮的蛋白質和鍋面的金屬原子會產生化學反應，導致兩者融合，魚肉便沾黏在鍋底。只要讓魚皮充分乾燥，使用冒煙點高的油，將油加熱到高溫，便能煎出香酥的漂亮魚皮。

煎魚

以油煎方式來烹調一塊帶皮魚排，可迅速做出皮酥肉嫩的美味成品。最好使用厚底平底鍋，因為它的蓄熱力優於淺底鍋。若魚塊較大較厚，無法用爐火煎到熟透，可把表皮已煎到酥黃的魚放進預熱過的烤箱裡，完成最後的加熱。

實作

#1

抹鹽讓魚皮脫水

取一塊帶皮去鱗的中等尺寸魚片，用細鹽均勻塗抹於表面。兩面皆要抹到鹽。將魚片置於盤子裡，包上保鮮膜，放進冰箱冷藏室，冷藏2至3小時讓魚肉出水。最後用廚房紙巾把魚肉擦乾。

#2

將油加熱到冒煙點以下

將厚底平底鍋置於爐上，開大火。倒入一湯匙葵花油（或任何高冒煙點的油，見第192～193頁），加熱油直到就要開始冒煙前。此時將魚皮面朝下入鍋，魚一沾到熱油，應該會發出嘶嘶聲。使用煎魚專用鍋鏟來輕壓魚身，確保魚皮受熱均勻。

#3

壓平、翻面和煎熟

隨著受熱，魚肉的膠原蛋白纖維會收縮，導致肉會捲曲起來，因此煎的過程中，必須一直用鍋鏟壓平魚身。煎到魚肉有三分之二呈不透明狀。小心翻面再煎至熟。一煎好就可裝盤上桌，魚皮面應該朝上以保持酥脆。

為什麼
煎好的魚不需要靜置？

魚肉的肌肉結構和一般肉類不同，
因此處理方式也大不一樣。

有些廚師建議煎好的魚應該像肉類一樣要靜置。要這麼做也無妨，但除非是體型大的全魚（見下面欄框），否則有無靜置這個步驟，對於這道魚肉的口感影響並不大。

肌肉中的水分和溫度

煎好的紅肉和白肉之所以需要靜置，目的是讓肌肉內含的液體有時間冷卻和變稠，使得肉品嚐來更鮮美多汁（見第59頁）。在靜置過程中，肉裡已分解的蛋白質會跟水分結合，形成濃郁的肉汁。魚類所含的這類蛋白質比較少，因此靜置步驟並無法帶來相同的效果。此外，魚肉的結締組織極少，也沒有筋肉，它的肉質比任何陸地動物的肉更細緻。這意味著，即使靜置過程可讓成品汁液增多，嚐起來並無差別。

將煎好的魚肉靜置一下的另一個作用，是讓魚肉內外溫度達到均衡。不過，由於大部分魚身都薄，這樣做的效果也難以覺察。魚料理上桌的首要原則就是趁熱食用，而不是等待肉塊內外溫度達到一致。

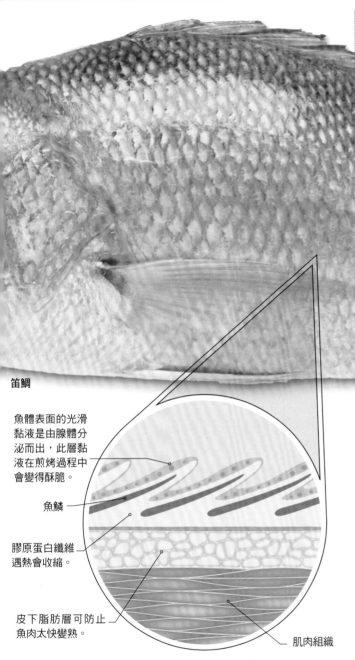

笛鯛

魚體表面的光滑黏液是由腺體分泌而出，此層黏液在煎烤過程中會變得酥脆。

魚鱗

膠原蛋白纖維遇熱會收縮。

皮下脂肪層可防止魚肉太快變熱。

肌肉組織

魚皮解剖構造

魚皮和魚肉截然不同，它的脂肪含量高（多達總重的10％），水分也多，由於有膠原蛋白組織，魚皮相當堅韌。魚的表皮上還覆有一層黏液，這層物質和不可食用的魚鱗一樣，都有保護魚身的作用。

你知道嗎？

全魚起鍋後先靜置的好處
雖然多數魚種在烹煮好後不需要靜置，不過，一些體型大的全魚，起鍋後先靜置數分鐘會有好處。

較不易破碎
鮪魚或鮟鱇魚這類肉質緊實的魚種，若在起鍋後、上桌前先靜置5分鐘，可使魚肉裡的蛋白質凝聚為更緊密結構，可減少支離破碎的可能性，若須切塊，切面會更乾淨工整。

保溫
全魚的保溫性比魚片更佳，由於魚皮還包覆住魚肉，即使靜置幾分鐘，魚肉也不至於太快冷卻。

最高品質的魚
正統生魚片料理只選用來源可靠、品質頂尖，並且經過正確保存和審慎處理的魚貨。

用於生魚片的鮪魚，寄生蟲感染的風險極低。

可以安心 吃生魚片嗎？

只要了解生魚片的製備流程，就可以少一分擔憂。

生魚片就和任何生食一樣，不可能毫無風險，但是只要嚴格把關，以適當流程製備生魚片，就可以將感染的風險降至最低。

「生魚片」等級的魚

作為生食用的魚肉是以線釣方式捕起，隨即迅速完成宰殺（以免魚隻因壓力釋出過多乳酸，導致肉質變差），接著放置於冰塊上保存以抑制細菌繁殖。在分級魚貨時，養殖業者、批發商會以化學方法來判定腐敗值，接著憑鮮度來為魚進行分級。

除了細菌感染，寄生蟲感染是更大的風險：牠們會鑽進活體動物的身體，如果吃下肚，牠們會寄生於我們的腸道，造成持續的腹瀉和腹痛。

冷凍能夠殺滅這些病原體，「生魚片」或「壽司」等級指的就是出售前經過-20℃（-4℉）以下冷凍處理的魚。令人安心的是，用作生魚片的一些鮪魚種類（藍鰭鮪、黃鰭鮪、長鰭鮪及大眼鮪）都生長於非常冰冷的深海環境，沒有感染寄生蟲的可能。

要安心吃生魚片，最好選擇對食材品質非常自豪的知名壽司店。他們只進品質最優的鮮魚，將魚保存在極冷的溫度中，並且有嚴格的衛生管理。若要在自己家裡開心享用生魚片，也得遵照同樣的標準。

檸檬汁如何「醃熟」生魚肉？

香檸魚生沙拉 (Ceviche) ——以檸檬汁醃熟魚肉，是廚師可以善用並加以變化的一道菜色。

源自南美洲的**香檸魚生沙拉**（Ceviche），做法非常簡單，只需把生魚和檸檬汁拌在一起，然後靜置（最好放入冰箱冷藏室）待魚肉「醃熟」。這個神祕化學反應背後的科學原理，說穿了並不難理解。

酸的作用

檸檬汁裡的酸作用於魚肉蛋白質，類似於加熱烹調時，細緻魚肉裡的蛋白質遇熱而分解、「變性」。

要以酸來醃熟生魚肉，它的酸度必須在pH值4.8以下，才能夠讓蛋白質變性，而檸檬汁和萊姆汁的pH值皆為2.5左右。檸檬酸會穿透肉的表面，讓透明的生肉逐漸轉變為扎實的白色熟肉。酸性汁液可賦予魚肉酸又濃烈的味道。要添加甜味的話，可加入果汁或番茄，也可拌入辣椒來添上辣味。

準確拿捏醃漬的時間
以酸醃法來「醃熟」魚肉，醃漬時間的長短取決於你想達成的口感質地。

香檸魚生沙拉醃漬指南
將去皮的魚肉切成2公分（0.8吋）見方的小塊或薄片，接著按照以下的指南，選擇所需的醃漬時間。醃漬超過25分鐘後，魚肉即轉為不透明的灰白色，跟煮熟的魚肉一樣。

- 一分熟至五分熟　10至15分鐘
- 五分熟　15至25分鐘
- 五分熟至全熟　25分鐘

"

一般新鮮的肉類，
多數未熟也可食用，
但是大規模工業化養殖意味著生產
過程中不乏有各種汙染，
那些養殖場的**品質管理**嚴謹性
比不上生食級生魚養殖場。

"

為什麼
甲殼類動物煮過後會改變顏色？

熱會讓牠們顯現出原來的本色。

　　甲殼類動物是動物界數一數二的成功物種，牠們在地球的海洋裡已存在超過兩億年。牠們能夠長久生存的一個理由，應該歸功於與周遭環境融為一體的能力；比如蝦子外殼為灰藍色，在陰暗的海底就幾乎有如隱身一般。但是只要烹煮過，牠們天生的保護色就會神奇地轉變為橘紅色。

這種橘紅色是怎麼來的？

　　龍蝦、螃蟹、明蝦、蝦和其他甲殼類動物在煮熟後之所以會變成橘紅色，其理由就和紅鶴有粉紅羽毛、鮭魚肉色為橘色是一樣的（見第70頁）。甲殼類動物所攝食的浮游生物和藻類裡，有一種名為蝦紅素的紅色色素，此色素會積存在甲殼動物的殼和肉裡。為什麼甲殼類動物要儲存此種色素，至今生物學界尚未有確切的定論，一個可能是為了以備萬一身處淺水時，可預防陽光的紫外線傷害。甲殼類動物活著時會藏起這身橘紅色，以避免被掠食。

　　加熱烹調會使牠們體內的色素釋出，但不該以顏色作為判斷是否熟透的依據。像是龍蝦和螃蟹這類體型較大的甲殼動物，牠們在尚未煮到熟以前，全身就已經變為紅色。完全熟透的肉應該呈不透明白色，肉質緊實。

甲殼藍蛋白
（Blue crustacyanin）

這是甲殼動物活體時會持續生成的一種蛋白質。甲殼藍蛋白覆蓋住蝦紅素（見右圖），甲殼動物的外觀便呈現出蛋白的不起眼青藍色，達到隱身作用，以避免被海洋中的掠食性魚類發現。

隱身術天賦
甲殼類動物一旦卸下天生的保護色，外殼就會改變顏色。

甲殼藍蛋白覆蓋住蝦紅素分子兩端，將它們掩藏起來。

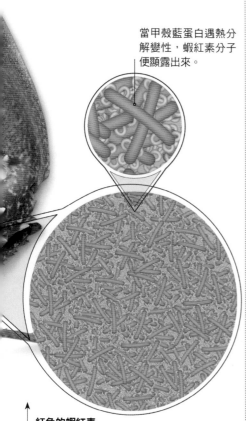

當甲殼藍蛋白遇熱分解變性，蝦紅素分子便顯露出來。

紅色的蝦紅素

這種顏色鮮豔的色素來自於甲殼類動物所吃的食物，色素積存於甲殼動物體內，但是甲殼藍蛋白覆蓋住它們。烹調的熱度使得蛋白質分子鬆開、變性，蝦紅素得以游離出來，從而讓甲殼動物呈現出鮮紅的本色。

烹煮
貽貝有哪些守則？

只要掌握一些技巧常識，你會發現貽貝是最容易烹調的海鮮，烹煮時間也相當短。

貽貝應該活體烹煮，因為牠們一旦死亡便會迅速腐壞。如果你買來活體貽貝後，不打算馬上烹煮，那麼務必放置於冰塊上保存，或是放入大碗裡，蓋上溼布（牠們在無鹽的水裡會死亡），再放入冰箱冷藏室最冷的位置。在烹調之前，仔細檢查是否有開殼的貽貝，將牠們放在水龍頭下沖洗，仍然打開的貽貝都是已經死掉，應該丟棄。在烹煮過程中，不須為了避免煮過頭，隨時取出已開殼的貽貝；有研究顯示，較早開殼的貽貝大多還未完全熟透。如果你有任何疑慮，可憑自己的五感來判斷。受汙染或死掉的貽貝聞起來很臭，摸起來會黏手。

破解迷思

—— 迷思 ——

煮後仍沒開殼的貽貝不能吃

—— 真相 ——

只要將軟體動物浸在水中烹煮，不管雙殼最後有沒有打開來，貝肉都會隨著加熱而變熟。貝類的雙殼是靠兩條「閉殼肌」鎖住，此種肌肉為動物界最強韌的肌肉之一。一旦遇熱，隨著蛋白質變性，這些閉殼肌會慢慢鬆開，但是在一批貽貝中總有幾粒的閉殼肌韌性較強，即使烹煮完成也不會開殼，但是如果你把它們打開來，會發現裡頭的貝肉已經煮熟。

破解迷思

—— 迷思 ——

活生生龍蝦被丟入沸水時會痛到大叫

—— 真相 ——

龍蝦不會大叫，因為牠們並沒有聲帶，但是你可能會聽到空氣從殼內發出的聲音。人道的方式應該是將待烹的龍蝦冷凍2小時，先讓牠們昏迷再烹煮。

烹調前的準備

只要遵照幾個簡單的原則，你可以確保入鍋的貽貝粒粒乾淨又新鮮。

貽貝使用牠們的「鬍絲」，或稱足絲（byssal thread）來附著在任何物體的表面。

檢查新鮮度

凡是外殼有破損、裂縫，用流動的水沖洗時仍然沒闔上的開殼貽貝，通通都丟棄不要。

以冷水清洗

用刀子刮除殼上附著的異物，接著打開冷水水龍頭，在流動的清水下以刷子刷洗外殼。

③
拔除足絲

最後拔乾淨鬍絲。捏住它們，從殼頂往下拉，即可拔除。

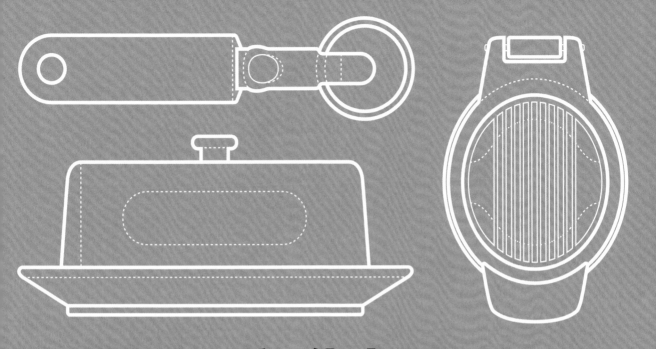

蛋和乳製品

EGGS & DAIRY

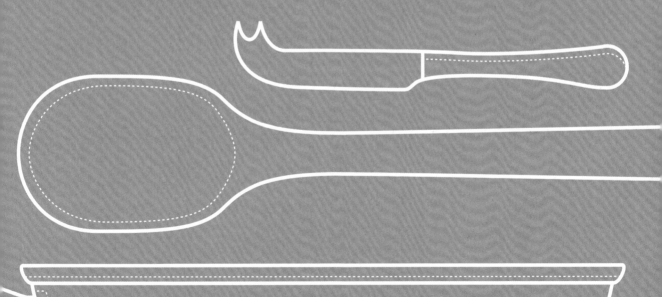

聚焦　蛋類

蛋的營養素豐富，也是烹調上的萬用小奇兵，
每一位廚師都應該在廚房裡常備這種食材。

蛋是變化最多端的萬用食材之一，它能夠黏合、包裹氣泡，也可讓食物變稠或充滿氣泡。蛋的不可思議多樣功能，得歸功於蛋白質、脂肪和乳化劑三種組成成分。

蛋黃富含蛋白質和脂肪。肉眼不可見的微小球狀體裡，球外層包覆著一種叫卵磷脂（lecithin）的乳化劑。卵磷脂可協助脂肪和水的結合，因此在製作美乃滋時，蛋黃是讓油和醋融合的關鍵成分。

分、蛋白絕大部分是水，其他組成為蛋白質；只要持續大力攪打，蛋白的蛋白質會鬆開再重新連結，形成充滿空氣的泡沫或做成蛋白霜。在打發的蛋白裡添加糖可做成蛋白霜，將它們拌入蛋糕麵糊可使蛋糕體積增大又蓬鬆。在料理中加入全蛋，可改變食物質地，增添水分和風味。由於蛋是供給胚胎成長為小雞的養分之用，它本身就有多種多樣的養分，更含有人體所有所需的所有必需胺基酸。

認識你所使用的蛋

即使是不同種類的禽類，所產的蛋基本結構都一樣，外有堅硬蛋殼保護，內有蛋黃懸浮在液狀蛋白中。不過，不同禽蛋中的脂肪和蛋白質含量各有差異，組成比例也有差影響風味。蛋的大小和蛋殼孔隙度也有差別。基於這些理由，不同種類的禽蛋含有最合適的料理用途。以下簡介各種禽蛋的關鍵差異。

鵝蛋

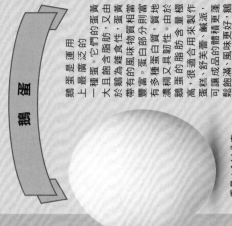

鵝蛋是運用上最廣泛的一種蛋。它們的蛋黃大且飽含脂肪，又由於鵝為雜食性，蛋黃帶有複雜的風味物質相當豐富。蛋白部分則質地濃稠又具韌性。由於蛋的脂肪含量極高，很適合用來製作蛋糕、舒芙蕾、鹹派，可讓成品的體積更蓬鬆飽滿、風味更好。鵝蛋白打發的蛋白霜和蛋白酥質地更穩霜和蛋白酥質地穩，霜，蛋白酥用來做煎蛋捲（omelette），風味會非常香濃。

重量：144公克
（5又1/8盎司）
熱量：266大卡

氣室

空氣通過蛋殼的許多微孔進入蛋內，在其一端形成氣泡——這個小小的「氣室」是判別蛋的新鮮度的指標。

殼

堅硬也易碎的蛋殼保護著裡頭的胚胎不受傷害。蛋殼表面布滿細孔，它們是供空氣進出的通道。

稀蛋白

在新鮮蛋中，約有40%蛋白為稀蛋白，它們是靠近蛋殼部分。濃度較稀薄的蛋白，受熱變熟的速度較慢。蛋黃周圍也有少量的稀蛋白。

鴨 蛋

由於鴨蛋蛋殼的孔隙較大，很容易吸收到周圍食物的氣味。和雞蛋相比，鴨蛋味道更濃郁，以醃漬鹽水裹鹽來醃製鴨蛋的效果都相當好。由於它們的脂肪含量高，用來製作蛋糕和其他烘焙點心，可使成品的口感更柔軟溼潤。

重量：70公克
（2又1/2盎司）
熱量：130大卡

雞 蛋

雞蛋肯定是最常當作食材來使用的一種蛋。它們的蛋黃和蛋白比例相當，因此料理用途廣泛。跟其他禽蛋相較，它們的蛋黃較小，蛋白部分較多。用在烘焙上，可作為不同材料的黏合劑，製作美乃滋時，它是融合油和水的乳化劑，或者就單純作為料理中的食材使用。

重量：50公克
（1又3/4盎司）
熱量：71大卡

鵪鶉蛋

鵪鶉蛋體積迷你，蛋殼上有可愛的斑點，其風味細膩，帶有土味。由於它們的蛋白結實，蛋殼堅硬，煮好後並不易剝開，最好用油炸、沸煮或醃漬方式來烹調。可當作小點心、開胃小菜或便當菜。

重量：9公克
（1/3盎司）
熱量：14大卡

可觀的產蛋量

一隻蛋雞一年所產的蛋的重量，約足其自身體重的8倍。

濃蛋白

約有60%的蛋白為濃蛋白，此部分分為水分和蛋白質所構成，隨著蛋老化，濃蛋白部分會逐漸變稀。

蛋黃

蛋黃含有許多卵磷脂覆蓋的微小脂肪球。蛋黃是多個薄層構造，各球層之間有球形成的同心薄膜相隔。

胚盤

這個肉眼可見的小白點含有細胞核，是已受精的蛋發育成小雞的部位。

卵繫帶

由濃蛋白構成的乳白帶狀物，具有固定蛋黃的作用。越新鮮的蛋，卵繫帶越明顯突出。

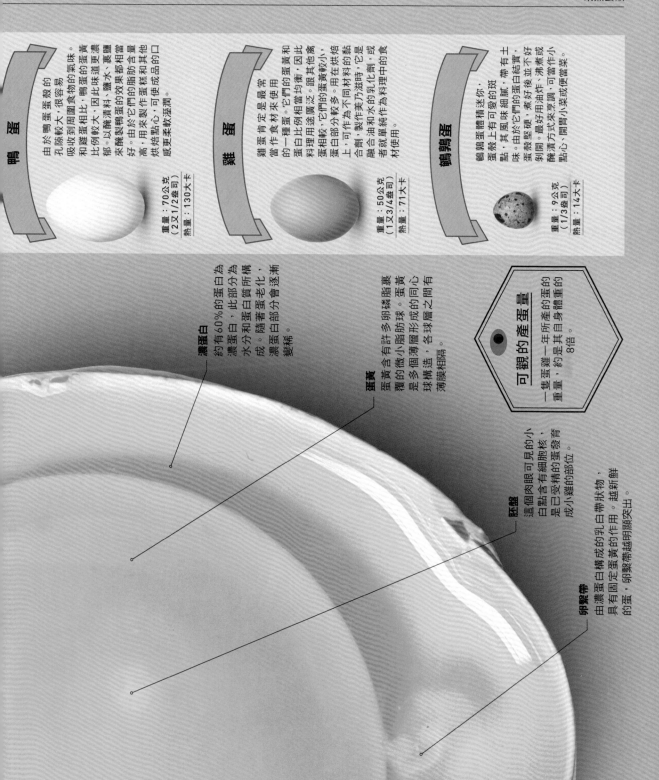

一顆大蛋的熱量
僅有75大卡，
較一片麵包低。

蛋富含膽鹼
（choline），它
是維繫人體大腦功
能的必需營養素。

一顆雞蛋含有的營養素可達各別
每日建議攝取量（RDI）的比例：
硒 30%
葉酸 25%
維生素B₁₂ 20%
維生素A 16%
維生素E 12%
鐵質 7%

每顆雞蛋蛋黃約有5公
克脂肪。大多為不飽
和脂肪酸，其中包括
人體不可缺少的亞麻
油酸。

蛋含有預防眼睛黃斑病變的
葉黃素（屬類胡蘿蔔素家族）
和玉米黃素。

蛋黃裡的卵磷脂
可促進血液中膽固醇的代謝。

蛋白不含脂肪，
而且熱量低。

一顆蛋含有約7公克的優質蛋白質，
蛋白的蛋白質含量較蛋黃高。

為了提高所產蛋
中的omega-3
脂肪酸含量，有
些蛋場會在母雞
的飼料裡加入亞
麻籽或魚油。

鴨蛋、鵝蛋和鵪鶉蛋
的維生素B₁₂
和鐵含量較雞蛋高。

一顆蛋的蛋白質含量約有60%在
蛋白部分，而蛋中所含的脂溶性
維生素大多都在蛋黃的脂肪中。

需要特別
限制蛋的攝取量嗎？

蛋類含有豐富的營養成分，
通常被歸類為「營養最完整」的食物。

一顆蛋裡面就含有蛋白質、熱量、脂肪、維生素和礦物元素，因此被視為各種營養素一應俱全的超級食物。不過，在一九五〇年代，美國出現膽固醇過高影響心臟健康的理論，接著全球一些地方發生沙門氏菌引發的食物中毒，主因為蛋受到汙染，造成大眾對蛋的恐慌，以致於吃蛋的好處及安全性都受到質疑。

迄今為止的研究結果

如今，我們知道對吃蛋風險的恐懼，多數純屬無稽，而過去二十年以來，蛋的安全性也已經大幅提升。相較於三十年前，已經絕少有蛋類汙染引起的沙門氏菌食物中毒個案，甚且在若干國家裡，這類食物中毒問題幾乎已經絕跡。大家對蛋類膽固醇含量的顧慮也在減少，因為有研究顯示，通過飲食攝入的膽固醇對大多數健康人並無顯著影響，顛覆了以往認知的觀念（見下面的破解迷思一欄）。

從營養的角度來看，吃蛋的好處之多，其他食物無出其右；如左欄所列舉出的，它提供多種營養成分和抗氧化物質。如今，幾乎每一個國家公布的飲食指南都拿掉了每週的蛋類攝取上限。此外，有研究指出，孩童和健康成人每天吃一顆蛋也沒有關係。

破解迷思

迷思
吃蛋會提高血液中膽固醇濃度

真相
蛋富含膽固醇，但是食用高膽固醇食物並沒有像大家以往認知的那樣有害。若血液中「壞」膽固醇──低密度脂蛋白（LDL）過多，會容易沉積在血管中，增加動脈硬化的風險。但是造成壞膽固醇上升的，是含有高飽和脂肪酸的食物，像是肥肉、鮮奶油、奶油和乳酪，而從飲食攝入體內的膽固醇，對血液膽固醇濃度影響極小。況且蛋黃所含的卵磷脂也有助排除血液中多餘的膽固醇。一般而言，除非家族有高膽固醇體質的基因遺傳，否則不需要限制每日蛋類攝取量。

散養雞所產的蛋
營養價值更高嗎？

如今規模化的蛋雞養殖使得雞蛋產量達到前所未有的高峰值，我們得以用便宜價格取得這種安全無虞、營養價值極高的食物。

工業化大規模飼養的雞隻受到的待遇非常糟糕。雞隻通常被關在雞舍或雞棚的鐵絲格子籠裡，生活空間侷促，舍內的溫度和光照控制都是用來促使牠們全年無休地產蛋。為了提升產蛋率，牠們吃調製過的穀物飼料，一隻室內圈養的母雞每吃下2公斤（4.5磅）飼料，產下的蛋量可達1公斤（2.2磅）。

動物的生活史會影響其肉品的肉質（見第40頁），因此室內圈養的蛋雞產蛋量雖多，但每一顆蛋的營養價值都不如散養雞蛋（見右欄），也就不足為奇了。不同飼養方式的蛋雞風味上雖只有些微差異，但以廚師的角度，選擇本地信譽優良的散養蛋雞場所產的蛋，可確保買到營養價值最高的蛋。

有機飼養	散養 （走地雞）	室內圈養
環境 母雞可自由到戶外活動，並在放牧草地上覓食。	**環境** 母雞能在戶外活動的時間長短隨養雞場而異，有些蛋雞場的母雞一天大部分時間仍關在雞舍裡。	**環境** 雞隻在室內房舍生活，吃穀物飼料。
營養價值 營養價值有高有低，不過比起其他飼養方式，蛋中的omega-3和維生素E含量可能多上一倍，而飽和脂肪含量少25%，礦物元素含量更高。	**營養價值** 營養價值隨養雞場而異，不過和有機飼養雞蛋相差無幾。	**營養價值** 母雞在高壓環境中被迫不停下蛋，和放牧蛋雞相較，這些蛋的維生素和omega-3含量較低，而飽和脂肪的含量較高。

吃生雞蛋 究竟安不安全？

許多經典傳統菜都以生蛋為主要食材，比如美乃滋、大蒜蛋黃醬和慕斯。

使用生蛋或半生蛋食譜，其最大隱憂是吃下帶有沙門氏菌的雞蛋而食物中毒。

預防措施

蛋若接觸到沙門氏菌汙染的雞糞，就會附菌。蛋殼有防止細菌入侵的表層膜（見右圖），只要蛋殼不裂損，內容物都是安全的。現今許多國家為了預防沙門氏菌汙染，都制定嚴格規範來管制，市面上已絕少有附菌的雞蛋。在歐洲國家，蛋雞都施打過沙門氏菌疫苗，美國會塗上一層礦物油作為保護。許多國家都對雞蛋有分級規範，以確保安全性。生吃雞蛋一般是安全的，不過各個國家的食品安全衛生標準可能不同。不提供生蛋的餐廳或店家，會改為供應經過巴氏殺菌（短時間加熱來殺菌）的雞蛋，雖然這些蛋的風味會打折扣。

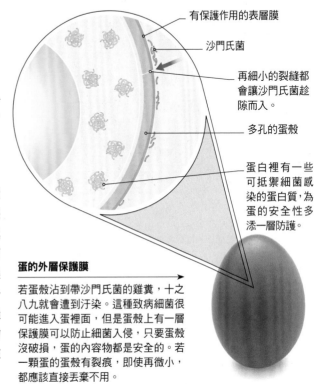

有保護作用的表層膜

沙門氏菌

再細小的裂縫都會讓沙門氏菌趁隙而入。

多孔的蛋殼

蛋白裡有一些可抵禦細菌感染的蛋白質，為蛋的安全性多添一層防護。

蛋的外層保護膜

若蛋殼沾到帶沙門氏菌的雞糞，十之八九就會遭到汙染。這種致病細菌很可能進入蛋裡面，但是蛋殼上有一層保護膜可以防止細菌入侵，只要蛋殼沒破損，蛋的內容物都是安全的。若一顆蛋的蛋殼有裂痕，即使再微小，都應該直接丟棄不用。

蛋要儲存 在哪個地方最好？

蛋的最佳儲存位置看似是微不足道的小細節，卻意外地眾說紛紜，莫衷一是。

　　要把蛋儲存在哪裡，這個問題取決於你所居住的地方。在美國，不是所有雞隻都打過沙門氏菌疫苗，因此必須將蛋放進冰箱冷藏以減緩細菌生長。在歐洲，他們會將蛋存放在陰涼的食物櫃裡，認為冷藏下的凝結水珠易使細菌滋生。這樣截然不同的做法，一部分原因是因為歐洲迄今出現的沙門氏菌食物中毒案例較少，而在美國，雞蛋通常會以特別清潔劑進行清洗、消毒，但這個處理也會一併去除可防禦細菌進入的蛋殼表層膜（見第97頁），使得蛋殼變脆弱。該把蛋儲存在那哪裡才好，除了遵照你所在國家的官方建議，你打算如何運用這些蛋也有影響。右邊圖表呈現冷藏或室溫儲存如何左右烹調效率和料理用途。

料理用途	儲存位置	理由
只用蛋白或蛋黃	冰箱	只使用蛋黃部分來製作美乃滋的話，冷藏蛋是最佳選擇，因為蛋黃會更緊實。
沸煮	冰箱或室溫	如果使用冷藏蛋來煮水煮蛋，烹煮時間要延長，不過成品口感是一樣的。
炒蛋	冰箱或室溫	無論是使用室溫蛋或冷藏蛋，炒蛋成果幾乎沒有差別。
煎蛋	室溫	剛從冰箱取出的冷蛋，下鍋時會使油溫下降，因此必須煎久一點。
水波蛋	室溫	煮水波蛋的話，冰冷的蛋下鍋時會使水溫降低，不僅烹調時間要稍微拉長，蛋白在水中更易於散開，難以煮出漂亮形狀。
蛋糕	室溫	無論是做蛋糕時打發蛋黃，或製作蛋白霜時打發蛋白，室溫下的蛋白質結構更容易鬆開再重組為網狀結構。蛋糕口感會更鬆軟，或是更細緻。

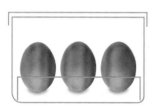

將蛋放入冰箱冷藏
如果你要將蛋冷藏，切勿放在冰箱門的蛋架上。冰箱門開開關關的振動，會加快蛋白變稀的速度。為了減緩雞蛋的水分流失，最好將蛋裝入氣密容器裡，再放置於冰箱冷藏室深處。

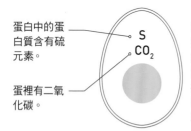

蛋白中的蛋白質含有硫元素。

蛋裡有二氧化碳。

新鮮雞蛋裡的蛋白質
每種蛋白質都有其特有的形狀，蛋白中的多種蛋白質是靠強大的硫原子來維持其獨特結構。硫原子只要和胺基酸鍵結就不會釋放氣味。

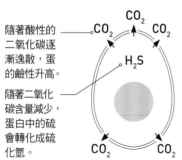

隨著酸性的二氧化碳逐漸逸散，蛋的鹼性升高。

隨著二氧化碳含量減少，蛋白中的硫會轉化成硫化氫。

老化的蛋
隨著蛋老化，蛋裡的二氧化碳從蛋殼微孔逸散出去。蛋的鹼性升高，這個改變使得蛋白質從摺疊結構鬆開，釋出硫原子，它們轉化為有腐臭味的硫化氫氣體。

為什麼壞掉的 蛋會發臭？

隨著蛋老化，蛋白中的蛋白質會分解。

　　壞掉的蛋所散發的惡臭多半來自蛋白，是名為硫化氫的氣體味道。此氣體濃度極高時有毒性，在第一次世界大戰期間曾被作為化學武器使用。這種氣體的產生，是由於蛋白中的含硫蛋白質分解所致。把蛋加熱到60℃（140℉）以上時，蛋白質會開始釋出硫原子，進而產生臭蛋味的硫化氫。老化的蛋也會釋放惡臭的硫化氫，左圖呈現蛋中二氧化碳含量的減少如何讓蛋白中的蛋白質變性，導致氣味難聞的硫化氫產生。

如何判別 蛋是否新鮮？

氣體從蛋殼表面肉眼不可見的氣孔進進出出，左右了蛋的保鮮期長短。

從蛋產下的那一刻起，蛋白中的水分就持續從蛋殼的細孔蒸發出去。隨著蛋的內容物縮小，每天約有4mℓ空氣流入，使得蛋內的「氣室」逐漸變大。

如何判斷蛋的鮮度

氣室的大小可作為衡量蛋齡的指標。你可以拿起蛋在耳朵邊搖一搖，如果有液體晃盪的聲音，代表氣室已經大到讓蛋液有流動空間，這顆蛋已不新鮮，應該直接丟棄。下面所介紹的一杯水測試法，可讓你從蛋的浮沉程度來判斷蛋的新鮮度。

把蛋打破後，也可觀察蛋白和蛋黃的狀態。蛋白分為內層的濃蛋白和外層的稀蛋白。老蛋中的稀蛋白已經失去黏稠性，會像水一樣散開，濃蛋白部分則稀化到所剩不多，而蛋黃會變得不堅實。鮮蛋的蛋黃呈飽滿隆起，隨著蛋放置越久，蛋黃會由蛋白吸收水分，往橫向擴大，看起來為扁平形狀，很容易破掉散開，味道也變得稀淡。

霍氏值

蛋品質測定員會在平板上打蛋，再測定厚蛋白高度，此高度會換算為霍氏單位（HAUGH UNIT），霍氏值越大代表蛋越新鮮。

測試方法	新鮮蛋	蛋齡1週	蛋齡2週	蛋齡3週	蛋齡5週以上
浮沉測試 小心地把一顆蛋浸入一碗水中，如果如同最右欄的圖示，蛋是浮在水面上，代表蛋內的水分已經大量蒸發，氣室變得很大，以致蛋的密度變小，所以沉不下去，這顆蛋已經不新鮮，應該立即丟棄。如果蛋沉到水底，但是鈍端稍往上浮或朝上直立，表示鮮度略差或更差，但通常可以安心吃。如果橫躺於碗底，則是最新鮮的蛋。	氣室小代表這顆鮮蛋密度夠大，可下沉到水底。 氣室深度小於3mm（1/8吋）。	隨著蛋內的水分逐漸蒸發，蛋的密度變小，會傾斜在水中。	氣室越變越大，代表蛋的密度逐漸變小，在水中幾乎直立。	整顆垂直直立的蛋鮮度開始走下坡。	水分流失得更多，導致老蛋會漂浮在水面上。
打破測試 將新鮮的蛋敲開後，可見蛋白濃稠、呈半透明狀，而蛋黃為飽滿圓形。隨著蛋老化，蛋白會越變越稀薄、透明，蛋黃則是癱下去。	新鮮蛋有隆起的蛋黃和濃稠蛋白。 蛋白流動性低。	蛋白變稀。	越老的蛋，蛋白越水稀。	隨著置放時間越長，蛋黃癱下去，蛋白變得透明。	蛋白更稀，散得更開。
按蛋的鮮度來決定料理用途 蛋越新鮮越好。有的烹調方式講究蛋的鮮度，但有的料理用老蛋的效果更好。	蛋白堅實的鮮蛋適用於大部分的烹調方式，特別是水波蛋和水煮蛋（見第100頁～102頁）。	蛋齡來到1週時，蛋仍然新鮮，不過已經不適合做水波蛋。	越老的蛋，蛋白越容易打發，適用於蛋白霜。	蛋齡已大的蛋必須放進冰箱冷藏，適用於製作餅乾、水煮蛋，或是做成醃蛋，因為蛋殼比較易剝。	已這麼老的蛋應該立即丟棄。

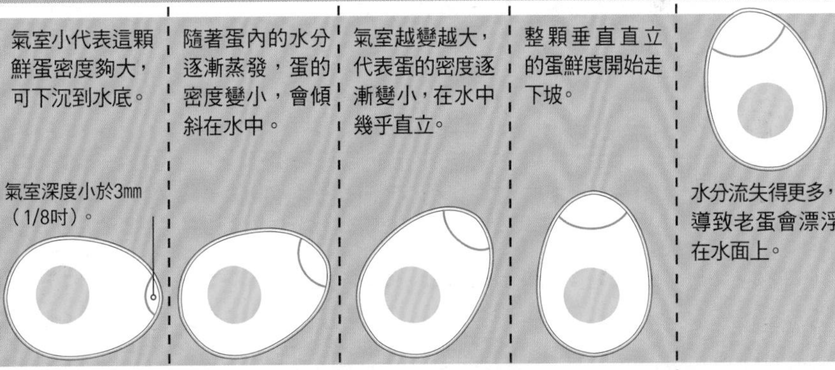

使用鮮蛋才能夠
做出完美的水波蛋嗎？

要煮出一顆蛋白緊緊包覆住流動蛋黃的圓形水波蛋，的確需要一點技巧。

煮水波蛋很容易因為散開而失敗，不過使用鮮蛋的效果最好，因為它們的蛋黃膜相當強韌。打開一顆生蛋，將其滑入熱水時，這層膜可維持蛋黃部不破。

此外，新鮮蛋的濃蛋白較多，較水稀的稀蛋白（見第99頁）較少，煮水波蛋時會遭遇蛋白無法完美成形的問題，即是稀蛋白所致。隨著蛋老化，厚蛋白會越變越稀，稀蛋白的比例增高，流動性也變大。使用較老的蛋仍有可能做出漂亮的水波蛋，但因為蛋黃膜變得脆弱，蛋白的流動性大，要成功煮出完美的水波蛋會更費工夫。

除了更容易凝固成形這個理由，使用鮮蛋做水波蛋也是因為味道更好，沒有異味。以下為失誤率最低的水波蛋煮法步驟詳解。

做出完美的水波蛋

除了要盡量選最新鮮蛋的以外，還有幾個方法有助於保持蛋白成形，
比方，可在烹煮的水裡加入鹽和醋。
下列步驟可協助你做出完美成形的水波蛋。

實作

#1

濾掉稀蛋白

將蛋打入濾網或漏勺中，將稀蛋白過濾到下方的碗裡。一開始就瀝除稀蛋白，可避免蛋白在凝固前就散開，也有助減少凌亂蛋絲的形成。如果一次要下鍋數顆雞蛋，將過濾完的每顆蛋分別裝入數個小碗中。

#2

幫助蛋白凝固

在深鍋內加水到半滿，你得測量記錄所用的水量。每公升的水裡加入約8公克（0.28盎司）醋和15公克（0.5盎司）鹽。一旦蛋白下到水中，這兩種物質會干擾它的蛋白質結構，使得蛋白更快凝固，流動的蛋白散開的機會就大大減少。

#3

開火煮水

將水煮到接近沸騰的溫度，約為82～88℃（180～190℉）。你可使用電子溫度計來測量水溫。避免用大火很快煮開的沸水，因為翻滾的水流會讓蛋白四散開來。表面的泡泡也會干擾你目測蛋的狀況，而且溫度太高，很容易就煮過頭。

預先煮好

將水波蛋放入冰箱冷藏，可保鮮兩天。再次加熱過後，嚐起來依然新鮮。

#4

用湯匙在水裡畫圈

如果只下鍋一至兩顆蛋，可用湯匙在熱水裡畫圈，在中央製造出一個小漩渦。將蛋入鍋時，漩渦轉動的水波會馬上包覆住蛋。

#5

將蛋滑入鍋內

用小碗或勺子裝蛋，將碗緣盡可能靠近水面，輕輕地把蛋滑入水中。它應該會沉入鍋底。此時，你應該繼續用湯匙在蛋周圍輕輕畫圈來保持蛋包的完整。如果一次下鍋數顆蛋，那麼得持續在各顆蛋的周圍輕輕畫圈，以免蛋包黏在一起。

#6

看蛋浮起

持續煮3至4分鐘。在烹煮過程中，醋會與蛋白發生反應，形成二氧化碳氣泡。隨著蛋白質凝固，成形中的蛋白會包住這些小氣泡，蛋白密度因此變小。鹽則稍微增加水的密度，因此蛋包一熟就會浮到水面。用漏勺將蛋撈出，放在廚房紙巾上瀝乾水分。

怎麼樣才能煮出
蛋黃為液狀的微熟蛋？

要煮出蛋白凝固、蛋黃仍為液狀的水煮蛋不是一件簡單的事，必須掌握一點竅門。

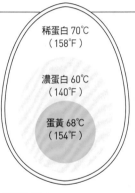

稀蛋白 70℃
（158℉）

濃蛋白 60℃
（140℉）

蛋黃 68℃
（154℉）

凝固的溫度
如上圖，蛋黃凝固的溫度高
於濃蛋白，但低於稀蛋白。

　　要煮好一顆蛋的要訣之一，在於懂得蛋的構造由外而內分別是：稀蛋白、濃蛋白和蛋黃（見第94頁）。各部分含有不同種類的蛋白質，含量截然不同，各自凝固的溫度（見右圖）和所需時間都不一樣。

先凝固的是濃蛋白，再來是蛋黃，最後才是液狀稀蛋白（它所含的蛋白質最少）。事實上，並沒有做出液狀蛋黃的零失敗公式，因為每顆蛋的大小都略有差異。以下方法適用於大顆的室溫蛋。

烹調方式	烹調溫度	做法	成果如何？	要留意什麼
沸水煮	100℃（212℉）	蛋浸入滾水裡烹煮4分鐘。	**烹煮溫度高**，需時短，可能會有蛋黃不夠熟或煮過頭的情況發生。	若使用冷藏蛋，可將烹調時間多增30秒。此外，每多入鍋一顆蛋，水溫就會下降一點。因此，如果一次要烹煮多顆蛋的話，烹調時間必須延長。
蒸煮	91℃（196℉）	蛋放入少量滾水裡，加蓋蒸煮5分鐘50秒；若置於蒸架上蒸，需時6分鐘。	**烹調溫度較低**，更易於掌控熟度；濃蛋白和稀蛋白都能夠煮熟透。成果相當令人滿意。	使用冷藏蛋時，烹調時間須延長40秒；使用中型蛋時，須縮減30秒。為了不讓餘熱繼續作用，在蒸煮完畢後，將蛋置於冷水龍頭下以小水流沖20至30秒。
真空低溫烹調法	63℃（145℉）	蛋在恆溫水浴鍋中煮上45分鐘。	**烹調溫度低**，更容易控制煮熟的程度，不過成品的稀蛋白仍然是半液態。	由於稀蛋白呈乳狀（它在70℃/158℉才會凝固），得在殼上敲洞用湯匙挖著吃，而不是剝殼吃。可用來代替水波蛋。

如何剝出 **漂亮的水煮蛋**？

蛋殼不容易剝是由於蛋殼膜黏著所致。

　　蛋白和蛋殼之間有**兩層蛋殼膜**——內殼膜包住蛋白，外殼膜密接著蛋殼。在此兩層膜之間為空氣佔據的氣室（因此蛋齡老的蛋會浮在水面，見第99頁）。薄膜的蛋白質在烹調受熱後會分解，待蛋冷卻後，兩道膜便會黏在一起，造成蛋白緊密附著在蛋殼內面。要避免剝出坑坑巴巴的水煮蛋，最好的方法是在蛋起鍋後，馬上將它們泡進冰水裡（水龍頭的冷水溫度不夠低，必須加入冰塊）數分鐘，蛋殼膜和蛋白遇冰水會「冷縮」，使得蛋白和蛋殼之間形成縫隙，蛋殼就會好剝。

"在高海拔地區，
水煮蛋需要比較久的時間才能熟，
這是因為**海拔越高**，
氣壓越低，
水在**較低**的溫度就滾了，
沸水的溫度也就低。"

如何做出 **完美滑嫩的炒蛋**？

炒蛋是料理新手也能上手的一道簡單菜色，只要稍微了解蛋遇熱後的化學變化，誰都能輕鬆做出理想中的完美炒蛋。

將全蛋打散後加熱，隨著蛋白質改變形狀和重新鍵結，蛋汁神奇地變成有如卡士達醬般綿密軟滑的蛋塊。蛋裡的蛋白質種類極多，它們遇熱分解或「變性」的溫度迥然不同，因此蛋汁會逐漸凝固為團塊，炒蛋可說是不易搞砸的一道料理。這些分解的蛋白質讓炒蛋凝固成形，產生口感，但是與金屬接觸也可能形成鍵結而有沾黏在鍋底的情形。持續攪拌和刮起煮熟的蛋塊是重要的步驟，加入一小匙油或奶油也有助於防止沾鍋。

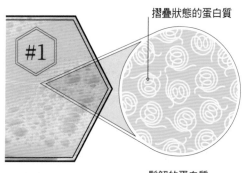

摺疊狀態的蛋白質

生蛋裡的蛋白質

摺疊的蛋白質分子鏈在液態蛋黃和蛋白裡自由漂浮，它們的外觀就像一團團生麵條。用叉子或打蛋器來打散全蛋成蛋汁，必須打到蛋黃和蛋白充分混合為止，這個步驟有助蛋白質和脂肪分散開來。

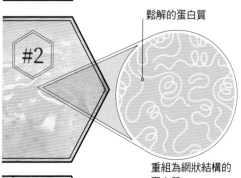

鬆解的蛋白質

半熟蛋裡的蛋白質

隨著加熱，蛋白質鏈獲得能量而劇烈振動，移動的速度也增快，分子鏈間互相碰撞。分子鏈團鬆解開來，展開的分子彼此再鍵結，因此在這個階段必須持續攪動蛋汁以防蛋白質結成過大的團塊。

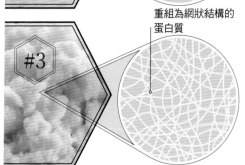

重組為網狀結構的蛋白質

炒蛋裡的蛋白質

溫度升高到約60℃（140℉）時，蛋白質分子開始凝聚，形成網狀結構，蛋汁即逐漸定型凝固。應該用小火慢慢炒，不斷攪拌，直到蛋汁煮到你喜歡的熟度和口感，調味後即可上桌，趁溫熱品嚐。

實作

#1

煮出加風味的牛奶
將600毫升（1品脫）全脂牛奶倒入厚底湯鍋。取一個香草莢剖開刮出籽，連同豆莢一起放入鍋內。以中火將牛奶煮至接近沸騰。加熱有助香草的風味分子滲入牛奶中，牛奶開始冒小泡泡時即可熄火。靜置15分鐘，讓牛奶入味。

做出香濃滑順卡士達醬 的 祕 訣 是 什 麼 ？

卡士達醬是許多美味甜點的基底，要掌握它的製作訣竅一點都不難。

卡士達醬實際上是用蛋來增稠的甜味牛奶或奶油醬。只要了解幾個關鍵原則，你也可以順利把這些原料結合為絲緞般滑順的卡士達醬（見下面實作）。蛋的蛋白質具有特殊的鍵結方式，可幫助牛奶和奶油稠化為卡士達醬。它們不會凝結為炒蛋蛋塊，而是在液體中結合為交織的網狀結構或支架結構。蛋汁在熱鍋裡繼續受熱時，變性的蛋白會繼續凝聚，完全不管的話，它們會結為硬塊，使得卡士達醬裡出現一坨坨「凝塊」。

卡士達醬的用途

卡士達醬既是甜點的基底醬料，也可用來製作冰淇淋、焦糖布丁和烤布蕾。

為了防止結塊，加熱過程中，必須持續攪拌鍋內的混合醬汁，這個動作可以迫使蛋白質分子再度展開，進而重組為寬鬆的三維網狀結構。牛奶、奶油裡的酪蛋白分子與糖的糖分子會團團圍住蛋的蛋白質分子，因此卡士達醬的凝結溫度會從蛋汁的60℃（140℉）提高到79～83℃（174～181℉）左右。以小火慢煮是關鍵要訣，煮到醬汁轉為濃稠狀態（78℃/172℉）且尚未結塊時即可離火。

製作卡士達醬

這個方法做出的是一種流動性高的卡士達醬。它也被稱為英格蘭奶油醬，可用於澆淋甜點，或是作為冰淇淋的基底（見第116頁～117頁）。要做出更濃稠的卡士達醬，把步驟一的全脂牛奶改為300毫升（10液量盎司）的雙倍鮮奶油（double cream）和300毫升（10液量盎司）的全脂牛奶。你也可多加一顆或更多顆的蛋黃，但是注意要適量，因為加太多會使醬汁有濃重的蛋味。

混合蛋黃和糖

將四個大蛋黃和50公克（1又3/4盎司）的精白砂糖放入一個耐熱的大碗裡。蛋黃裡的蛋白質和脂肪會讓卡士達醬變稠，也可增添濃郁風味。攪打到砂糖完全融解為止，蛋汁應該看來滑順沒有顆粒，顏色偏白。砂糖可將蛋的蛋白質變性溫度提高（見第104頁），它們就不致太快凝聚而使醬汁結塊。

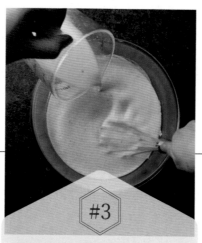

將熱牛奶沖入冷蛋汁裡

將熱牛奶倒入耐熱量杯裡，取出香草莢。清洗湯鍋。將仍然溫熱的牛奶以細流狀沖入蛋黃汁中，一邊加入一邊持續攪拌。這個動作可確保蛋黃汁的溫度為緩緩增加，過熱的話，蛋的蛋白質會凝結成塊。

加熱蛋奶汁來讓蛋白質網成形

將混合好的蛋奶汁倒回鍋內。用中火加熱，並持續攪拌。仔細觀察醬汁的質地，溫度上升到約78℃（172℉）時，蛋的蛋白質開始結合成網狀結構，醬汁逐漸變得濃稠，待它能沾附在木湯匙背面而不滴落，即是理想的稠度。此時立即將鍋子離火，然後持續攪拌到上桌品嚐以前，也可靜置冷卻，再放進冰箱冷藏備用。

要打發的蛋白裡
若沾有蛋黃有沒有關係？

只要正確攪打，蛋白能膨脹為原體積八倍大的雪白泡沫。

蛋白主要是由水和蛋白質組成，脂肪含量為零。打發的動作可使緊密摺疊成團的蛋白質分子鏈鬆開，重新結合為可包住氣泡的網狀結構，最後蛋白會膨脹為蓬鬆柔軟的泡沫（見下欄）。有些食譜會建議打蛋前加入酸來促進蛋白質鏈鬆開，比如塔塔粉、檸檬汁；銅也有類似作用，這是為什麼有使用銅碗來打發蛋白的傳統。脂肪或油脂會

讓蛋白無法打發，因為油分子會和蛋白質爭奪氣泡周圍的位置（見下圖）。蛋黃的殺傷力尤其大，兩個蛋白裡只要混有一滴蛋黃，就怎麼樣都打不起來，若只是沾有一絲絲蛋黃，倒是還有補救的餘地（見下面欄框：你可以怎麼做）。糖也會干擾蛋白泡沫的成形，但它有助穩固蛋白質網絡，因此可在打發過程的中段加糖。

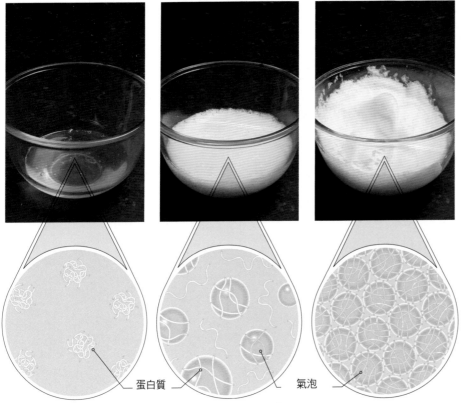

生蛋蛋白的蛋白質
緊密摺疊的蛋白質分子必須鬆解打開或變性才能形成泡沫。把蛋白放入乾淨、無油的碗裡攪打。

蛋白質

打發中的蛋白裡的
蛋白質和空氣
打發動作會產生拉力，使蛋白質分子從摺疊狀態展開和變性，也會將空氣帶入蛋白中。持續大力攪打蛋白。

氣泡

打發的蛋白泡沫裡的
蛋白質和空氣
展開的蛋白質分子聚集在氣泡周圍，包裹住空氣。持續攪打的話，蛋白質分子便會鏈結為網狀結構，泡沫也變得更堅實。

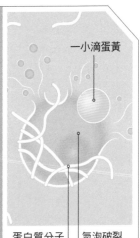

一小滴蛋黃

蛋白質分子　氣泡破裂
遭推開

混有蛋黃的話
蛋黃會把蛋白的蛋白質分子推離氣泡壁，使得氣泡「爆裂」。因此蛋白裡沾有蛋黃的話，很難或絕無可能打得發。

你可以怎麼做
如果只有一絲絲蛋黃痕跡，只需再多攪拌一陣子。如果還是打不起來，可以加入塔塔粉（可幫助蛋白質鬆解展開的一種酸性粉末），接著繼續攪打，但這個補救法不一定百分之百見效。

該怎麼防止
美乃滋油水分離？

將蛋黃、油和調味料混合攪拌均勻，即成為這種乳狀醬料。

美乃滋（蛋黃醬）其實是微小油滴懸浮在水基液體中的一種膠狀半固體。這樣的成分組合之所以可能，是由於蛋黃含有乳化劑，一種叫磷脂的物質可將油和水結合起來。要調製美乃滋，比例約為油四水一；一茶匙的油必須分解成一百億個油滴才能充分與水融合。從含水量最低的材料開始攪打，也就是先攪打蛋黃（二分之一都是水）。

接著慢慢加入油攪打，每次只加少量，打至完全融合再加下一批（見下欄圖說）。飽滿蛋黃裡的大量卵磷脂會包裹住每一個微小油滴。務必使用室溫狀態的材料，如果是冰冷的，卵磷脂得花上更久時間來讓水和油融合乳化。如果倒油的速度過快，很容易會出現油水分離，但是別慌，還有補救的機會（見下面欄框：你可以怎麼做）。

與水充分
融合的油

蛋黃液　與水融合中
的油滴

油水分離的美乃滋
當油滴轉為融合在一起，而不是分散為更小油滴時，就會產生油水分離。這個問題通常發生於加油速度過快的時候，油滴還來不及被攪打為更小的粒子，就有下一批油加入。

你可以怎麼做
加入1至2茶匙清水，再次攪打。如果還是無法補救，可再打一個新鮮蛋黃，緩緩把油水分離的美乃滋加入攪拌。

蛋黃液

卵磷
脂分子

油滴

生蛋黃裡的油滴
小油滴會自然而然聚集為大油滴。充分攪打過蛋黃，接著少量分次加入油。每一次加油，必須攪打到完全融合後，才能再加下一批。

稠化蛋黃糊裡的油滴
當油分解為更小的油滴，蛋黃糊便會變得更稠。慢慢將剩餘的油倒入，一邊大力攪打。

美乃滋成品裡的油滴
懸浮在基底液體裡的微小油滴由卵磷脂固定在各自的位置。攪打到所有的油都充分和水融化乳化以後，才可再加入其他的液體材料，最後加入鹽和胡椒調味。

聚焦 乳品

乳本身為營養豐富的飲品，也可化身為奶油、鮮奶油、優格、乳酪、法式酸奶油等重要的料理食材。

動物奶用途廣泛多樣的基礎在於它所含的蛋白質和脂肪。乳裡的脂肪由水溶性表膜包裹為一個個微小球體，這些脂肪球的密度比水低，所以會浮於乳汁表面，形成厚厚的一層脂肪。在多數的乳汁製程中，任往會先靜置一段時間，再撈起頂層的脂肪來製作鮮奶油，餘下的乳即為脫脂乳。低脂乳和全脂乳都是脫脂後的乳再加回適當比例的脂肪；如今市售的乳品大多數都經過「均質化」來防止裝瓶後乳脂又分離。此處理方法是讓乳汁在高壓下通過微小閥口，將乳脂肪球碎化成更小的顆粒，如此一來這些乳脂會均勻散布在乳中，難以結合在一起，也就不致上浮到表面。喝起來的口感更滑順。植物奶（見右欄）的營養價值也高，可作為動物奶的替代品。

認識你所使用的乳品

不同種類的乳品各有不同的脂肪含量和乳糖含量，它們各自的適用用途通常也取決於組成成分的含量比例。動物奶的糖含量差異極小，不過植物奶的糖含量更低。乳品也是天然的優質蛋白質來源。

動物奶

全脂牛奶
全脂牛奶含有豐富的天然脂肪，很適合用於烘焙，可使成品有一定「鬆脆度」，口感輕盈，同時保有滑潤度。
脂肪含量：3.5%
糖含量：高

低脂牛奶
跟全脂牛奶相較，脂肪含量較低，而蛋白質含量精高。味道比較淡，但用於製作飲品和入菜的效果也很不錯。
脂肪含量：1.5-1.8%
糖含量：高

脫脂牛奶
這種脂肪含量極低的牛奶最適合用來打咖啡或飲品的奶泡，因為脂肪球會阻礙乳清蛋白形成泡沫。
脂肪含量：少於0.5%
糖含量：高

羊奶
這種氣味強烈的奶適合用來製作乳酪、奶油和冰淇淋。羊奶中的蛋白質含量不高，因此乳脂肪顆粒較小，因此不易分層。
脂肪含量：4%
糖含量：高

烹調
凝乳塊可用來製作乳酪；而乳清蛋白的細緻網狀結構有助產生穩定性的奶泡。

科學
凝乳蛋白質遇酸會結塊，而乳清蛋白遇熱會變性。

蛋白質
動物奶裡的凝乳蛋白質遇酸後凝固成的凝乳塊，是最基本的乳酪原型。

綿羊奶

它比牛奶更濃稠，蛋白質含量多一倍，因此很適合用來製作乳酪和優格。

脂肪含量：7%
糖含量：高

植物奶

豆奶

這是將黃豆搗碎放入濾布搾出的植物奶。它含有豐富的植物蛋白質，而脂肪含量都低於牛奶。若烘焙或料理食譜裡僅需加入少量的乳，可用豆奶作為替代品。

脂肪含量：1.8%
糖含量：低

杏仁奶

將杏仁加水打碎過濾而成，它的蛋白質、脂肪和糖含量都低。如果用來替代烘焙食譜裡的動物奶，必須另外再添加脂肪。

脂肪含量：1.1%
糖含量：低

燕麥奶

這是將脫酸燕麥泡水，再經攪打和過濾而成。由於它的質地濃稠，很適合作為烘焙食譜裡的動物奶替代品。

脂肪含量：1.5%
糖含量：中等

椰奶

將椰肉刮成絲，然後加水即可搾壓出成這種味道濃稠的植物奶。如果將它靜置一段時間，表面會浮著一層「椰脂」，這層像鮮奶油的脂肪可用於醬汁和甜點。

脂肪含量：1.8%
糖含量：低

巴氏殺菌法

把乳汁加熱到高溫來殺滅細菌。

自然甜味

乳汁中的乳糖含量可達5%，因此喝起來有淡淡甜味。

科學

將乳品加熱後，乳糖可與蛋白質產生反應，使得表面變為焦褐色，同時釋放出許多風味分子。

烹調

乳糖和蛋白質在高溫狀態下會發生梅納反應，產生濃郁的奶油糖味。

糖

在烤酥皮製品前，在麵團表面塗上牛奶（第16～17頁）所需要的糖和蛋白質，可提供梅納褐變反應，進而烤出香酥可口的外殼。

破解迷思

迷思

蒸發奶和煉奶是可以互替的

真相

蒸發奶是在低壓下加熱生乳，直到水分蒸發掉一半而成的乳製品。它適合作為增稠劑，加入醬汁、湯和果昔（smoothie）中。煉奶是加了糖的蒸發奶，糖含量達55%，通常被用於製作甜食和布丁。

生乳為什麼要
經過巴氏殺菌法處理？

任何廚師都想使用最好的食材，儘管生乳的味道比較好，但使用它入菜不無風險。

生乳就和任何生鮮動物食品一樣存在受到汙染的可能性，尤其是考慮到牛乳頭很接近臀部這一點。工業化生產過程更提高汙染的機會，從眾多來源收來的生乳匯集在大桶裡，只要有一批奶受到汙染，便殃及同一桶的牛乳。巴氏殺菌法是將生乳加熱到高溫來殺滅細菌，以保障大眾消費者的飲用安全。如今，未經過巴氏殺菌法

處理的「生」乳通常來自衛生管理佳、絕少發生感染的小型牧場。但是，飲用生乳依然有風險，根據統計，美國的食物中毒案件中有60%是食入未殺菌的生乳所引起。以生乳為原料的乳酪一般來說安全無虞，因為鹽和酸可殺滅乳中的致病性微生物。現在幾乎各大衛生健康組織都不建議民眾飲用未經殺菌處理的生乳。

乳品比較	乳的種類	流程
乳汁有三種程度的處理方式，分別為：生乳、巴氏殺菌法和超高溫殺菌法。在料理上運用乳品時，三種處理方法的製品各有其優缺點。	**生乳** 生乳一如其名，是未經過加熱殺菌處理的乳汁。從乳牛、乳羊身上擠出的乳汁即直接裝瓶，口感香醇濃郁。	**未經過加熱** 生乳未經過加熱殺菌處理，從乳牛、乳羊身上擠乳後即裝瓶，然後冷藏保存到上架販售。
	巴氏殺菌鮮乳 生乳流通過管式熱交換器，以短時間的高溫加熱來殺菌。這個方式可提高乳品安全性，對風味的影響又小，營養價值也和生乳相差無幾。	**72°C** (162°F) ＋ **保持15秒** 將生乳加熱到溫度72°C（162°F），可殺滅乳中99.9%以上的有害病原性微生物。｜巴氏殺菌乳的加熱時間短，可殺滅大部分有害病原菌，又不致影響乳汁的風味。
	超高溫殺菌乳（保久乳） 超高溫殺菌乳（UHT, ultra-heat treatment）是以高溫來殺滅致病微生物。這種處理方式會使乳品的風味變差。	**140°C** (284°F) ＋ **保持4秒** 乳汁經管式加熱器加熱到140°C（284°F），乳中幾乎所有微生物都被殺滅。這種乳品的貨架壽命長。｜超高溫殺菌乳的加熱溫度極高，因此加熱時間遠遠短於巴氏殺菌乳。

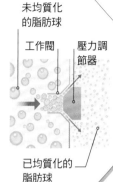

乳的稠度

在過去，瓶裝乳只要靜置一段時間，表面就會浮著一層乳脂。如今以工業化製程製造出的市售乳品，都經過「均質化處理」（homogenization），久放也不會有乳油分離的情形。為了防止乳脂浮起並提高乳品的稠度，乳汁在高壓下通過微細噴嘴噴出。此處理可讓脂肪球細碎化，微小脂肪球無法重新結合，也就無法浮到上層。

未均質化的脂肪球

工作閥　壓力調節器

已均質化的脂肪球

結果

如何使用	保質期	安全性
生乳保留所有的風味分子和蛋白質，無疑更香醇濃稠，因此最合適用來製作乳酪。	剛擠出一天的生乳風味最佳。7至10天後開始變質。	由於生乳中有許多的微生物，飲用不免有風險。衛生健康部門和組織都不建議大家飲用生乳。
巴氏殺菌乳適合飲用，也可用於製作醬料與卡士達醬，它既保有風味分子，也經過均質化處理（見上面欄框），質地更滑順濃稠。	巴氏殺菌乳的最佳賞味期可維持數天，接著才開始變差。經過巴氏殺菌法處理的乳品可保存十四天。	凡是經過巴氏殺菌的乳製品，只要在有效日期前食用完畢，風險都極低。
極高溫處理會破壞蛋白質與糖，減少乳脂濃滑質感，且帶來「焦味」。除非沒有冰箱，不然最好別選購此種牛奶。	幾乎所有微生物都被殺滅，並且採無菌包裝，出廠後可保存六個月。	比巴氏殺菌乳更安全，只要遵照包裝上的保存期限，幾乎沒有任何風險。

選用低脂乳製品
會影響料理的成敗嗎？

使用低脂食材並無妨，
只需多花一些心思就能得到同樣的成果。

　　脂肪是舌頭感知食物風味、口感和質地的關鍵成分。使用較少的脂肪來料理是不容易的挑戰。脂肪球可捕捉風味分子，將它們散布到整道料理裡；脂肪接著會包覆舌頭，讓風味在口腔中停留更久一些。低脂醬料一經加熱就會凝結成塊，以甜點來說，製作乳酪蛋糕時若使用低脂奶油乳酪就比較難定型。若使用低脂乳製品來入菜，必須多加辛香料和調味料來增加滋味。可多加入大蒜、洋蔥、香草和辛香料，或是把鹹味、苦味、酸味和甜味食材都入菜，以盡可能激發多樣的味覺感受。

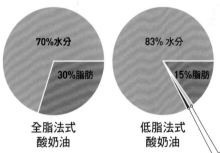

70%水分　30%脂肪

全脂法式酸奶油

83% 水分　15%脂肪

低脂法式酸奶油

1%安定劑
1%增稠劑

脂肪含量比較
全脂法式酸奶油脂肪含量達30%，因此加熱也不會凝結。低脂法式酸奶油若用於加熱的菜色很可能結塊，因此最好用於甜點。

了解差異

全脂乳製品
雖然全脂乳製品濃稠香醇，但脂肪含量和熱量很高。

● **風味**
乳脂會強化其他風味，因此在一道料理中加入鮮奶油或奶油，通常能夠增加風味。

● **營養成分**
全脂奶油和全脂鮮奶油含有蛋白質和鈣，但是飽和脂肪含量也高，因此要適量食用。

低脂乳製品
每公克的熱量比全脂乳製品低，不過代價是什麼？

▶ **風味**
由於脂肪含量較少，必須選用品質好的食材來搭配，也得使用大量的調味來提升風味。

▶ **營養成分**
低脂乳製品的營養價值和全脂乳製品接近，但是要注意低脂食品往往會多添加鹽和糖。

該選用 **哪種鮮奶油**？

這樣再單純不過的乳製品，
大家選購起來卻往往無所適從。

鮮奶油是法式料理和歐式料理許多經典菜色的基礎食材。將乳汁靜置，乳中的脂肪球會聚集在上層，取這層分離的乳脂（見右欄）即製得鮮奶油。鮮奶油和其他種類的油或脂肪大不相同，它們會在舌頭上化開，帶來如絲絨般滑順的口感。若將鮮奶油加入其他食物當中，由於它們能攜帶食材中的風味分子，無論是甜點或鹹味菜色，都能讓風味更上一層樓，也能帶入本身的奶油香。鮮奶油的質地雖細緻，卻比牛奶更耐煮，高脂發泡鮮奶油加熱到高溫時會冒小泡泡而不是凝結成塊。

鮮奶油的種類相當多，究竟該怎麼選，往往讓人一頭霧水，不過大部分鮮奶油的關鍵差異只在乳脂肪的含量。右邊的圖表羅列了不同種類鮮奶油的脂肪含量，同時介紹這些比例差異如何決定了各種鮮奶油的用途。

脂肪含量有多少

BUTTERFAT和MILKFAT指的都是乳脂，即乳製品中的脂肪。

乳汁裡的脂肪球

乳中懸浮的脂肪球密度低於液體。蛋白質分子網包裹著脂肪球，當這些球體靠近彼此此時，就會互相結合，進而浮升到液體表面。
上浮的脂肪球聚集為脂肪層，這層脂肪通常被撈除，用以製作鮮奶油。現今乳品業採用離心機來分離乳脂肪，所生產銷售的鮮奶油皆經過「均質處理」的過程（參見第111）頁。

鮮奶油種類

鮮奶油是如何製成
大型乳品加工廠以高速離心機分離出牛乳中的脂肪球，即得到完全脫除脂肪的脫脂牛奶，以及脂肪和水狀液體各佔一半的高濃度鮮奶油。

生牛乳

0%
脂肪
脫脂牛乳

45%-50
脂肪
高濃度鮮奶油

鮮奶油可用脫脂牛奶稀釋成各種類的鮮奶油。

乳脂肪球的密度低於水，因此會上浮到乳的表面。

乳脂肪球聚集在一起，使乳汁呈濃稠狀。

乳脂肪球表面有水溶性球膜。

流程

分離和稀釋
依乳牛品種的不同，剛從乳牛身上擠出的牛乳，含脂量約在3.7%至6%之間。使用離心機處理生乳，可分離出脫脂牛奶和脂肪含量高的鮮奶油。離心機轉速越快，被排除的液體越多，留下的鮮奶油乳脂肪濃度也越高。每秒150轉速的離心機可製得45%至50%脂肪含量的鮮奶油和幾乎零脂肪的脫脂牛乳。根據所需比例將鮮奶油和脫脂牛奶混合，即可製造出單倍鮮奶油、發泡（打發用）鮮奶油及雙倍鮮奶油。

加熱
鮮奶油的傳統製法是先以文火加熱，接著靜置冷卻來讓味道更濃郁，如今凝塊鮮奶油的製作仍然沿襲這個方法。

發酵
在離心機問世以前，要把乳脂層從牛乳分離出來必須耗時許久。由於牛乳中有微生物，通常會讓鮮奶油發酵。如今，酸油和法式酸奶油仍然是以這種發酵法來製作，鮮奶油先經過稀釋（見上欄），接著在嚴格管控的條件下使用菌種自然發酵。

成品	脂肪含量	能加熱嗎？	能打發嗎？	能澆淋嗎？	最合適用途
單倍鮮奶油	18%	X	X	✓	單倍鮮奶油不宜用於烹調，脂肪含量低代表它在加熱後會凝結，跟酸一起烹煮的話，更會加重結塊現象。這種鮮奶油適合用來澆淋在水果上、濃湯裡（上桌品嚐之前），也可淋在甜點上做最後的點綴，或以奶香達到風味上的平衡。
發泡鮮奶油	35%	✓	✓	X	脂肪含量超過35%的鮮奶油可在攪打後成為堅挺又柔軟的泡沫。打蛋器可把脂肪球打散，它們隨之聚集在氣泡周圍。
雙倍鮮奶油	48%	✓	✓	X	脂肪含量超過25%的鮮奶油都可耐受高溫加熱，因為它們沒有結塊的問題。數量眾多的脂肪球能抓住酪蛋白，防止它們彼此鏈結而凝固結塊。
凝塊鮮奶油	55%	X	X	X	加熱過程可讓凝塊鮮奶油蒸發掉一些水分，隨著糖和蛋白質發生褐化反應，並與脂肪交互作用，可產生深邃的焦香和奶油香氣。在英國，這種厚重的鮮奶油是搭配司康餅或甜點一起吃，也可用於製作冰淇淋。
酸奶油	20%	X	X	X	這種發酵奶油味道清新，可為鹹味料理或甜點增添風味和酸味。不過它的脂肪含量不夠高，不足以防止酪蛋白結塊，若湯汁菜色裡有酸性食材，免不了會有「油水分離」現象。它適用於匈牙利湯、濃湯或辛辣口味的南美洲料理。
法式酸奶油	30%	✓	X	X	和酸奶油一樣是經過發酵，但是脂肪含量較高，質地更濃稠，與酸性食材（例如番茄）一起烹煮不會凝結，因此很適合用於烹調。可用於義大利麵醬汁，或是加入濃湯或醬料裡。

加熱牛奶時
如何避免煮出一層奶皮？

煮牛奶的時候，表面結的那一層奶皮往往被挑掉，但這層皮其實有大量的乳清蛋白，營養價值相當高。

　　牛奶是用途非常廣泛的一種食材，它可賦予食物細膩的風味，也可耐受長時間的加熱。牛奶的凝乳蛋白質和其他食物的蛋白質差異在於，它們在加熱到沸點時不會鬆解展開，可耐受的溫度達170℃（338℉）。牛奶可耐受長時間的熬煮，隨著加熱，不斷有新風味分子釋出，可逐漸展現出香草味、杏仁味和奶油香氣。牛奶在煮沸時，乳中的糖（乳糖）和蛋白質會結合在一起，觸發梅納反應（見第16～17頁），從而產生濃烈的奶油糖果味。不過，在牛奶中只佔少量的乳清蛋白（見第108頁）並不

耐熱，在溫度70℃（158℉）左右即開始鬆解變性。牛奶一煮久，受熱、有黏性的乳清蛋白便會上浮到牛奶表面，結成一層皺皺的薄膜。隨著熬煮的時間越長，這層黏膜會逐漸增厚、變乾，最後在牛奶表面形成一層「奶皮」。此時若不攪動牛奶來刺破這層皮膜，封在奶皮下的牛奶溫度會越升越高——就像蓋住的鍋子一樣，煮滾的液體可能會突然從鍋緣噴出。奶皮一旦開始增厚、凝固，光靠攪動也無法戳破，此時必須把它挑掉。要避免把牛奶煮糊和煮出奶皮，可從以下建議擇一兩個著手。

好處多多

煮沸豆漿時凝結在表面的薄膜，將其挑出並乾燥即成「豆腐皮」（yuba）。這種豆皮的營養價值高，可作為肉類的替代品。

蓋上鍋蓋防止蒸氣逸出
將煮好的牛奶靜置冷卻時，可蓋上鍋蓋來將蒸氣鎖在鍋內，有蒸氣和水分在，奶皮較不易變乾和凝固。

用烘焙紙封住蒸氣
也可用烘焙紙來取代鍋蓋，在牛奶表面直接覆蓋上一層剪成圓形的烘焙紙（cartouche）來防止蒸氣逸散。以微波爐加熱牛奶時，也可將烘焙紙剪成杯口大小的圓形，將紙覆蓋在奶面。

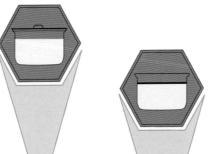

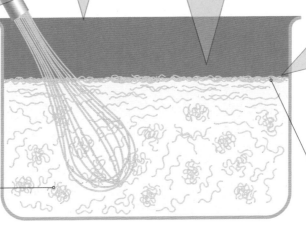

打破乳清蛋白
持續地攪動可防止乳清蛋白凝固。在烹煮過程中，用打蛋器攪打表面也可防止乳清蛋白結成薄膜。將煮好的牛奶靜置冷卻時，乳清蛋白也會上浮到表面，因此必須繼續攪動。

溫度達70℃（158℉）時，乳清蛋白從摺疊狀態鬆解展開，接著重新鏈結在一起。

加入細白糖
製作甜味卡士達或甜味醬料的時候，在靜置冷卻階段，可在醬料表面撒上細糖。糖的粒狀晶體可防止乳清蛋白鏈結在一起而凝固成奶皮。

乳清蛋白從摺疊狀態打開後會互相聚合而發生凝結，接著浮升到牛奶表面，形成一層皮膜。

如何避免奶皮形成

> 亞洲料理中的「**雙皮燉奶**」，
> **奶皮**正是其精髓所在。
> 這種口感似布丁的
> 奶酪凍類甜點，
> 是經過兩次加熱
> 和兩次冷卻步驟製成。

沒有冰淇淋機
也能自製冰淇淋嗎？

沒有冰淇淋機的話，就得花時間拌勻材料和大力攪拌。

冰淇淋機是方便的工具，但即使沒有它，仍然能做出冰淇淋（見下面的實作）。將糖和鮮奶油的混合料逐漸變為大家都愛，口感滑順的甜點，很需要花時間和工夫，此外，若能了解你所使用食材的分子構造，更能大大提升製作的成功率。乳脂肪球可捉住攪拌時拌入的空氣，但必須先去除它們的水溶性球膜（見第108～109頁）才做得出冰淇淋。加入乳化劑，比如蛋黃的卵磷脂一起拌勻的話，即可去除此層膜，讓脂肪分子結合為更大、更滑順的團塊。攪

打混合料的動作可使這些脂肪球聚集在氣泡周圍，穩定泡沫的結構壁。正是這些氣泡賦予冰淇淋輕盈、滑順的口感。而冷凍時形成的冰晶會讓冰淇淋的質地變粗糙，因此必須加入糖和少量的鹽來防止冰晶的形成。即使是再微小的冰晶都會讓舌頭感覺到砂礫感，因此盡可能讓冰晶最小化是非常關鍵的環節。將混合料冷凍的過程中，速度是重點，冰淇淋冷凍成形的速度越快，冰晶會越小。只要謹記這些原則，在自家做出美味的冰淇淋絕非難事。

❄ 質地滑順的冰淇淋

商業生產的冰淇淋是送入急速冷凍設備，用-40℃（-40℉）低溫急凍來減少冰晶的產生。

製作冰淇淋

要在自家自製冰淇淋，最好以卡士達醬為基底，因為它含有蛋黃的天然乳化劑，也有足夠的糖和脂肪來形成柔滑的乳脂狀質地。已受熱變性的蛋黃和牛奶蛋白質有利於穩定混合料的結構。你可以購買現成的新鮮全脂卡士達醬或參照第104～105頁的做法來自行製作。

實作

#1

準備和冷卻卡士達醬

將耐冷凍的金屬或塑膠淺盤容器放進冷凍庫。讓器具保持冰冷可加快冷凍速度，有利於做出質地滑順的冰淇淋。準備雙倍份量的卡士達醬（見第104～105頁），倒入耐熱的碗裡。將這個碗放入裝滿冰塊的更大碗中。接著靜置讓醬料冷卻，不時攪拌。

#2

減少冰晶形成

將冷卻後的卡士達醬倒入預冷的容器裡。最好選用淺的平底容器，因為它們的表面面積更大，可加快混合料結凍速度，有利於提升成品的滑順度。將醬料放入冷凍庫。45分鐘過後取出，大力攪拌來粉碎冰晶分子。再放回冷凍庫。

#3

定時攪拌

每隔半小時取出大力攪拌。攪拌動作不僅能把成形的冰晶打碎，也可拌入空氣，提升成品的口感。每次開冷凍庫門一定要儘速關上，以利於冷凍庫的溫度維持在0℃。冷凍過程約3小時，這期間重複取出、攪拌的動作，一直到冰淇淋開始成形和硬化。

冰淇淋機做出的冰淇淋會比手工攪拌製成的冰淇淋更細膩綿滑嗎?

對冰淇淋愛好者來說,一台冰淇淋機是很值得的廚房投資。

就像麵包機能夠代勞人工揉麵團的腕力工作,製作冰淇淋費工費力的攪拌步驟也可由冰淇淋機來完成。雖然不需冰淇淋機也能做出美味的冰淇淋(見左頁),但如果你想認真地投入鑽研,買進一台冰淇淋機絕對是良好的廚房投資。機器可持續攪拌來擊碎大冰晶,讓它們毫無越長越大的機會,所製成的輕盈、鬆軟質地,絕對不是人工攪拌能比擬和超越的。攪拌過程也可打入空氣,使得奶和糖組成的混合料成為充滿泡沫的綿密質地。

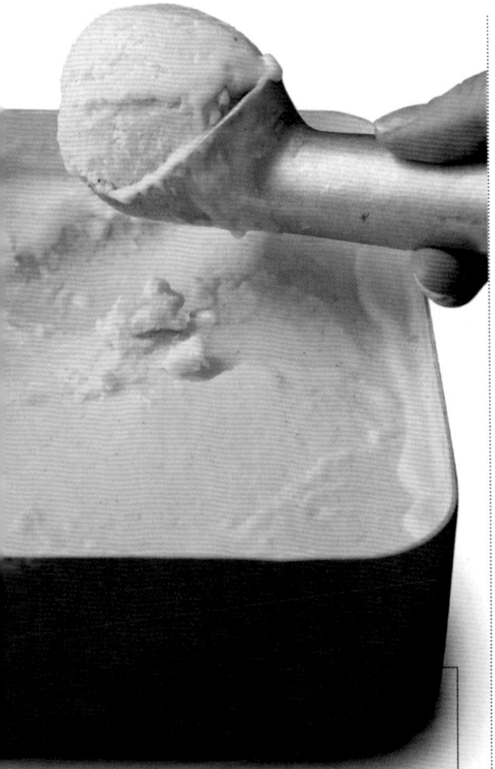

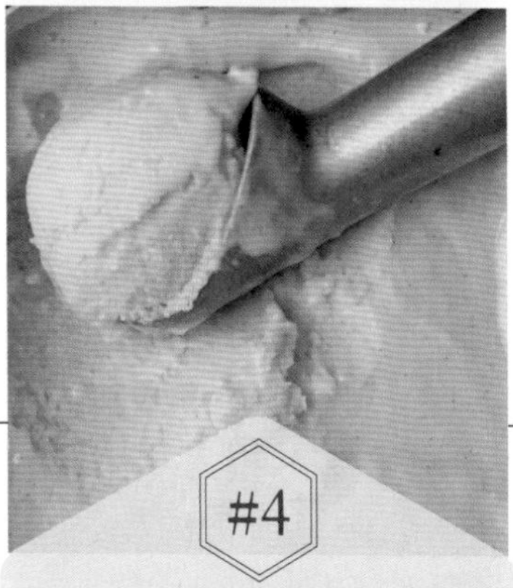

用顯微鏡才看得到的冰晶分子

微小氣泡

糖液

脂肪球聚集在氣泡周圍。

#4

最後一次冷凍來完成硬化

待冰淇淋大致成形,無法再攪動時,把它放回冷凍庫,再冷凍一個小時。最後一次的冷凍能讓冰淇淋完成硬化,接著即可上桌品嚐。由於人工攪拌打入的空氣量有限(見右圖),這道手工製作的冰淇淋若置於冷凍庫太久就會變質,最好在2至3天內食用完畢。

草莓冰淇淋

冰淇淋的分子構造

冰淇淋的平滑表面其實滿布著用顯微鏡才看得到的微小氣泡。每個氣泡由脂肪網狀結構所包覆住,而冰晶支撐著這個充滿泡沫的結構。用冰淇淋機持續攪拌混合料,並且加速冷凍過程,可讓冰晶體積小一點,避免冰淇淋吃起來有沙沙的口感。

值得花工夫 **來自製優格嗎？**

在自家製作優格其實相當容易，也可做出五花八門的口味種類。

優格的歷史可追溯到約五千年前，我們的祖先發現讓擠出的生乳「變質」為酸又稠的乳狀物，就可以長時間保存。傳統優格是放入多樣的菌種去「分解」奶糖，逐漸產生可以殺菌、抑菌的乳酸，酸也會導致酪蛋白鬆解又重新聚集，它們不會凝結成塊，而是聚合為三維網狀結構，呈現為均勻的凝膠質地。如今，市售優格用的菌種均經過衛生處理和標準化規範，除了益生菌，一般最常使用的只有兩種菌種。就和乳酪產品一樣，我們得到可靠的品質和安全性保障，卻喪失產品的多元豐富性。如今還在使用

優格的起源

YOGURT這個字源自土耳其語的YOGURMAK，本是動詞「使之濃稠」的意思，用來指稱濃厚的乳。

的嗜熱鏈球菌（Streptococcus thermophilus）和戴白氏乳酸桿菌（Lactobacillus delbrueckii）為相輔相成的搭配組合。

自製優格所需要的菌種，可以買無菌室培植的小包裝乾燥菌粉，不過更簡單的做法是直接挖一匙市售優格，如下欄實作所示，大多數的優格都含有活菌。優格菌種可以無限生長繁殖，代代相傳下來可能培養出獨特風味的罕見新菌種。不過，研究顯示，多數祖傳優格菌種的母種，實際上都包含市售優格常見的兩種基本菌種。

自製優格

以下的製作流程是以含活菌的市售優格來引種製作出一批優格。待你完成一批優格，在七天之內，你可舀幾匙來當下次製作的菌種，因為裡頭能產生乳酸的活菌數量仍然很多。

實作

#1

讓凝乳蛋白變性

取2公升（3.5品脫）全脂牛奶，用小火加熱至溫度85℃（185℉），邊加熱邊攪拌。加熱步驟能去除雜菌，同時鬆動凝乳蛋白結構，使它們更容易變性，而乳清蛋白受熱也有助於優格變得濃稠。接著將牛奶離火，靜置冷卻至40～45℃（104～113℉），這是最合適菌種生長的溫度。

#2

加入菌種

將已冷卻的牛奶倒入兩個消毒過的1公升（1又3/4品脫）容器（或保溫瓶）裡。在每個容器裡加入1至2湯匙的含活菌優格，攪拌均勻。

#3

發酵產生乳酸

蓋緊容器的蓋子，用乾淨的布巾裹住整個容器，將它們放於溫暖環境發酵約6～8小時。在這段期間，細菌會將乳中的乳糖轉為乳酸，酸使得蛋白質鏈鬆開然後再連結，形成凝膠形態的網狀結構。

辣味菜色裡的優格
為什麼會乳水分離？

優格是印度和巴基斯坦料理中許多菜色的關鍵材料。

　　使用優格又要維持咖哩醬汁的漂亮光澤，其中要訣在於加入的時機。優格中的乳蛋白和牛奶、低脂鮮奶油一樣會凝結，再者它的脂肪含量與牛奶接近，一旦與酸性材料一同經過高溫烹調，就會分離為凝乳蛋白和乳清蛋白。導致優格分離的，並不是辣味菜色的辛香料，而是諸如番茄、醋、檸檬汁或水果這類酸性食材。溫度越高，優格凝結的速度越快，因此，要避免優格乳水分離的話，必須在烹調將結束，已熄火靜置冷卻時加入。也可以用法式酸奶油取代優格，它們同樣具有清爽的發酵酸味，但脂肪含量達30%，因此即使烹煮也不會出現分離的情況。

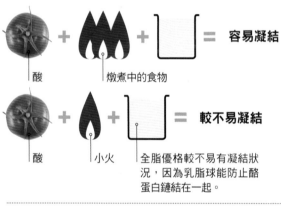

酸　　　　燉煮中的食物　　　　　　　　**容易凝結**

酸　　　　小火　　　全脂優格較不易有凝結狀　　　**較不易凝結**
　　　　　　　　　　況，因為乳脂球能防止酪
　　　　　　　　　　蛋白鏈結在一起。

酸和熱

如左圖所示，酸和熱共同的作用會導致優格凝結。雖然優格本身為酸性，但凝乳蛋白的網狀結構相當細緻，若熱和強酸過度作用，蛋白就會變性而凝結成塊。

應該吃 **益生菌嗎**？

腸道裡的細菌可提升免疫力和促進營養素的吸收。

　　我們每個人都有各自獨一無二的腸道細菌組合，而健康、壓力狀態，以及最關鍵的飲食模式等因素都會影響到腸道菌相。科學研究顯示人體內的腸道菌群（intestinal flora）生態若失調，會引起許多疾病。益生菌優格含有大量的「好菌」，可以幫助排除有害健康的壞菌，恢復腸道菌相平衡和改善腸道健康。不過，益生菌的保健功效往往被誇大了。可以確定的是，旅行者多吃益生菌可預防水土不服的腹瀉，接受抗生素治療時，腸道裡的好菌也會被殺死，進而引發腹瀉情況，這時可食用益生菌來改善。不過，市面上的益生菌產品五花八門，由醫生所開立的處方益生菌可能有較高單位的含量。

#4

立即品嚐或冷藏保存

發酵完成的優格即可以食用，若放進冰箱冷藏，活菌生長速度會減緩，保存期限可達14天左右。若要做出更濃稠的希臘式優格，可將做好的優格舀入非常薄的乳酪包布（薄紗棉布）或咖啡濾紙，靜置數小時過濾多餘的水分和乳清，質地即變得更厚。

聚焦 乳酪

全世界有超過一千七百種的乳酪，這麼多的種類卻僅僅是將動物乳的凝乳發酵而成。

最基本的乳酪就是經過微生物發酵（或一部分被分解）的凝乳塊。乳酪製作的第一步是選擇乳源。牛奶、水牛奶、山羊奶、綿羊奶，甚至駱駝奶都可作為原料。許多乳酪製造商會使用生乳，而不是經過巴氏殺菌處理（見第110～111頁）的乳汁，這是因為高溫破壞生乳裡細緻的風味分子。在牛奶裡加入「菌種」，接著加熱到有利於這些菌繁殖的溫度。隨後加入凝乳酶（見第125頁）或酸性物質來讓乳裡的蛋白質聚集在一起，蛋白凝集時會連帶包覆住脂肪球，這些乳塊便慢慢浮升到表面。包著脂肪的這些固態蛋白即為「凝乳」；

剩下的液體成分即是「乳清」。將凝乳撈起切塊──製作軟質乳酪應切為核桃大小的塊狀，製作硬質乳酪則切為碎塊。凝乳酶促進乳中的蛋白質凝集的同時，會分離出液態的乳清。凝乳塊放入模具靜置，等待乳清排除而出。新鮮的軟質乳酪可能需要數小時或數天時間來脫水到某個程度，但需要熟成的乳酪，凝乳塊必須多幾道處理程序。一些乳酪會以放上重壓或以壓榨方式來脫水，以做出較堅硬的質地。另一些乳酪則以鹽水、葡萄酒或蘋果酒「水洗」來做出披覆著special氣味的外皮。最後置於溫度與溼度皆控制得宜的房間裡等待成熟，在熟成期間，微生物會讓乳酪發展出複雜迷人的風味和味道。

以噴灑黴菌孢子來進行熟成的乳酪，其表面繁殖的一層黴菌外皮可防止乳酪內部的水分流失。

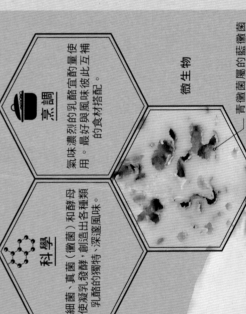

科學
細菌、真菌（黴菌）和酵母使凝乳發酵，創造出各種類乳酪的獨特「深邃風味」。

烹調
氣味濃烈的乳酪首的量使用，最好與風味彼此互補的食材搭配。

微生物

青黴菌屬的藍黴菌在乳酪內部生長。

了解你所購買的乳酪

乳酪製造商在製作流程各環節的決定，包括乳源的選擇、凝乳切塊的大小，以反應熟成的時間，都會左右乳酪成品的風味和特性。

軟質乳酪

印度巴尼爾乳酪
這是一種用酸來凝固的新鮮乳酪，因此遇熱仍然能夠保持固狀。它可下鍋油炸或加到蔬菜咖哩裡。
脂肪含量：26-28%
熟成時間：1天以上
風味：溫和

莫札瑞拉乳酪
這種乳酪是加入凝乳酶來凝結成塊，再經過拉、滾、揉、提成形，因此可以冷吃或熱吃。
脂肪含量：21-23%
熟成時間：1天以上
風味：溫和

菲達乳酪
傳統上是泡在橄欖油或鹽水中保存，這種乳酪可為生菜沙拉、酥皮類或派皮類點心增添鹹味和鬆脆質地。
脂肪含量：20-23%
熟成時間：2個月以上
風味：適中

卡門貝爾乳酪
使用白色青黴菌來發酵出蕈類香氣，可直接食用或烤到內部微微呈流質。
脂肪含量：24%
熟成時間：3-5週

巴伐利亞區藍紋乳酪

這種口感溫和的藍紋乳酪以牛奶和鮮奶油為原料，脂肪含量極高。的風味濃厚。和黑麥麵包、堅果類生的搭配是絕佳的搭配。

脂肪含量：43-44%
熟成時間：4-6週
風味：溫和

硬質乳酪

蒙特里傑克乳酪

最初由加州的墨西哥方濟會救士所製作的這款乳酪，口味甜中有酸。可以直接食用，或是烤熱後作絲撒在豆類或辣椒上。

脂肪含量：28-30%
熟成時間：1-12個月
風味：適中

艾曼塔乳酪

這種乳酪的乳源取自阿爾卑斯山牧場放牧的牛，帶有草香味。可刨成絲作為火鍋，切片則成薄片一起烤，或是直接冷吃。

脂肪含量：28-32%
熟成時間：4-18個月
風味：溫和

蒙契格乳酪

這種乾酪帶有堅果香，隨著熟成會轉變為胡椒香氣，最適合直接吃。可切成薄片或三角狀。

脂肪含量：39-40%
熟成時間：6-18個月
風味：適中

帕瑪乾酪

陳年熟成的這種乾酪風味最繁複。它可為義大利麵食、醬汁、湯汁或生菜沙拉增添甘美鮮味。

脂肪含量：28%
熟成時間：18-36個月
風味：強烈

卡門貝爾乳酪

乳源的種類是決定乳酪顏色的關鍵。

在表層繁殖的微生物釋放出蛋白質分解酶，使得乳酪內部變為軟膏狀。

熱成度高的軟質乳酪通常內質柔軟，呈熔岩般的流動狀。

烹調

適當熟成、質地溼潤的乳酪最易於融入醬汁裡。風味溫和的軟質乳酪可為菜色增添添口感和清爽的風味層次。

質地

科學

凝乳切塊的大小、凝乳塊是否經過加壓和壓榨來脫水，這兩個因素決定了乳酪的口感和質地。

既然藍紋乳酪的斑紋是黴菌，為什麼這種乳酪可以吃？

我們人類已經進化到能夠和細菌和平共存。

細菌對人體有害的惡名不盡符合事實；實際上，很多菌是對人體有益處的。添加微生物來發酵出特有風味的傳統乳酪製法，即反映出淵遠流長的有益微生物應用學。現代乳酪都以巴氏殺菌乳來製作，生乳中天然存在的微生物都遭殺滅。如今衛生規範許可使用的黴菌當中，青黴菌是使用最廣泛的菌種；味道濃烈乳酪的藍色紋斑長出的即是青黴菌，而它們的安全無虞。歷史悠久的洛克福乳酪，內部斑紋即來自洛克福青黴菌（Penicillium roqueforti），英國斯第爾頓藍紋乳酪和丹麥藍紋乳酪也使用這個菌種。義大利戈根索拉藍紋乳酪與法國的幾款藍紋乳酪則使用灰綠青黴菌（Penicillium glaucum）。

「洛克福乳酪的藍綠色紋理是洛克福青黴菌。」

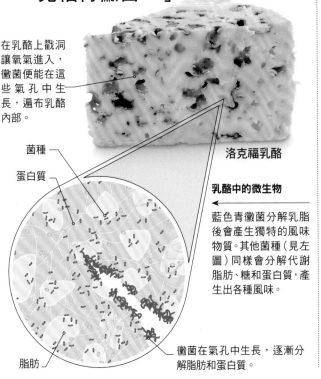

在乳酪上戳洞讓氧氣進入，黴菌便能在這些氣孔中生長，遍布乳酪內部。

菌種

蛋白質

脂肪

洛克福乳酪

乳酪中的微生物

藍色青黴菌分解乳脂後會產生獨特的風味物質。其他菌種（見左圖）同樣會分解代謝脂肪、糖和蛋白質，產生出各種風味。

黴菌在氣孔中生長，逐漸分解脂肪和蛋白質。

為什麼有些乳酪有強烈的特殊氣味？

世界上有一千七百種以上的乳酪，它們各具滋味和香氣，豐富多樣的程度令人驚嘆。

乳脂狀的布利乳酪，帶奶油香的高達乳酪，鬆脆的帕瑪乾酪，有高湯味的切達乳酪，口味溫和的印度巴尼爾乳酪，這些只是全球上千款乳酪之中的幾種。在乳酪的浩瀚世界裡，存在著一些味道特別濃重的種類，例如明斯特乳酪、林堡乳酪、洛克福藍紋乳酪及斯第爾頓藍紋乳酪。五花八門的乳酪世界見證了古往今來乳酪製作匠人們的創造力成果，但微生物才是真正的幕後功臣。幾種細菌、真菌或酵母挑起大梁，便能為平淡、鹹味的白色凝乳塊帶來新生命。如同右頁（第123頁）的乳酪製作過程圖所呈現的，這些微生物分解（發酵）脂肪、蛋白質和乳糖後，會釋放出繁複多樣的風味（有時是臭味）分子。一些特殊菌種會產生很臭的氣味。例如明斯特乳酪和林堡乳酪，它們的獨特「臭襪子」味來自亞麻短桿菌（Brevibacterium），這種短桿菌也會在我們腳趾縫的潮溼環境裡繁殖！

臭味獨樹一格的乳酪

味道最強烈的乳酪是刻意「噴灑」細菌或白黴菌，隨著乳酪熟成，它們逐漸繁殖、覆蓋乳酪的表面。

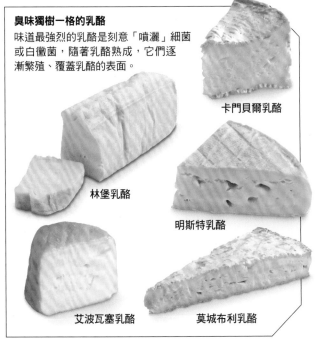

卡門貝爾乳酪

林堡乳酪

明斯特乳酪

艾波瓦塞乳酪

莫城布利乳酪

乳酪製作的風味演進歷程

原料乳

乳酪的乳源會左右成品的風味。牛奶可能帶有泥土味，山羊乳氣味強烈，綿羊奶則有鮮奶油風味。

+

酵頭菌種

在製作最初階段加入的菌種是以乳糖為食，它們消化、分解乳糖的同時會產生大量乳酸。乳酸能殺滅有害微生物，並持續讓乳酪發酵。這些菌種也一直在乳酪內部生長，造就出成品的豐富風味。

凝乳

菌種產生的乳酸會讓原料乳凝結：乳中的大多數蛋白質遇酸會發生反應，蛋白鏈會鬆解開來，接著蛋白分子彼此再度連結，從而凝結成塊。在這個階段也會加入取自犢牛或羔羊胃中的凝乳酶來促使蛋白質變性，加速乳汁的凝結。凝集的蛋白會包覆著乳脂肪球，因此凝乳塊會先浮升到表面。接著排除液體乳清，可擠壓凝乳塊來除去更多的水分。凝乳塊的含水量高低左右乳酪質地是硬或軟，不同質地的乳酪各具風味。

胺基酸和胺

不同種類的胺基酸各具特有的風味和芳香。比如：
· 色胺酸（Tryptophan）有苦味。
· 丙胺酸（Alanine）有甜味。
· 麩胺酸（Glutamate）有刺激舌頭鮮味接受器的高湯味。
一些菌種可把胺基酸分解為氣味非常強烈的胺類分子，許多胺類的味道近似，比如聞起來像是腐敗肉品的腐臭味。

蛋白質

用來熟成的微生物會分解掉一部分的蛋白質，先切成較小的分子，再切為胺基酸，最後進一步分解為更小的胺基、醛基、醇基和幾種酸基。這些化學分子各有獨特氣味。

熟成的菌種

賦予乳酪獨有風味的熟成菌種，是在凝乳完成或稍後階段加入，它們能讓乳酪在數週到數年的熟成期間產生強烈的風味與香氣。微生物的種類與添加的數量都會影響乳酪的風味。乳酪熟成環境的溫度和溼度則會左右微生物的生長速度，從而決定最終的滋味。

醛類

經過多個月的熟成，臭味的胺類分子可分解為其他更好聞的醛類分子和醇類分子，氣味可能是堅果味、木頭味、辛香味、綠草味到燒焦燕麥味。細菌也會產生乳酸，賦予乳酪酸味。

乳酪

菌種的種類和製作過程中的任一變項變化都造就出乳酪成品的獨有風味與香氣，成為每種乳酪的特色。

臭畢夏乳酪（stinking bishop）

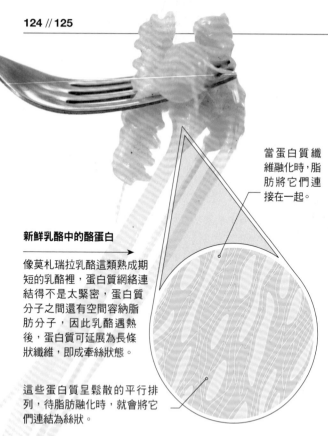

當蛋白質纖維融化時，脂肪將它們連接在一起。

新鮮乳酪中的酪蛋白

像莫札瑞拉乳酪這類熟成期短的乳酪裡，蛋白質網絡連結得不是太緊密，蛋白質分子之間還有空間容納脂肪分子，因此乳酪遇熱後，蛋白質可延展為長條狀纖維，即成牽絲狀態。

這些蛋白質呈鬆散的平行排列，待脂肪融化時，就會將它們連結為絲狀。

應該避免 吃加工乳酪嗎？

加工乳酪所使用的原料與天然乳酪相差無幾，但是成品口味南轅北轍。

十九世紀中期，美國史上第一家乳酪工廠在紐約市成立，大量生產口味相當淡的切達乳酪。一九一六年，企業家詹姆斯・L・克拉夫特（James L. Kraft）率先利用從乳酪切掉的碎料來製作加工乳酪。這些碎料經過巴氏殺菌處理、加熱融化，然後加入檸檬酸和磷酸鹽。磷酸鹽這種化合物可從酪蛋白（凝乳）中除去鈣，使得凝乳能夠更均勻成形和塑形。

現今的加工乳酪是不同種類的乳酪、乳清蛋白、鹽和五花八門調味劑的混合物，同時加入了乳化劑（一種讓脂肪和水相融合的物質）。如果你偏愛「天然」食物，可能不願吃加工乳酪，但是讓漢堡裡的乳酪要融化得恰到好處，有如流動的岩漿一般的效果，只有加工乳酪做得到。

為什麼 有些乳酪會牽絲？

並不是所有乳酪都像披薩上的那種乳酪一樣，只要遇熱就會融化成絲狀。

斯第爾頓乳酪與切達乳酪是增添料理風味的好材料，但它們只要遇熱就會凝結為油膩的團塊。硬質乳酪或已熟成乳酪中的酪蛋白（凝乳）鍵結得相當緊密，必須加熱到80℃（176℉）左右才會鬆解變性，但是脂肪早在30-40℃（86-104℉）時就已經融化，造成乳油分離的狀況。熟成時間短的乳酪，它們的蛋白質更容易軟化，也融化得更均勻。不過，一些軟質乳酪，比方瑞可達乳酪，遇熱並不會融化，因為它們是用酸凝結，而不是加入凝乳酶（見右頁）：酸會讓凝乳蛋白連結得更緊密。

乳酪是怎麼牽絲的

一些乳酪，像是莫札瑞拉乳酪，它們之所以會牽絲，取決於幾個因素：乳源是怎麼凝結的，熟成時間的長短，脂肪含量與水分含量的相對比例；關鍵在於酪蛋白（見左圖）分子必須鍵結得較為鬆散。莫札瑞拉乳酪的製作方式是先加入酵頭菌種，再加入凝乳酶，最後加熱，緊接著以拉整、延展麵團的手法（稱為「揉拉、捻絲」〔pasta filata〕的技巧）來讓蛋白質排列為纖維狀。

了解差異

加工乳酪

通常經過壓榨和切成片狀，最後以塑膠袋包裝。也可能採軟管式或裝罐包裝。

■ **加工乳酪**的原料來自各種各樣的天然乳酪，本身已含有乳清蛋白和鹽，會多添加色素和防腐劑。它們的外觀帶有光澤，質地柔軟不會碎開，散發熱牛奶的奶香。

■ **加工乳酪**的鈣含量較低（以弱化蛋白質網結構，使乳酪易於塑形），還添加了增稠劑和乳化劑，以防止乳酪受熱時油水分離。

天然乳酪

市面上的天然乳酪有各式各樣的形狀，大小也不一，可按需要刨成絲、切為薄片或切塊來使用。

▲ **要做出天然乳酪**，必須排除掉乳清蛋白。乳酪是以凝乳塊、凝乳酶（或酸性物質）和鹽製成，接著經過一段時間的熟成。

▲ **含有的添加物較少**，但也有可能加入色素和熟成酵素。天然乳酪的風味來自凝乳酶在熟成過程中對凝乳塊的持續作用。

在家自製出
美味的軟質乳酪是可能的事嗎？

就像在家自釀啤酒一樣，製作乳酪的流程可簡單也可繁複。

市面上可買到乳酪製作套組，包含了食譜和「菌種」（數小包單一份量小包裝的現成可用黴菌孢子）。不過，不須發酵的乳酪，任何人在家都可輕鬆自製，不需要備有任何專用器具、菌種，甚至不須用到乳酪製作的常用材料凝乳酶（參見右側小框）。

製作乳酪的第一步是讓原料乳凝結。乳裡的微生物，特別是乳酸桿菌（lactobacilli），能分解乳糖產生乳酸，使得乳蛋白凝結成固態。乳中的主要蛋白質名為酪蛋白，它們對酸敏感，遇酸後，蛋白分子會從原來的結構鬆展開來，然後重新鍵結

在一起。也可以直接加入酸性物質來促成凝結，印度巴尼爾乳酪和義大利馬斯卡彭乳酪（Mascarpone）都是以酸凝結，做法是在溫熱牛奶裡加入醋或檸檬汁。另一個更簡便的凝乳方式是加入取自犢牛胃裡的凝乳酶。使用凝乳酶可加快凝結速度，成形的凝乳結構也會整齊堅固。接下來的熟成階段，可加入黴菌或酵母菌來培養風味。製作硬質乳酪用的凝乳塊先經過壓榨以脫除更多水分，接著熟成數週、數月或數年之久。以下介紹軟質乳酪的簡單做法，這裡是以酸來促成凝結。

素食專用

素食者可以食用的乳酪，使用的是黴菌所產生的凝乳酶，它們的作用近似於來自犢牛胃的凝乳酶。

實作

製作軟質乳酪

這是一道乳清式乳酪的簡易食譜，所做出的軟質乳酪絕對比市面上的同類乳酪更新鮮。保存乳酪時最好用蠟紙寬鬆包起（如果是放進冰箱冷藏的話，最好放入氣密容器裡），上桌品嚐時，最好先回溫到乳酪可熟成的溫度，因為冰冷乳酪裡的風味分子無法釋出。

#1 凝結牛乳和分離凝乳
在湯鍋裡倒入1公升（1又3/4品脫）的全脂牛乳，開小火加熱。加熱到溫度74～90℃（165～194℉）左右。接著將鍋子離火。在鍋內加入1茶匙半的鹽及2湯匙的白酒醋（或1顆檸檬榨出的汁）來讓蛋白質變性。攪拌均勻，接著靜置10～15分鐘，混有酸的牛乳會凝結，分離為固體狀的凝乳和液態的乳清。

#2 瀝出剩餘的乳清蛋白
使用漏勺從液態的乳清蛋白中撈出固態的凝乳。將凝乳放進棉布袋。用細繩綁住袋口，然後將袋子吊起，底下用碗盛接排出的乳清，或直接讓液體滴落在水槽裡。要做出質地最柔軟的乳清乳酪，靜置約20至30分鐘即可，若希望質地鬆脆、乾硬，可靜置一晚。

#3 立即上桌品嚐或冷藏保存
打開棉布袋，即是已成形的凝乳，可立即端上桌享用，或是放入氣密容器裡，置於冰箱冷藏，最多可保存三天。

稻米、穀物和義式麵食
RICE, GRAINS & PASTA

聚焦 稻米

米粒小歸小，卻是個豐富的營養寶庫。難怪全球有近一半的人口以稻米為主食。

稻米作為稻子的種子，其構造機能即是供給稻芽生長所需的養分——如雞蛋供給發育為小雞。將一粒稻穀不可食用的外殼除去即成可食的「糙米」。糙米粒的有色糖皮富含各種營養成分，但其中的細緻油脂會氧化，隨著存放時間過長而酸敗。因此米粒必須經過「拋光」或碾磨來增加貨架壽命。經碾磨處理的米粒只剩下充滿澱粉的內核，或說胚乳（endosperm），即是「白米」。胚乳裡緊密聚合的晶體狀澱粉顆粒為白色，未經

烹煮幾乎無法食用。必須以熱水將米粒加熱到溫度65℃（149℉）以上，讓堅硬澱粉粒的結構鬆開，接著水分子會逐漸滲入澱粉內部，與澱粉分子結合，在這個稱為糊化（gelatinization）的過程中，米粒逐漸變軟。稻米的澱粉分為支鏈澱粉（amylopectin）及直鏈澱粉（amylose）兩種。了解這兩種澱粉過熱遇水會發生的作用，有助你挑選到烹調所需火次的最適切米種（見下面欄框和右欄）。

認識你所使用的米

不同品種的米中，直鏈和支鏈兩種澱粉的組成比例有所差異，但是一般而言，米粒越長、直鏈澱粉含量越高。直鏈澱粉的晶體結構小而緊密，因此跟其他品種的米相較，長型米需要更長的烹煮時間。

短型米

糯米
又稱為蠟質米、黏米或甜米（雖然它們沒有甜味），也不含澱粉性的麩質。這種米任烹煮後會成為黏性很高的圓塊狀。泰國糯米也有黏性（幾乎沒有直鏈澱粉，但它們是型米）。
直鏈澱粉：＜5%
支鏈澱粉：＞95%

義式燉飯米
長度僅為寬度的1至2倍。這類米在烹煮後相當柔軟滑順。它含有高量的支鏈澱粉，烹煮過程會變濃稠，依精製程度，又可分為稻米（未經碾磨）和白米（經碾磨）。糙米的風味更佳，但所需的烹煮時間是白米的2至3倍。
直鏈澱粉：10%
支鏈澱粉：90%

烹調
在加熱過程中，支鏈澱粉從米粒溢出，很快就從米粒溢出，流入烹煮米水中，形成黏稠膠狀，裹覆住每顆米粒。

科學
糯米含高量的支鏈澱粉和少量的直鏈澱粉。支鏈澱粉分子鏈結較鬆散，質地軟；直鏈澱粉分子團的結構緊密，質地堅硬。

糯米

這些米粒含有大量的支鏈澱粉，烹煮後會黏在一起。

中型米

西班牙海鮮飯米

長度為寬度的2至3倍，這種白米的水分含量高，煮熟後略有黏性，但也保有一點「嚼勁」。加州玫瑰米、瓦倫西亞米和彭巴都屬這個類別。有些義大利燉飯米也是中型米。

直鏈澱粉：15-17%
支鏈澱粉：83-85%

長型米

白米

口味溫和、用途廣泛的長型白米，是全球各地最常吃的米種。它的長度約為寬度的4倍，由於含有較多的直鏈澱粉，煮熟後粒粒分明。印度香米（basmati）為原產於東南亞、廣受歡迎的長型米，它們常帶有香氣和堅果味、口感紮實。

直鏈澱粉：22%
支鏈澱粉：78%

野米

雖然名為「米」，卻不是稻屬，而是禾本科菰屬。由於保留了糠皮，這種米的口感紮實有嚼勁。與其他「純正」的米相較，野米需要更長的烹煮時間（將近1小時）。

直鏈澱粉：2%
支鏈澱粉：98%

糠皮
熟糙米的堅果味和嚼勁就是來自這層皮。

富含營養成分
糙米中含有可發芽的「胚芽」，糠皮部分有豐富的纖維和蛋白質。

烹煮時間
糙米所需的烹煮時間是白米兩到三倍，因為熱水需要更多時間穿過軟化糖層，進入米粒內部。

由於直鏈澱粉高的比例較高，米粒維持粒粒分明，扎實彈牙。

蓬鬆米飯

烹調
直鏈澱粉的質地不易軟化，因此直鏈澱粉多的米煮熟後粒粒分明。

科學
和糯米相較，蓬鬆米飯中的直鏈澱粉含量較高。這種直鏈澱粉分子團的結構緊密、口感硬。

長型糙米

煮飯時
究竟該加入多少水？

不該把包裝袋上的指示奉作唯一的標準。

無論是短型米、印度香米、糙米或野米，不同種類的米所能吸收的水分量都差不多。我們煮長型米、糙米和野米時會加入更多水的真正理由在於，這些類型的米需要更長的時間才能煮熟，而在此同時，煮米水會持續蒸發。雖然大部分品種的米能吸收的水量可達本身重量的三倍，但加的水量過多的話，會煮出溼黏軟爛的米飯。不管要烹煮的是哪種米，要煮出熟度剛好的飯（稍結實、不會太黏），先加入一比一的水量，接著再多放一些水以備蒸發用。以白米來說，合理的「蒸發水量」，應該添加到高出米面2.5公分（1吋）。但是還得留意一件事，若使用口徑較大的鍋子，水分會蒸發更快，因此必須添加較多的水量。

蒸發

煮飯時會蒸發掉多少的水量，跟米量無關，而是取決於煮飯鍋的形狀和口徑大小。

應該加水到超過米面，這是以備蒸發的水量。

測量水量

放入一比一的米和水，接著再添加供蒸發的水量，加到高出米面2.5公分（1吋）。若鍋子的口徑較大，水分蒸發得更快更多，有必要多加一點水。

實作

#1

去除多餘澱粉

先淘米將表面澱粉洗掉，這個步驟可減少米飯的黏性。將450公克（1磅）的長型米放入篩網，直接在水龍頭下以流水沖洗至水清。洗米也可去除灰塵和雜質，但是不要過度淘洗，以免把芳香風味分子也一併洗掉了。

可有絕不失手、
煮出蓬鬆米飯的訣竅？

只要遵照幾個簡單原則就能煮出不軟爛的米飯。

米糠保護層

由於白米已脫去外層的糠皮，會比糙米釋出更多的黏性澱粉。

米粒必須在熱水裡加熱到溫度65℃（149℉）以上，水才能夠進入結構緊密的堅硬澱粉粒，將米粒轉變為柔軟、可食的膠體狀，這個過程稱為「糊化」。但是在這個過程中，大量的澱粉會從米粒滲出，融入煮米水裡，導致水變得渾濁。充滿澱粉的煮米水一旦冷卻，會在米粒表面形成黏糊的澱粉層。要煮出蓬鬆的米飯，得先洗掉多餘的澱粉，而且切勿將長型米浸泡一整夜，因為吸飽水分的米很容易被煮到溼黏軟爛。另外，也務必要加入適當的水量（見左頁，第130頁）。

煮飯

要用長型米煮出蓬鬆飽滿、粒粒分明的米飯，你唯一需要的器具是一只蓋子與鍋身密合度好的鍋子。先用高溫水加熱米粒，煮到米的澱粉開始糊化，接著轉為蒸煮，鍋中充滿澱粉的煮米水會全部被米粒吸收，不會在它們表面形成有黏性的澱粉層。

#2

澱粉糊化

將洗好的米倒入加水的鍋子裡。然後加水到高出米面2.5公分（1吋），多放的水是供蒸發的水量（見左頁）。先不加蓋，開火將水煮滾。當米粒加熱到溫度65℃（149℉），澱粉開始吸水膨脹，進而軟化或糊化。

#3

吸收水分

待鍋內的水幾乎已煮乾，而米粒也已經軟化時，改以蒸的方式讓米粒吸收鍋中剩下的水分。蓋上與鍋身密合的鍋蓋，轉文火，再烹煮15分鐘，直到所有的水分被米吸收。這個階段絕不可打開鍋蓋，以免蒸氣溢散，也不可攪拌米。

#4

靜置到粒粒分明

待鍋內的水完全被米飯吸收後，即可將鍋子離火，以免煮過頭。不掀鍋蓋，靜置10分鐘以上。在熱米逐漸冷卻時，已軟化的澱粉粒會回復堅實（稱為「回凝」，retrogradation），因此米粒會呈現粒粒分明的狀態。在上桌前，用叉子輕輕把米飯挖鬆。

冷飯 可以再加熱嗎？

重新加熱熟飯時要特別留心幾個要點。

一種普遍存在於土壤中的蠟狀芽孢桿菌（仙人掌桿菌）（Bacillus cereus）會在帶溼氣的米粒表面生長。雖然加熱烹調能夠殺死桿菌，卻無法殺滅掉所有的強壯芽孢；熟飯裡的這些蛹狀芽孢會發芽，產生毒素，若吃下這種有毒的米飯會導致腹痛、嘔吐和腹瀉。

熟飯慢慢冷卻的危險性

熟米裡的蠟狀芽孢桿菌（仙人掌桿菌）在4℃（39℉）和55℃（131℉）之間會開始滋生，並產生有毒物質。待熟飯裡的細菌繁殖、毒素累積到一個程度，就有導致食物中毒的風險，但是米飯的味道和外觀並無改變。因此煮熟的米飯必須快速冷卻，並冷藏於5℃（41℉）以下來減緩這種細菌的生長。你越快以此步驟處理剩飯，後續再食用的安全風險就越低。

米飯煮熟後的時間軸		
時間	**發生了什麼**	**該怎麼做**
煮後10至60分鐘	加熱後的芽孢可能發展成細菌。它們在常溫下米飯中大量繁殖並釋出毒素。	·立即上桌食用。 ·將剩飯放入淺盤子裡靜置冷卻；或是以冷水沖洗降溫再瀝乾；隨後放進冰箱冷藏。
煮後1天	在低溫環境下，細菌的生長繁殖速度變慢。如果熟飯是在煮後一小時內即放進冰箱，含菌量會相當少，再加熱食用並無妨。	·如果打算再加熱，當日內須食用完畢。 ·確定米飯到蒸騰。 ·最多只加熱這一次。
煮後2天	含菌量已高，不宜再加熱，高溫會觸發細菌產生更多毒素（見下欄）。	·只能用來做冷盤料理。 ·不可再加熱食用。
煮後3天	含菌量已高，不宜再加熱，高溫會加快細菌繁殖並產生更多毒素。	·僅能用來做冷盤料理。 ·不可再加熱。 ·若當天沒用完即丟棄。

熟米裡的細菌芽孢

熟米裡可耐受高溫的蠟狀芽孢桿菌孢子從休眠狀態又萌發為細菌。它們在室溫環境中快速繁殖，產生的毒素會導致食物中毒。將熟飯重新加熱雖能殺死細菌，但消滅不了毒素。

孢子發展成細菌。

細菌釋出毒素。

在12～37℃（54～99℉）的溫度區間會產生嘔吐型毒素。

在10～43℃（50～109℉）的溫度區間會產生腹瀉型毒素。

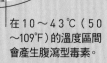

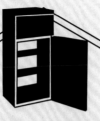

食物不必**完全冷卻**
就能**放入冰箱**。
冰箱內的溫度在熱食放入後會上升，
但現代冰箱的效能極好，
能快速調節回到原來溫度。
把食物**放置在室溫下**
的**風險會更大**。

壓力鍋 烹調的過程

*壓力鍋烹調是利用被封在氣密空間裡
的極高溫水蒸氣來快速煮熟食物。*

　　壓力鍋往往是大家收在櫥櫃深處、絕少使用到的鍋具，不過，對於必須快速做好料理的廚師來說，它們是非常好用的工具。完全緊密的鍋蓋可防止水蒸氣溢散出鍋外，使得鍋內壓力節節升高。而壓力提高，水的沸點隨之升高，使得鍋內成為充滿蒸氣的高溫環境。如此一來，燉菜、燉湯、熬高湯和煮熟穀物的時間都能夠大幅縮短。

小知識

作用原理
將食物直接置於適量的水或高湯裡，或用蒸架墊高離水蒸煮。這是以高於平常沸點的高溫水蒸氣來烹煮食物。

最適用於
穀物、豆子、豌豆、高湯、燉菜、湯和大塊肉塊。

要留意什麼
許多壓力鍋附有蒸籠或蒸架，可採墊高離水方式來加熱食物。有這些附件，可將數種食材同時放入烹煮。

33%
使用壓力鍋的烹調速度快，只需一般鍋具烹煮時間的三分之一。

在壓力之下
壓力越高，水的沸點隨之提高，鍋內的水蒸氣溫度也越高，食物熟得更快。

清澈高湯
壓力鍋烹調適合用來熬煮高湯，在穩定的高壓之下，液體不會達到沸點，因此湯汁能夠保持清澈。

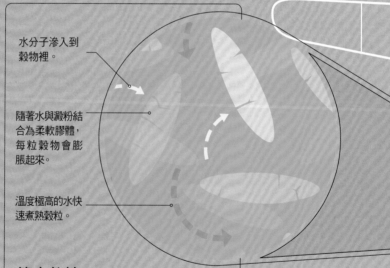

水分子滲入到穀物裡。

隨著水與澱粉結合為柔軟膠體，每粒穀物會膨脹起來。

溫度極高的水快速煮熟穀粒。

箇中乾坤
當壓力鍋內為高壓狀態——每平方英寸約15磅力（psi）——水分子需要更多的能量才能昇華為蒸氣，這代表水不是平常的100℃（212℉），而是在更高的溫度120℃（248℉）才達到沸點。這些超高溫的水分子熟化食物的速度快於沸煮或蒸煮。

色彩標示
　水分子的移動
← - - - 水的熱能傳遞

釋放壓力
當食物烹調完成，依照說明書指示來釋放鍋內壓力。倒出鍋內剩餘的液體或作為醬汁使用，將食物立即端上桌品嚐。

#6

開爐火
確認鍋蓋緊扣住以後，將鍋子放到爐具上，轉中火至大火加熱。

#4

壓力鍋內水氣
的密度比一般
分子多一倍，高
溫的水分子充
滿鍋中，從四面
八方加熱食物。

蒸氣冒出

#5 當壓力鍋內壓力達到上限時，鍋蓋上的排氣閥就會自動釋出部分水蒸氣。這時應立即改用小火或中火，以免鍋內壓力繼續增加，造成更多水蒸氣排出。繼續加熱，直到預定的烹調結束時間。

鍋蓋把手分為上、下兩個部分，卡緊後即可達到密封，鍋內蒸氣絕不會洩出；把手上也可能特別設有壓力顯示器。

蓋上鍋蓋並鎖緊

將上、下把手卡緊，即可讓鍋蓋和鍋身密合。這個步驟是確保蒸氣不會逸散而出，鍋內的壓力才會升高。

#3

鍋蓋和鍋體之間的密封環可保持鍋內壓力密封狀態。

水蒸氣在壓力鍋內循環。

把食物放入鍋內

#2 像是雞這類食材可置於蒸籠裡或蒸架上離水烹煮。質地更軟、更容易熟的食物，包括蔬菜在內，也最好置於蒸籠裡。

加入液體

#1 需要加入的清水、高湯或清湯份量，取決於你所使用的壓力鍋款式，因此務必詳閱廠商說明書。烹煮穀物和蔬菜時，每15分鐘的烹煮時間需要一杯的水量。煮湯和燉菜的話，液體應該加到五分滿以上，但不要超過鍋子的2/3。

用瓦斯爐加熱的傳統式壓力鍋，鍋底通常為厚實的三層複底設計，以便讓熱能均勻傳布。

為什麼
全穀物優於精製穀物？

全穀物保留了糠層，富含重要的營養成分。

全穀食物也稱為全麥食品，它們是指包含糠層和胚芽（見下圖）的完整穀粒。包裝上標示為「全麥」的麵粉所含的糠層比例較少，而標示「多穀」、「石磨」或「100%全麥」的麵粉，代表它們還保留營養價值高的胚芽與部分的糠層。糠層帶有堅果味與多種營養成分。糠層的纖維並不好消化，但可提高食物體積，進而增加飽足感。五分之一的纖維為水溶性，可在腸道裡與水形成黏性物質，有助減緩飲食中醣類和膽固醇的吸收。

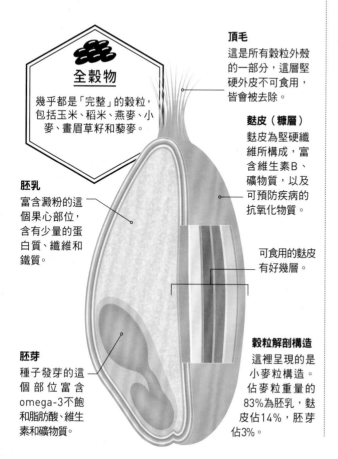

全穀物

幾乎都是「完整」的穀粒，包括玉米、稻米、燕麥、小麥、畫眉草籽和藜麥。

頂毛
這是所有穀粒外殼的一部分，這層堅硬外皮不可食用，皆會被去除。

麩皮（糠層）
麩皮為堅硬纖維所構成，富含維生素B、礦物質，以及可預防疾病的抗氧化物質。

胚乳
富含澱粉的這個果心部位，含有少量的蛋白質、纖維和鐵質。

可食用的麩皮有好幾層。

胚芽
種子發芽的這個部位富含omega-3不飽和脂肪酸、維生素和礦物質。

穀粒解剖構造
這裡呈現的是小麥粒構造。佔麥粒重量的83%為胚乳，麩皮佔14%，胚芽佔3%。

豆類
應該先泡水再煮嗎？

先將豆子泡水確實能縮短烹煮時間，
但有得就有失。

乾燥後的莢果種子稱為豆子，它們含有豐富的蛋白質、醣類、纖維和多種基本營養素，像是維生素B群。許多食譜都建議豆子應該先泡水再煮，但這並不是一個一體適用的原則。

要讓豆子成為可入口食用的食物，就必須讓它們重拾乾燥處理前的水分含量。要做到這一點，只需烹煮夠長的時間（大型豆子可能要2小時）。先泡水再煮的話，可讓乾燥豆子先吸收一些水分，進而縮短烹調時間，但是這個步驟通常會影響豆子的質地，使得口感變軟爛，風味也變淡。你可依照右頁（第137頁）的指南表來決定是否先浸泡豆子。

> 「許多食譜都建議豆子
> 應該先泡水再煮，
> 但這並不是一個一體適用的原則。」

應該在水裡放鹽嗎？
泡豆時或煮豆時不要放鹽的說法，其實並不正確。在水裡加鹽（比例約為一公升水加15公克鹽）能夠增進風味，而且可以防止豆子吸太多水而變得軟爛，這是因為豆子內部的鹽分低於周圍的水，滲透壓可讓豆內少許水分「滲出」，並且可以減緩水分滲入豆子內部的速度。鹽分最後會滲入豆體內部，軟化細胞壁的果膠，因此可加快豆子煮軟的速度，豆子也能更均勻熟透。

泡在清水裡的豆子可膨脹至原始體積的1.2倍。

泡在鹽水裡的豆子可膨脹至原始體積的0.8倍。

白腰豆

豆子種類	浸泡的效果		
你所使用的乾燥豆子的體積大小,會左右烹調時間的長短,以及是否應該先泡水再煮。罐裝豆子已經經過煮熟和高溫滅菌,因此只需再加熱即可食用。	**浸泡一夜** 將豆子泡在冷水裡一夜(或烹煮前至少浸泡8個小時)。	**再度充滿水分** 在烹煮之前泡在冷水裡30至60分鐘,這個做法可讓乾燥豆子準備好吸水。	**冷熱交替快速浸泡法** 將豆子放在沸騰的熱水裡沸煮1到2分鐘,接著將鍋子離火。蓋上鍋蓋靜置30分鐘後再繼續烹煮。
去皮乾豌豆和去皮乾豆 這些小型豆子在採收後經過去莢,因此呈豆瓣形態。 去皮乾豌豆	除非豆齡很老,否則不需要長時間浸泡,豆瓣形態易於吸水。	乾豌豆在烹煮過程中很快就充分吸收水分,因此先泡水的效益甚微。	去皮乾豌豆很快能煮軟,因此毋需採用這個浸泡法。
小型豆子 包括斑豆、紅豆,任何體積與黑豆相當或較小的豆子都屬這一類。 黑豆	小型豆子若浸泡太久可能會吸入太多的水,導致失去口感和細緻風味。	短時間的浸泡可稍微縮短烹調時間,但口感不致受損。	只省下5分鐘的烹調時間,但是這個做法可以促成更多化學反應,產生更多新的風味物質。
大型豆子與鷹嘴豆 與白腰豆體積相當或更大的豆子,都屬於大型豆。乾燥鷹嘴豆的質地密實,因此吸收水分的速度相當緩慢。 腰豆　鷹嘴豆	泡水一夜可使烹調時間縮短40%,但風味可能受影響。	只稍微縮短烹調時間,但口感和風味完全不受影響。	大型豆子可先吸收水分,但風味不因浸泡而受損。約可將烹煮時間縮短30分鐘。

豆子體積大小的比較
使用這張圖表來判斷是否應該泡豆子和如何浸泡為宜。

去皮乾豆	小型豆子				大型豆子			

| 去皮乾豌豆 | 普伊扁豆 | 黃豆 | 黑豆 | 斑豆 | 鷹嘴豆 | 白腰豆 | 腰豆 | 奶油豆
(皇帝豆) |

老又乾的豆子
不管豆子的大小,只要放得越久,就會變得越乾,因此將老豆泡水只有好處。

「quinoa」（藜麥）
是克丘亞語「kinua」或「kinUwa」
的西班牙語轉音。
在西班牙語中，「Qui」的發音
是「kee」而不是「kwi」。
克丘亞人可能讀作
「kee-NOO-ah」。

藜麥 為什麼如此特別？

古印加人栽種藜麥作為主食，也賦予它神聖地位，稱之為「穀物之母」。

被譽為「全能食物」的藜麥越來越廣受歡迎，它確實是當之無愧的「超級食物」：不含麩質，營養價值高，原生於南美洲，具有悠久、引人入勝的栽植歷史。儘管隨著時代遞嬗，藜麥的主食地位逐漸被小麥和其他穀物所取代，但如今，它的高蛋白質含量和全面的營養價值（見右格）受到推崇，已成為食物界的當紅炸子雞。

最常見的「白藜」品種，顆粒大小和芥末籽差不多，形似庫斯庫斯（北非小米），煮法就和煮米飯一樣（見第130～131頁），可煮出蓬鬆、粒粒分明的口感。也可以用乾烤方式烤到穀皮爆裂，就像爆米花一樣，這樣酥脆的藜麥花可加在湯裡和當作早餐穀片。

就營養價值的角度，藜麥被視為全穀，但它其實不是真正的「穀類」，因為它們並不是禾本科植物的種子；藜麥實際上和甜菜、菠菜同屬於藜科，因此稱為仿穀類（pseudograin）。就外形上，藜麥也和其他穀類不同，煮熟時會產生「小尾巴」（見下欄）。

營養黃金

藜麥的蛋白質含量高，還富含九種人體必需的胺基酸、維生素B群、omega脂肪酸和多種礦物質。

「藜麥形似庫斯庫斯，煮法就和煮米飯一樣。」

未熟	已煮熟

其他種穀類

大部分的穀類，像是薏仁和小米，它們富含營養的胚芽都位於澱粉質的胚乳裡。全穀食物保留了胚芽，但是精製穀物大多已在碾磨時去除掉胚芽（見第136頁）。

會發芽長出植物的胚芽，位於穀粒裡頭。

煮熟的穀物，胚芽可能會裂開，但仍是在穀粒裡頭。

苦味

藜麥表面有一層驅蟲的皂苷（saponins），必須清洗乾淨，否則吃起來會有苦味。

藜麥

外形和其他穀物不一樣，因為它們富含蛋白質和維生素的出芽部位（胚芽）圍繞在外側，不像其他穀物的胚芽都位於核心。

藜麥的胚芽圍繞在穀粒外側。

煮熟的藜麥胚芽會伸出，露出小尾巴的藜麥即是熟了。

快速上桌

藜麥是一種很快就能煮熟的主食，只需15至20分鐘的炊煮即可端上桌。

吃豆子後一定會放屁嗎？
要如何避免？

別因為會放屁就不敢吃豆子，
你其實應該要吃得更多。

　　豆類富含纖維質、蛋白質和人體必需營養素，對人體健康的好處多多。不過，對於不常吃這種高纖維質食物的人來說，吃下一份豆子就是給予腸道裡的產氣性細菌大量可分解的燃料，使得它們迅速增殖。這些菌種能將我們難以消化的食物——也就是纖維——分解發酵，氣體即是這個過程的副產品。先將豆子泡水，瀝乾後再煮，據說有助於除掉一些水溶性纖維，容易產氣的寡糖就是其一。但實際上，浸泡在水中的做法並無法去除水溶性纖維，所以起不了防脹氣、放屁的效果。比較好的做法是經常少量地吃一些豆子，這麼一來，產氣性細菌的數量不至於激增到遠遠超過其他不產氣的菌種。

生腰豆 真的有毒性嗎？

腰豆和許多植物一樣含有毒性物質

　　腰豆是有毒植物，會產生毒性物質來驅退動物，防止動物攝食。腰豆所含的是一種叫植物血凝素的毒性物質，如果攝取到，會破壞腸道黏膜功能，造成嘔吐和腹瀉。只要四顆生腰豆就足以導致劇烈的腹絞痛。只有高溫才能破壞植物血凝素的活性，溫熱的環境反而讓它們效力更強，因此未熟透的腰豆，風險比生腰豆更大，曾有以低溫烹煮腰豆數小時而導致中毒的案例。即使腰豆已經煮軟，必須再沸煮10分鐘以上來摧毀植物血凝素，確保食用上安全無虞；這個沸煮步驟可在烹調一開始或將結束時進行。罐裝豆已經是熟豆，因此毫無吃下毒素的問題。白腰豆和蠶豆的植物血凝素含量較少，因此風險較低，但是也務必完全煮熟再食用。

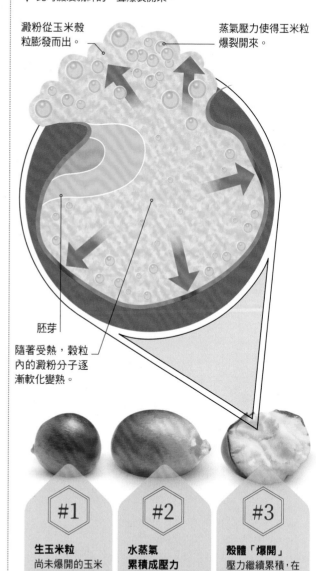

持續加壓，然後砰的一聲爆開

將玉米粒變成爆米花的過程，即是提高玉米穀粒內溫，使它所含的水分轉變為蒸氣。堅厚的殼皮將蒸氣封在內部，無法溢散而出，因此隨著玉米粒受熱，內壓也升高越高。溫度達到180℃（356℉）時，殼內的壓力已高達大氣壓力的九倍，此時穀皮就砰的一聲爆裂開來。

澱粉從玉米殼粒膨發而出。

蒸氣壓力使得玉米爆裂開來。

胚芽

隨著受熱，穀粒內的澱粉分子逐漸軟化變熱。

#1

生玉米粒
尚未爆開的玉米粒，堅硬的殼皮包裹著澱粉質內核和水分。

#2

水蒸氣累積成壓力
隨著加熱，玉米粒所含的水分在100℃（212℉）時成為水蒸氣，但蒸氣無法溢出堅厚緊密的殼皮。

#3

殼體「爆開」
壓力繼續累積，在180℃（356℉）時，玉米粒內壓已達一般大氣氣壓的九倍，此時殼皮「砰」地爆裂是氣體溢出的聲音。

為什麼
玉米粒爆開時會發出砰的一聲？

加熱使得外皮堅硬的玉米粒爆裂開來，神奇地轉變為白色蓬鬆的爆米花。

　　爆玉米是穀類中較特別的一種。所有乾燥的穀粒遇熱都可以爆開，但是大部分穀皮爆開時是發出悶著的聲響；而爆玉米穀皮的纖維素排列得格外緊密，穀皮相當堅硬厚實，因此爆裂開來時有可能發出砰的一聲。

　　爆玉米植物的外形幾乎和甜玉米沒有區別，唯一差異在於甜玉米穗是直立的，而爆玉米穗是下垂的。玉米粒主要為澱粉和水分組成，先將爆玉米連梗一起乾燥，直到玉米粒變乾，可以輕易剝下。這時的玉米顆粒水分含量約為14%，隨著玉米粒受熱，這些水分會轉變為蒸氣，累積的內壓使玉米粒殼皮爆裂開來。基於這個理由，爆玉米粒應該保存於氣密容器內來維持水分含量，這樣加熱時才能產生足夠蒸氣來累積出內部壓力的施壓力道。過老的玉米粒非常乾燥，無法爆開，加熱後，它們會成為鍋底燒焦、帶苦味的玉米粒。

　　爆玉米是全穀玉米，纖維含量高，如果是用熱空氣爆米花機來爆開，而不是放入油鍋加熱的話，所含熱量相當低。在同樣重量下，爆米花所含的抗氧化物多於大部分的蔬果，所含的鐵質比牛肉多。

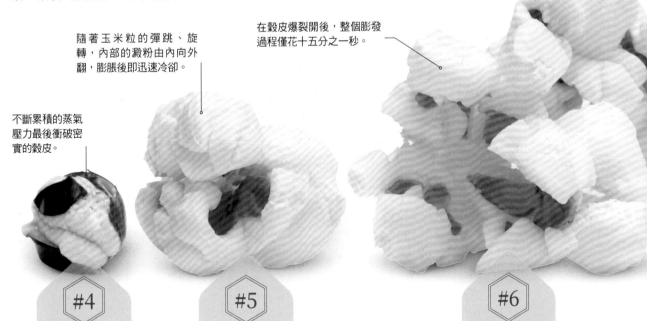

隨著玉米粒的彈跳、旋轉，內部的澱粉由內向外翻，膨脹後即迅速冷卻。

在殼皮爆裂開後，整個膨發過程僅花十五分之一秒。

不斷累積的蒸氣壓力最後衝破密實的穀皮。

#4

彈跳起來
熱能已經煮熟內部的澱粉，當穀皮爆裂開來時，膨脹的澱粉會產生彈力，讓玉米粒向上彈跳。

#5

澱粉膨發
蒸氣的力道使得內部已熟的澱粉往外膨發。

#6

蓬鬆的爆米花
在幾毫秒之間，穀粒內部已冷卻，就此固化為酥脆、充滿澱粉的白色玉米花，大小約是原來穀粒的40至50倍。

要如何 自製新鮮麵條？

自製麵條很簡單，但是你選用的麵粉種類可能帶來截然不同的成果。

麵條製作的食譜通常建議使用「00號麵粉」，這是義大利的分級標準，指的是磨製到最細緻的細粉狀小麥粉。這些微小粉粒很容易拌勻，有利於製作出質地柔滑的麵條，然而，00號麵粉並非最不可或缺的材料。使用通用白麵粉（中筋麵粉）或蛋糕麵粉（低筋麵粉）也可以做出出色的成品，再者，它們的蛋白質含量和00號麵粉差不多，介於7%～9%之間。製作新鮮加蛋麵條時，使用低蛋白質含量的麵粉是關鍵，因為蛋已經提供蛋白質分子來連結麵筋網絡，如果還使用高蛋白質含量的麵粉，麵條口感會變得

過於堅實，吃起來像橡膠一樣。乾燥義式麵食使用的杜蘭小麥粉，蛋白質（麵筋）含量就很高，因此加蛋製作的新鮮麵條不宜用這種麵粉。

下面的五步驟食譜教你如何手工和麵、揉麵團。若你打算製作的份量較多，食物處理機會是有用的好幫手，但是要避免過度攪拌，否則會形成太多麵筋，導致麵團變得很硬。使用食物處理機時，將所有材料放入，每次攪打約30至60秒，繼續打到混合物呈現庫斯庫斯小米般的粗粒質地，接著將溼麵團倒出，放在工作檯面上揉捏。

強韌的麵團

若你使用的麵粉裡並無小硬塊，那麼不需要過篩。麵粉過篩會混入一些空氣。

製作新鮮麵食

使用下面圖片中的製麵機，是桿平、桿薄麵皮的最省力方式。若你使用的是桿麵棍，必須把麵團分為多個小麵團，再一個一個桿平為2公釐厚的麵皮。這道食譜用的是00號麵粉，但是也可用中筋麵粉取代，或以二比一比例混合低筋麵粉和中筋麵粉。

實作

#1

將蛋和麵粉混合
在乾淨、乾燥的工作檯面上倒下165公克（6盎司）的00號通用麵粉，用手在麵粉中央挖出可容納液體的凹洞。在凹洞裡打入兩顆蛋，加入半茶匙的鹽。加一點橄欖油以便做出柔滑、易揉捏的麵團。用叉子將凹洞裡的蛋液輕輕攪打均勻，接著慢慢帶入周圍的麵粉，與蛋液混合在一起。

#2

揉捏麵團和靜置
繼續帶入麵粉到中心凹處的動作，直到所有的麵粉都和入蛋液。用手使力揉麵團，持續10分鐘，這是為了形成麵筋網絡，做出延展性好的麵團。如果麵團太乾，可加入一點水或油來增加溼潤度；如果麵團太溼，就加入麵粉來吸收水分。麵團揉好後，用保鮮膜包裹住以保持溼潤，接著放入冰箱冷藏室靜置1小時，這段時間裡，澱粉粒繼續吸收水分，而麵筋有充分鬆弛的機會。

#3

將麵團擀開、擀平
取出麵團，打開保鮮膜。在工作檯面撒一些麵粉，用擀麵棍將麵團推開，擀平成圓形。將製麵機設定在最厚的刻度，把麵皮放入壓平，重複進行三次，這個步驟可進一步梳理、重組麵筋網絡。接著把麵團兩邊向內摺，形成三層，用擀麵棍擀開，將麵皮再次放入製麵機壓製平。摺起、擀開和壓平的動作，反覆進行六次。

「製作雞蛋麵必須使用低筋麵粉，以免麵條口感會變得過於堅實，吃起來像橡膠一樣。」

壓成理想的厚度
繼續用壓麵機壓平麵皮，逐次縮減麵皮厚度的設定，在次薄的刻度壓完，就可以切麵條了。要做麵餃類的話，則要擀到最薄的刻度。

切成想要的粗細
將麵皮放入切麵口，切成適當粗細的麵條：寬帶麵（pappardelle）標準寬度約1公分（0.5吋），寬麵（tagliatelle）為0.6公分（0.25吋）。將麵條下到沸水裡，烹煮到「彈牙」的硬度（見第144～145頁）。

不同種類義大利麵與醬汁的搭配
義大利麵食的形狀五花八門，粗細各異，許多不同的麵條有它們專門的菜色。依形狀的不同，各類麵型各有適合搭配的濃稠、滑順或黏稠醬汁。

 傳統義大利直麵易於纏繞成團，自然而然可與醬汁裡的蔬菜片塊、海鮮或肉片緊密交疊。

 扁型麵條像是寬麵的扁型麵條，搭配波隆那肉醬、番茄肉醬這類濃稠醬汁，容易吸附入味，不過由於麵條長，表面又平滑，與黏稠的乳酪醬汁搭配時，麵條容易彼此沾黏或結塊。

 管狀麵比方筆管麵，表面面積較小，搭配黏稠醬汁也不會沾黏在一起，因此適合使用濃稠醬汁、油醬或稀薄清淡的醬汁。

 表面有凹凸紋路的麵條稀薄醬汁、油醬或番茄醬汁適合搭配表面帶凹凸紋路或螺旋狀、特殊造型的麵條，像是紋路筆管麵（penne rigate），這是因為麵的輪廓和凹凸紋路有利於表面張力較低的醬汁附著。

 貝殼麵最適於搭配中等稠度的醬汁，醬汁入味的程度可恰到好處。

 圓型馬鈴薯麵疙瘩和濃稠的乳酪醬汁是絕配，因為麵疙瘩的體積較大，較不易彼此沾黏和結塊。

新鮮麵條
一定優於乾麵條嗎？

大多數人都以為使用乾麵條而不用新鮮麵條，往往是出於預算考量，不過在義大利當地，這兩種麵條被視為截然不同的兩樣食材。

乾麵條通常比新鮮麵條便宜，但是品質不必然會比後者差；事實上，義大利當地對乾麵條的製作設有高標準的規範。反之，大規模量產麵條卻可能加入膠狀物質來仿效新鮮麵條的口感，但效果有限。

在義大利，乾麵條和新鮮麵條各有不同的用途。加入蛋製作的新鮮麵條質地較柔軟，也散發更馥郁的奶油味，因此最適於搭配乳脂狀醬汁或以乳酪為基底的醬汁。乾麵條的口感較堅實、有咬勁，容易煮出理想的彈牙度，也最合適搭配油醬、肉醬（傳統的波隆那肉醬除外，它通常是用來搭配新鮮扁寬麵）。要選擇新鮮或乾燥麵條，首先取決於搭配的食材。

了解差異

乾燥麵條

有各式各樣的形狀與類型，乾燥麵條是方便存放於食材櫃的廚房常備品。

- 乾燥麵條是以強韌的杜蘭小麥粉和水製成。揉好的麵團會經過靜置來強化麵筋網絡。接著經過反覆擀壓麵皮，再切成所需的造型。由於這種麵條的麵筋含量高，可經得住沸煮。

- 乾燥麵條需要煮更久才會熟（9至11分鐘），這是因為澱粉粒先得吸飽水分。

新鮮麵條

這類麵條的貨架壽命相對比較短，在使用前必須置於冰箱冷藏。

- 新鮮麵條是用全蛋或蛋黃蛋液來取代水。脂肪賦予麵條柔嫩度，而蛋液的蛋白質作用猶如杜蘭小麥粉裡的麵筋，可使麵條更強韌，經得住沸水的高溫。因此不須使用杜蘭小麥粉。

- 本身就富含水分，因此在沸水裡很快即煮熟（2至3分鐘）。

在烹調的最初階段就攪拌麵條，可防止它們沾黏在一起。

煮義大利麵時 在水中加鹽的作用是什麼？

一般傳統的煮義大利麵方法是將麵條下到已煮滾的一大鍋水中，並加入一些鹽，但是大家通常對加鹽的功效有誤解。

在煮麵水裡加鹽可提升麵條的滋味，有利於煮出彈牙口感，也可去除麵條表面的黏性澱粉。有些人還認為加鹽能加快烹調速度，但事實正好相反。

將水煮沸的速度

把鹽加入即將沸騰的水裡，水會開始冒泡，讓人錯以為是鹽促使水達到沸點，不過，加入的鹽粒只是讓水面冒泡泡，而不是提高水溫。加了鹽的水煮沸的速度確實稍快一些，但差異微乎其微。較明顯的差別在於鹽會影響澱粉煮熟的方式。麵粉的澱粉粒由小麥蛋白質纖維束（麵筋）網絡封住。煮麵條是為了瓦解澱粉粒表面網絡，讓水分可滲入，與澱粉結合為膠狀。小麥澱粉原本會在55℃（131℉）開始變為膠體，但是鹽可干擾這個過程，將它們糊化的溫度往上提，因此反而會稍微增加一點烹調的時間。

鹽巴大軍

要將一公升水的沸點提高區區半度，就需要4湯匙的鹽。

應該在煮麵水裡
加油來防止麵條沾黏嗎？

*只要了解澱粉在烹調過程中是如何和麵條交互作用，
你就能明白麵條為什麼會互相沾黏，
也能做出適切的行動來防止這個狀況。*

黏結成團的無味麵條看起來一點都不可口。防止麵條沾黏的技巧包括加點橄欖油、攪拌煮麵水。只要懂得這些小訣竅和運用的時機點，你也能煮出完美的義大利麵。

攪拌的作用

任何觀察力入微的廚師都會質疑在煮麵水裡加油的效果，因為油只是在水面形成油滴，接觸不到水中的麵條。更有效的方式是在烹調的最初階段，當麵條表面的澱粉開始變為黏性膠質時，就適時攪拌麵條。隨著麵條逐漸熟化變硬，它們會自行分離開來，這時就可停止攪拌。

何時該加入油

下一個易發生沾黏的時間點是在烹調的最後階段，隨著麵條冷卻，煮麵水裡的澱粉變得有黏性。這時應該加入幾滴油來包覆麵條，防止它們黏在一起。但如果後續會拌入醬汁，可省略加油步驟。以煮熱的清水來沖洗一下煮熟的麵條，也可去除表面的黏性。

> **黏稠的醬汁**
>
> 保留一些含有澱粉的煮麵水，可作為醬汁的增稠劑和黏著劑。

在端上桌品嚐前加入少許的油來潤滑麵條，可有助它們保持分離。

澱粉對麵條的影響

乾燥麵條約花8分鐘煮熟。只要掌握何時是攪拌麵條或加入油的最佳時間點，可確保煮好的麵絕不沾黏。

麵條所含的澱粉滲進煮麵水裡。

烹煮之前
乾麵條所含的澱粉粒由蛋白質網絡包覆住。加熱烹煮可使澱粉粒破裂。

1至2分鐘
麵條吸收水分而膨脹，隨著澱粉糊化為膠狀，麵條也變得有黏性。在這個階段要持續攪拌麵條以防它們黏在一起。

3至6分鐘
麵條表面的澱粉繼續軟化。經常攪拌以防止麵條沾黏在一起。

7至8分鐘
表面的澱粉層一旦熟化變硬，就不再有黏附性，這階段可以停止攪拌。

烹煮之後
加入少許橄欖油或用剛煮沸的清水來沖洗一下麵條，可洗去黏性物質，防止它們造成麵條沾黏。

蔬、果、
堅果和種子
VEGETABLES, FRUITS,
NUTS & SEEDS

有機蔬果 優於一般蔬果嗎？

很多人認為不使用化學農藥和肥料的有機農產品滋味更可口、營養價值更高。

　　食物的味道不僅僅取決於它的芳香分子和風味分子。研究顯示，我們對食物的信念確實會影響到它們嚐起來的滋味。食用符合人道道德標準的有機農產品時，道德層次的滿足感會讓我們更享受食物的美味。不過，有機食物業者宣稱有機蔬果風味更好、營養價值更高的說法，並不是都有科學佐證。就營養價值方面，不同研究得出的相同結論是，有機農產品的營養價值僅僅稍高一點。有機蔬果和一般蔬果的風味分子則是相差無幾，即使是資深試味員都不太分辨得出差異。栽種的方式對品質確實有影響（見右欄）。有機蔬果較可能來自本地的小農場。

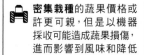

土壤是關鍵

比起是否為有機栽種，影響蔬果營養價值的更重要因素是土壤的品質和土壤中的礦物質含量。

了解差異

小規模栽種
來自小農場的蔬果風味可能更好。

- 小農場收成的蔬果都是產地直銷，可在賞味期限內送到消費者手中，也比較沒有運輸碰傷的機會，有利於保留風味。

- 小農場比較有可能栽種滋味更濃厚的原生種（見下欄）和甜瓜之類的藤蔓植物。

大規模栽種
大規模種植可能影響水果和蔬菜的風味。

- 密集栽種的蔬果價格或許更可親，但是以機器採收可能造成蔬果損傷，進而影響到風味和降低營養價值（見第149頁）。

- 大量栽種的蔬果品種往往滋味平淡，但有些品種已培育得比原生種（見下欄問題）更香甜可口。

原生種水果與蔬菜

如今還存續的原生種蔬果種類多達數十種，而大家慣常購買的大規模量產蔬果，品種數量相較之下少之又少。

原生種蔬果通常風味強烈。

澀味的歐洲野生酸蘋果所含的抗氧化物質數量要比香甜多汁的金冠蘋果（Golden Delicious）多十五倍。

93%

據估，從上世紀開始，全球93%的蔬菜作物品種正逐漸走向絕種。

許多原生品種嚐起來有酸味。

原生種蔬果 的滋味更好嗎？

保存稀有的蔬果品種，讓它們延續下去，可有助於維持植物界的多樣性。

　　原生種指的是過去五十年期間，不曾因為大規模種植的需要，而有過交叉授粉的傳統品種。它們是來自過去的復古風味，滋味更濃郁，營養成分更豐富。跟其他品種相較，原生種含有較多的維生素和抗氧化物質，不過礦物質總量取決於土壤的品質，而非品種自身。

　　眾所周知，如今的蔬果大多經過特別培育，體積大且軟，甜度往往也更高，跟它們相較，傳統品種的水果和蔬菜大多體積較小，質地較硬，滋味較澀。原生種蔬果的滋味是否更好，端視個人偏好而定，但是對於尋求風味深度和層次的廚師來說，現今的蔬果新品種達不到需求，原生種會是更優質的選擇。

蔬菜的營養價值 **會隨著時間而流失嗎？**

新鮮蔬菜含有多種維生素和礦物質，是人體營養素的優良來源。

蔬菜從採摘下來或挖出來的那一刻起就開始變質之路。採收下來的水果或蔬菜仍是有生命的，會持續吸收氧氣來維持活力，直到數天或數週後才死亡。不過，由於採收後的蔬果離開了母株，會開始消耗自身儲存的維生素和養分，在它們終於到達我們口中時，營養價值已經減少不少。

有幾個因素會影響營養素流失的速度。熱和光會破壞多種維生素，特別是最怕光的維生素B群和維生素C，酸性水果、甜椒、番茄、綠花椰

熱的破壞

菠菜在室溫下儲存只要四天，就會流失三分之二的葉酸。

菜和綠葉蔬菜都富含兩種維生素。

維生素A和維生素E較不易受損；若蔬果未有碰損，纖維質和多種礦物質都能長時間不流失。養分流失的多寡取決於蔬菜種類、採收方式、運輸方式、儲存方式和土壤肥力，貧瘠的土壤所生產的作物，本身的養分含量就較低。下面欄表呈現從生產、收成到食用的過程中，蔬果本身儲存的營養素如何逐漸耗竭。

蔬菜	採收	配送	儲存
嬌嫩蔬菜 像是番茄、蘆筍、生菜沙拉葉這類嬌嫩蔬菜，如果不謹慎地處理就容易損傷，導致營養成分流失得更快。 	在採收嬌嫩蔬菜的過程若稍一不慎，可能會折損或碰傷植物，讓它們體內的防禦機制啟動，加速營養素的流失。不過，這類蔬菜多採用人工採收，而不是機械採收。	**產地直銷** 若運輸距離短，可在採收後二天內食用完畢，可確保攝取到嬌嫩蔬菜的最大營養價值。 **運輸** 嬌嫩蔬菜在運輸過程中易於碰損，因此通常在尚未完全成熟時就會採收出貨。折損和碰傷會導致植物細胞裂開、營養素流失。	**冰箱** 大部分的嬌嫩蔬菜都應該冷藏保存。在低溫下，植物細胞的化學反應速率會下降，可使珍貴的營養素不流失。大多數的細緻蔬菜都含有高量的維生素C。 **櫥櫃或工作檯** 一些種類的香草植物，例如羅勒，一旦冷藏就會損傷，因此應該存放於陽光照射得到的工作檯。尚未成熟的番茄或酪梨可置放於工作檯等待成熟，但只要熟了，又不打算立即食用時，必須放進冰箱冷藏。
硬質蔬菜 根莖類蔬菜，比如蕪菁、胡蘿蔔和歐洲蘿蔔，若是未受損傷，保留維生素和抗氧化物質的時間會久於嬌嫩類蔬菜。 	市面上販售的根莖類蔬菜大多數為機械採收，因此損傷機率較大，蔬菜只要受損就會流失珍貴的營養素。	**產地直銷** 能夠產地直銷當然是最好的，但不是太重要，因為硬質蔬菜受損傷的機率較低，可維持營養價值不流失。 **運輸** 若處理過程太草率隨便或是堆放得太密集，硬質蔬菜容易擦傷。此類蔬菜在採收後會繼續呼吸作用，逐漸消耗掉儲存的營養素，因此長途運輸之後再上架販售的話，它們已經掉不少自身的養分。	**冰箱** 有些種類的硬質蔬菜，比方胡蘿蔔、歐洲蘿蔔、蕪菁，以及較硬質的綠葉蔬菜，像是羽衣甘藍，最好放進冰箱冷藏。 **櫥櫃或工作檯** 冰箱裡的冷空氣可能會影響某些硬質蔬菜的風味而加速它們變質的速度。馬鈴薯、番薯、洋蔥和南瓜這類蔬菜，存放於陰涼、通風的廚房櫃子即可。

蔬菜 最好生吃嗎？

加熱烹調蔬菜究竟是好是壞，沒有一體適用的準則。

烹調對營養素的影響好壞參半，加熱會破壞一些蔬果的維生素和抗氧化成分，但另一些種類的蔬果受熱後，反倒會提升這類營養素的含量。例如番茄在烹煮後會釋出更多珍貴的抗氧化物番茄紅素，煮過的胡蘿蔔會釋出更多β-胡蘿蔔素，但加熱會破壞它們所含的維生素C（番茄亦同）、幾種維生素B和幾種酵素。為了健康著想，最好的做法是盡量攝取多樣的蔬菜，既要熟吃也要生吃。下面的圖表歸納出宜於生吃和宜於熟吃的蔬菜種類。

最好生吃	最好熟食
花椰菜 熱會破壞一種稱為芥子酶（myrosinase）、有抗癌效果的酵素。	**胡蘿蔔** 煮熟的胡蘿蔔可釋出更多的類胡蘿蔔素。這種營養素有保護心臟血管健康的作用。
水田芥 也和花椰菜一樣含有不耐熱的芥子酶。	**菠菜** 以溫和火候烹調後，菠菜裡的β-胡蘿蔔素和鐵質更易於被人體吸收、利用。
大蒜 含有一種名為大蒜素（allicin）的有益健康酵素，熱會導致它們的含量減少。	**高麗菜** 以蒸煮或溫和火候烹煮過的高麗菜，可釋出更多的類胡蘿蔔素。
洋蔥 生吃的話，可攝取到更多抗氧化的類黃酮（flavonoids）與抗癌的硫化合物。	**番茄** 煮過的番茄可釋出更多有抗氧化作用的番茄紅素。
紅甜椒 它們含有高量的維生素C，這是一種遇熱就會被破壞的不穩定維生素。	**蘆筍** 將蘆筍煮熟後，才能釋放出有抗氧化效果的阿魏酸（ferulic acid）。

毫不浪費蔬菜的每個部位
根莖蔬菜頂上的綠葉，比如胡蘿蔔葉，通常會被捨棄不用（見下面問題），但這些綠葉是可食用的，把它們加入小菜或生菜沙拉，可增添辛辣滋味。

如何使用根莖蔬菜的綠葉
以下列出的四種根莖菜類，可將它們的綠葉加入生菜沙拉來增加風味，或跟其他綠葉蔬菜一起炒，也可與濃湯和清湯一起攪打來增添口感。

胡蘿蔔、小蘿蔔、蕪菁、甜菜

胡蘿蔔葉所含的
生物鹼有辛辣味。

胡蘿蔔綠葉裡的
維生素C含量多
於它的根莖。

胡蘿蔔葉

根莖蔬菜頂上的綠葉
該不該丟棄不用？

許多人不確定根莖蔬菜的綠葉能不能吃，所以乾脆避免吃。

有些根莖蔬菜（例如胡蘿蔔）頂上的**細薄綠葉**，長久以來已被當成煮湯或熬高湯的材料，但是大多數的人都不確定這些葉子的食用安全性如何。近來大眾則對胡蘿蔔葉所含的「有毒」生物鹼有疑慮，因此多數人都避免食用根莖蔬菜葉子，再者，這些綠葉形似毒參，更讓大家生畏。胡蘿蔔葉片所含的生物鹼確實帶苦味，劑量高的話還有毒性，但是胡蘿蔔葉片所含的生物鹼劑量微少，不至於造成危害。事實上，多種帶苦味的香草或是像芝麻菜這類當作沙拉生吃的蔬菜，它們美妙、勁道十足的味道都是拜所含的苦味生物鹼所賜。你可以將胡蘿蔔或其他根莖類蔬菜的綠葉當作香草使用；由於它們的味道強烈，應酌量為宜。

削皮 還是不削皮？

大多數人都被教導根莖蔬菜要去皮，因為外皮又髒又帶苦味。

一直以來，根莖蔬菜要去皮是不變的金科玉律，因為這些外皮藏汙納垢又帶苦味。不過，多數的根莖蔬菜改良至今，塊莖變得更豐厚、表皮越來越薄，因此這類蔬菜的皮已經遠比過去更能引起食慾。

研究顯示，根莖蔬菜表皮含有大量有益健康的營養素，包括一種稱為植物生化素（phytochemical）的抗氧化物。賦予蔬菜表皮顏色的色素，正是這種抗氧化物含量多寡的指標。表皮和塊莖顏色相同的蔬菜，例如胡蘿蔔，它所含的抗氧化物遍布於塊莖裡，因此即使削去表皮，損失的維生素也並不多。但是大多數根莖蔬菜的營養成分都集中在表皮下方。

光是刷洗，不足以去除表皮上可能殘留的農藥，但是殘餘的劑量通常微乎其微，大部分在烹調過程中即被破壞。兩相權衡的話，若要保留根莖蔬菜的有益營養素，只是清洗或輕微刷洗，不削皮是最佳方法。

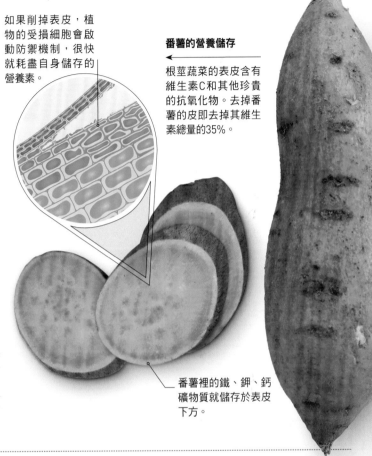

如果削掉表皮，植物的受損細胞會啟動防禦機制，很快就耗盡自身儲存的營養素。

番薯的營養儲存

根莖蔬菜的表皮含有維生素C和其他珍貴的抗氧化物。去掉番薯的皮即去掉其維生素總量的35%。

番薯裡的鐵、鉀、鈣礦物質就儲存於表皮下方。

將菇蕈類放到陽光下曝曬，真的能夠提高維生素D含量嗎？

真菌的營養組成相當特別，與動物肉更近似，可提供人體所需的重要營養素。

菇類是真菌，風味獨特，口感近似肉類。它們的蛋白質含量勝過大部分的蔬菜和水果，所含的胺基酸更賦予它們甘鮮美味。真菌也含有通常只見於動物肉的維生素D和維生素B$_{12}$。不過，菇蕈類需要紫外線照射才能生成維生素D，由於它們一般都在室內栽培，「陽光維生素」的含量自然很少。不過，由於採收後的菇蕈類仍然是生命體，若將它們置於強烈陽光下，日曬至少30分鐘，會促使它們的表皮製造出大量的維生素D（見右欄）。

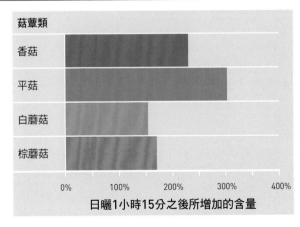

菇蕈類

香菇

平菇

白蘑菇

棕蘑菇

0%　100%　200%　300%　400%

日曬1小時15分之後所增加的含量

陽光對菇蕈類的作用

這個圖表呈現不同種類的菇類日曬1小時15分鐘後產生的維生素D含量。先將菇類切成片狀更能提高生成維生素D的效率。

蒸煮 的過程

在蒸煮的過程中，水會持續沸騰，因此水分會蒸發為蒸氣，在鍋裡往上升，將熱量傳遞到上方的食物。

蒸煮是一種健康的烹調方式。由於食物並不是浸於水中，營養素不致滲入水中而流失，再者，完全不須加油脂即可煮熟食物。它也是相當節省能源的烹調法，僅需要用到少量的水。水一旦昇華為蒸氣便會向四周擴展，而且一觸到冰冷食物就會釋放出水從液態變為氣態時所吸收的熱，稱為「蒸發潛熱」。右頁的蒸煮過程圖，呈現食物如何透過循環的蒸氣來受熱熟化。

將蔬菜切為同等大小以確保受熱均勻。

14%
花椰菜用蒸煮的話，維生素總量流失僅14%，沸煮則達54%。

蒸氣循環
僅使用少量的水即可蒸煮，因為上升的蒸氣會凝結為小水滴再度滴落。

蒸發潛熱
蒸氣轉為液態時會釋放出熱能。

將水加熱到沸點。如此才能確保產生充足的水蒸氣來讓熱能傳遞更均勻。水沸騰時，水分子得到足夠的能量形成蒸氣泡泡往上升。

#2

#1

在蒸鍋裡倒入少量的水——加到約2.5公分（1吋）高即可，接著加熱。水分子受熱後，移動加快，也獲得越來越多的能量，水溫最後上升到100℃（212℉）。

了解差異

蒸煮	沸煮
食物藉由循環流動的蒸氣來加熱變熟。	食物直接浸在沸水中煮熟。
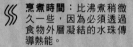 **烹煮時間**：比沸煮稍微久一些，因為必須透過食物外層凝結的水珠傳導熱能。	**烹煮時間**：與沸騰熱水直接接觸，熱能傳導快，可縮短烹煮時間。
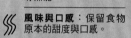 **風味與口感**：保留食物原本的甜度與口感。	**風味與口感**：不耐高溫的細緻食物可能會失去原有的風味和口感。
營養成分：維生素和礦物質不流失。	**營養成分**：可能滲出到水中或遭到高溫破壞。

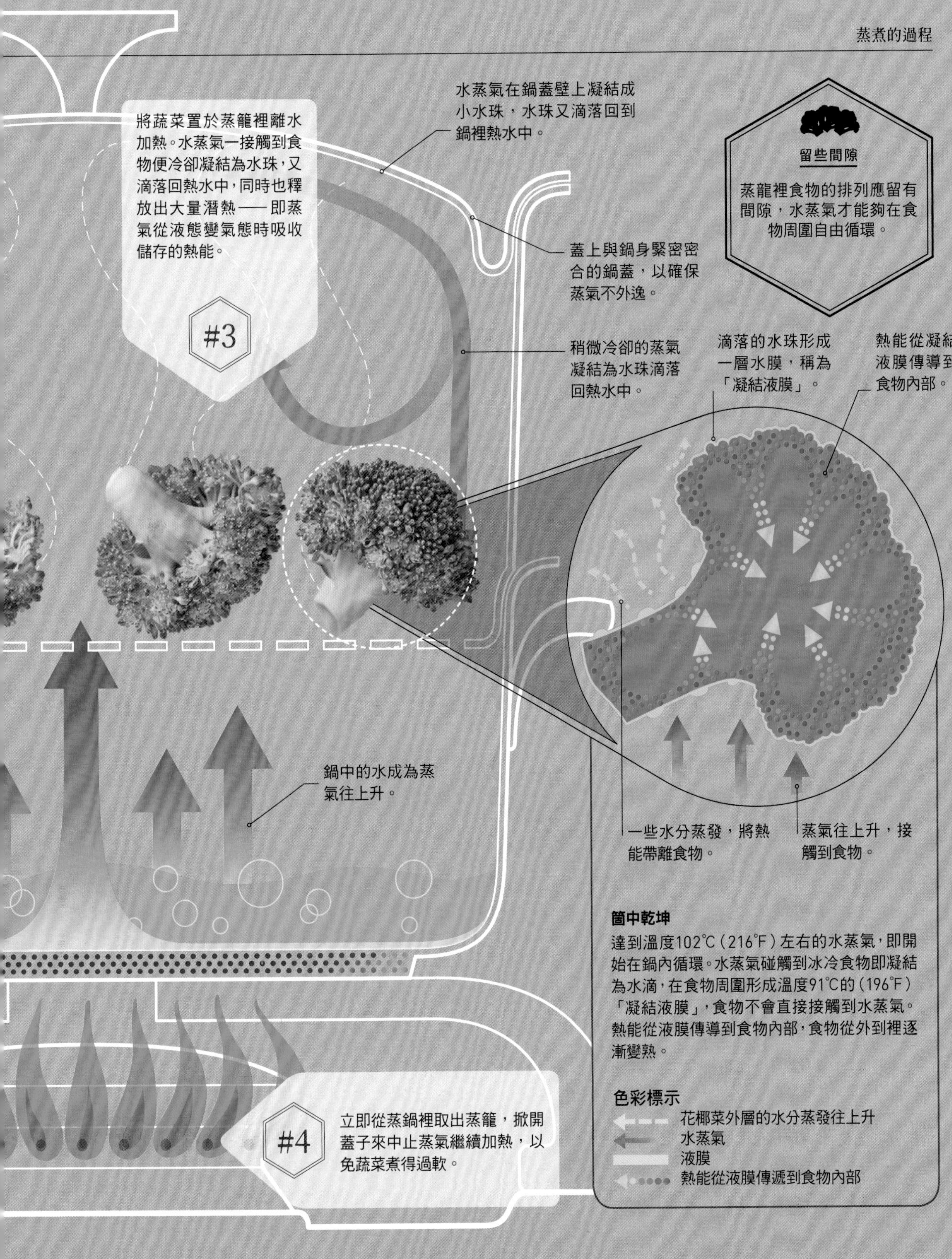

水蒸氣在鍋蓋壁上凝結成小水珠，水珠又滴落回到鍋裡熱水中。

將蔬菜置於蒸籠裡離水加熱。水蒸氣一接觸到食物便冷卻凝結為水珠，又滴落回熱水中，同時也釋放出大量潛熱——即蒸氣從液態變氣態時吸收儲存的熱能。

#3

蓋上與鍋身緊密密合的鍋蓋，以確保蒸氣不外逸。

稍微冷卻的蒸氣凝結為水珠滴落回熱水中。

留些間隙

蒸籠裡食物的排列應留有間隙，水蒸氣才能夠在食物周圍自由循環。

滴落的水珠形成一層水膜，稱為「凝結液膜」。

熱能從凝結液膜傳導到食物內部。

鍋中的水成為蒸氣往上升。

一些水分蒸發，將熱能帶離食物。

蒸氣往上升，接觸到食物。

箇中乾坤

達到溫度102℃（216℉）左右的水蒸氣，即開始在鍋內循環。水蒸氣碰觸到冰冷食物即凝結為水滴，在食物周圍形成溫度91℃的（196℉）「凝結液膜」，食物不會直接接觸到水蒸氣。熱能從液膜傳導到食物內部，食物從外到裡逐漸變熟。

#4

立即從蒸鍋裡取出蒸籠，掀開蓋子來中止蒸氣繼續加熱，以免蔬菜煮得過軟。

色彩標示

花椰菜外層的水分蒸發往上升
水蒸氣
液膜
熱能從液膜傳遞到食物內部

如何在
切洋蔥時不流淚？

只要懂得破解洋蔥自身的防禦機制就不會再淚流滿面。

　　就和大多數的蔬菜一樣，洋蔥不願被草食性動物吃掉。洋蔥細胞一旦受損就會釋放出一種稱為催淚因子（lachrymatory factor）的刺激性氣體（見下欄生洋蔥細胞的解剖構造）。這種氣體一旦接觸到人的眼球表面，即會和眼球的水分發生反應，轉變成一種稱作硫酸（sulphuric acid）的刺激性化學物質。你的眼睛受到刺激，淚腺即會分泌眼淚來洗掉這種引發刺痛的酸性物質。有幾個對策可減少這種刺激性氣體與眼睛接觸的機會（見下欄），不過，不管你採用哪種方法，切洋蔥時一定得使用鋒利的刀，下刀次數越少越能減少此種刺激物的釋放量。

冷藏
把洋蔥放進冰箱冷藏，或是在使用前先擺進冷凍庫冷凍30分鐘，可減緩細胞釋放酶的速度。

預煮
使用前先將整顆洋蔥汆燙一下，可讓會釋放刺激物質的酶失去活性。

保護臉部
戴上貼合臉部的護目鏡，使用鼻夾，可防止刺激性氣體刺激到淚腺。

浸水
在水龍頭下以流動的水沖洗洋蔥，一邊洗一邊切，可防止刺激性氣體往上飄向你的臉部。

— 刺激性的含硫氣體。

— 含有硫分子的胺基酸。

— 從受損細胞釋出的酶和基酸發生反應，產生刺激性氣體。

生洋蔥細胞解剖構造
將洋蔥切片或剁切會損傷洋蔥細胞，啟動它們的防禦機制，釋放出酶。這些酶會導致細胞裡的硫分子分解，合成出一種稱為催淚因子的刺激性氣體。

為什麼不同顏色的
甜椒味道也不一樣？

甜椒的顏色不僅是好看而已，
跟風味也息息相關。

　　不同顏色的甜椒當中，綠色甜椒屬於異類。它們其實是尚未成熟的甜椒，而不是一種自成一類的顏色品種。綠色的外觀，代表它們含有大量的葉綠素（chlorophyll），這是一種吸收陽光來行光合作用的色素。甜椒接近成熟時，就不再需要葉綠素來提供能量，因此這種色素會分解，就像秋天的葉子一樣，換成其他色素顯現出顏色。甜椒的顏色和風味取決於本身的品種（見下圖）。隨著熟成，支撐果實細胞壁的果膠逐漸減少，使得果實質地變軟，醣類分子分解為糖，從而產生新的風味和香氣。

黃色

風味
風味淡雅、帶果香的黃椒，其顏色來自葉黃素。

如何使用
它們帶有天然甜味，適宜生吃、燒烤或炭烤。

橙色

風味
橙椒富含顏色明亮的β-胡蘿蔔素，風味溫和香甜。

如何使用
和紅椒一樣有高含量的果糖，採用燒烤方式，可有助產生梅納褐變反應。也可加入生菜沙拉，或蘸醬汁生吃，或熱炒。

200%

紅椒的**果糖含量**
是綠椒的**兩倍**

製作紅椒粉

先將紅甜椒或紅辣椒乾燥,再研磨成粉,即成這種名為紅椒粉的香料。

甜椒不是那種放著等熟成的果實

雖然許多種類的水果和蔬菜可買半熟的,再放著等它們變熟。但是甜椒熟成的方式稍微不同。

採收和熟成

可食用植物果實的成熟,可分為兩類:一種是採收後可放著變熟的,另一種是只能在植株上熟成的(見第168~169頁),甜椒屬於後者。它們不會在你家的冰箱裡或水果籃裡慢慢變熟,因此選購時最好選擇已成熟的甜椒。

「綠椒其實是
尚未成熟的甜椒,
而不是一種自成一類的品種。」

綠色

風味

含有大量的綠色葉綠素,質地很堅實,香氣也是所有甜椒中最濃的,是一種新鮮「草」香。

如何使用

切成小碎塊,酌量加入燉菜或咖哩菜色裡,可增添清爽勁道。

紅色

風味

紅椒帶甜味又多汁,其深紅色澤來自辣椒紅素(capsanthin)和辣椒玉紅素(capsorubin)。

如何使用

用來增進醬料或燉菜的口感和風味,也可把內部挖空,填入穀類、碎牛肉或菲達乳酪。

紫色

風味

稍有甜味,口感扎實,風味隨品種而異。

如何使用

紫椒的內裡通常是強烈對比的綠色,因此可加入生菜沙拉或生菜拼盤來增添整體的視覺美感。

棕色

風味

棕椒是紅椒的變種,成熟後會變為桃花心木般的棕色,嚐起來有甜味。

如何使用

由於遇熱會褪色,因此最好生吃。

烤蔬菜時 **如何避免它們變得溼軟？**

完美的烤蔬菜表層酥脆、內裡柔嫩彈牙，嚐起來風味十足。

烤蔬菜應該是烘烤菜色裡的極品，但它們通常被烤得過軟又油膩。不過，只要懂得一點科學原理，你可以次次都不失手，烤出酥脆又彈牙可口的蔬菜。

保持水分不流失

蔬菜的含水量很高，但在高溫乾燥的烤箱環境下，蔬菜很容易流失大量水分而乾到萎縮。可先用蒸煮或文火水煮的方式將蔬菜煮到半熟，再送進烤箱烤出酥脆感，既可保留爽脆口感，也使烹調時間縮短，流失的水分也會減少。在溫度45℃（113℉）到65℃（149℉）

90%
胡蘿蔔的含水量約為90%。
馬鈴薯的含水量約為80%。

之間，一種名為果膠甲酯酶（pectin methylesterase）的植物防禦性酶會一直發揮活性。多虧這種酶的作用，連結細胞壁的果膠的耐熱性提高，因此有著防止蔬菜在烘烤過程中流失水分而乾萎的功效。採用溫和的烹調方式是關鍵。此外，也可在烘烤的最初階段用鋁箔紙包覆住烤盤（如下面的圖面所示），如此一來蔬菜可先靠水蒸氣變熟，接著才在烤箱的熱空氣中烤到酥脆。

烤出外皮酥脆、口感爽脆的蔬菜

要烘烤胡蘿蔔、蕪菁、馬鈴薯等根莖類蔬菜時，務必把它們切成均等大小，並且避免疊放。無論是只烤一種根莖蔬菜，或是將幾種蔬菜混在一起烤，都可運用這個技巧──前提是烤盤要夠大，可以放下所有要烤的蔬菜，而蔬菜塊之間必須留有一定間隙。

實作

#1

#2

#3

將蔬菜切成均等大小
將烤箱預熱到200℃（392℉）。將1公斤（2.2磅）份量的根莖類蔬菜和一大顆紅洋蔥切成均等大小，這個步驟可確保它們以同等的速率變熟。撒上2湯匙的橄欖油，以鹽和現磨黑胡椒調味，攪拌均勻。

將蔬菜塊擺在烤盤上，注意要留些間隙
將蔬菜塊擺在大淺烤盤上，不可疊放。撒上木質調香味的香草，像是迷迭香或百里香。注意蔬菜不可排列太緊密，留些間隙有利蒸氣在烹調的最後階段均勻散布在每塊蔬菜周圍，才能產生褐變反應，烤出香脆外皮。

將烤盤加蓋以防止水蒸氣溢散
以鋁箔紙包覆烤盤或加上蓋子來封住水分，將烤盤放入預熱完成的烤箱內烘烤10至15分鐘。在這個階段，蔬菜先靠本身水分的水蒸氣溫和煮熟，也啟動植物防禦性酶發揮作用來強化細胞壁的果膠。然後取出烤盤，拿掉封裹在上的鋁箔紙，再將它放回烤箱裡。

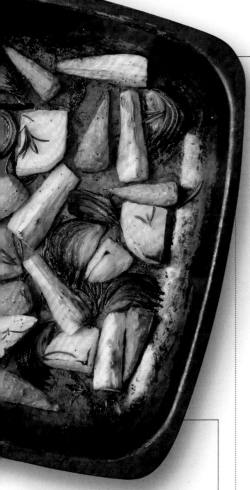

該用什麼方式烹調蔬菜
才能保留最多的營養價值？

烹調對蔬菜營養價值的影響是優劣參半的。

在所有烹調蔬菜的方式當中，油炸和沸煮會導致最多的營養成分流失。水可快速將熱能傳遞到食物，但營養素也會滲入水中。蒸煮方式可保留相當多的營養素，不過研究顯示，不同種類的蔬菜各有最適宜的烹調法。舉例來說，大部分蔬菜用蒸煮比用煎烤好，但是蘆筍和西葫蘆用煎烤更好，胡蘿蔔的話，沸煮優於蒸煮，因為有助於釋出更多的類胡蘿蔔素。也陸續有研究指出真空低溫烹調法（見第84～85頁）可以保留最多的營養成分，因為烹調溫度受到嚴格控管，而且滲出的營養素都保留在真空密封袋裡。

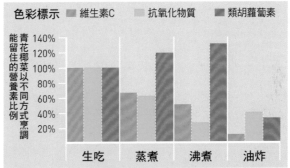

色彩標示　■維生素C　■抗氧化物質　■類胡蘿蔔素

能留住的菜以不同方式烹調青花椰菜的營養素比例

生吃　蒸煮　沸煮　油炸

以營養素為考量來選擇烹調方式
這張圖表呈現生青花椰菜與熟青椰菜的營養素比例。多數的營養素遇熱會流失，因此最好採取溫和的烹調方式。不過，有幾種烹調方式能提高類胡蘿蔔素的含量。

在水中加鹽可以縮短
蔬菜的烹調時間嗎？

一般咸信在水中加鹽能提高沸騰熱水的溫度。

即使鹽能提高沸水的溫度，幅度也是極微小（不到1℃/34℉，見第144頁），在水中加鹽能加快蔬菜煮熟速度的理由，並不是在於水溫。

沸水中的鹽和其他礦物質發揮的是其他的重要作用。植物的堅硬細胞壁由木質素和纖維素組成，用以支撐植物直立起來。烹調會軟化這些木纖維，使蔬菜變軟，但是要讓熱能發揮作用以前，必須先融解黏合、支撐細胞的兩種化學「膠質」——果膠與半纖維素（hemicellulose）。水的酸度、含鹽量和礦物質含量，都左右了這些膠質的分子鏈鍵結會強化或弱化。鹽可分解果膠結構。氯化鈉可斷開果膠分子鏈，因此水煮蔬菜時，在水中加鹽的烹調效率會優於不加鹽。

#4

拿掉封蓋來烤出酥脆感
將不加蓋的烤盤放回烤箱，續烤約35至40分鐘，或者烤到蔬菜變軟、邊緣微焦，取出趁熱食用。

把蔬菜炒得恰到好處 的祕訣是什麼？

炒一盤蔬菜來當晚餐似乎輕鬆省事，但是要把蔬菜炒得恰到好處需要技巧和高油溫。

在專業廚房裡，操持炒鍋的廚師總是快速地翻炒食物。這是因為炒出美味成品的關鍵在於越快讓食物熟化越好，因此需要高油溫，並且讓食材不停迅速地移動。

感覺到熱度

要做出一盤完美的炒菜，你必須將油鍋溫度熱到最高溫，達到油的冒煙點。因此當食材一下到鍋裡，它們表面的水分幾乎馬上蒸發殆盡，開始了梅納褐變反應（第16

～17頁）。在烹調過程中，鍋裡的油分子在高熱下分解，接著跟梅納反應所生成的風味分子相結合，成為更富滋味的分子，亦即一種高油煙的煙燻風味。要入鍋的食材應該切薄，切成均等大小，以免產生外焦內軟的情況。

由於油溫相當高，關鍵在於用甩鍋方式讓食材不停移動，以確保它們的受熱程度均勻。維持大火，食材下鍋應分次、少量，以免鍋內油溫下降。食材翻拋到空中時，也能在水蒸氣中持續受熱變熟。

炒蔬菜

要做出正宗的炒菜煙燻風味，你應該開大火或開到最高溫度，要加熱到冒油煙才可將食材下鍋。使用鍋鏟和圓弧形的中華炒鍋也是很重要的兩個訣竅，如此一來，所有食材才能在鍋中充分受熱。別讓食材留在鍋緣，因為該處的溫度遠低於鍋子中央，食材受熱的速度慢很多。

實作

#1

將食材切成小塊

將600公克（1磅5盎司）份量的不同種類蔬菜（例如甜椒、胡蘿蔔、菇類、青花椰菜和玉米）切成條狀或小塊。將一塊約莫拇指大小的薑塊磨碎，再取一小段香茅和兩瓣大蒜切碎。將6湯匙醬油、1湯匙砂糖和2茶匙芝麻油調成醬汁備用。

#2

將油加熱至冒煙點

在強火瓦斯爐上，開大火熱鍋，加熱到鍋內溫度可在2秒內蒸乾灑下的水。加入1湯匙花生油，搖動鍋子讓油平均分布鍋面。待油開始冒煙，就將大蒜、薑和香茅下鍋，翻炒1至2分鐘爆香，讓它們的風味滲出並融入到油中。

#3

炒出風味並讓它們均勻散布

依照不同蔬菜熟化速度的快慢分批下鍋，應該先放入最慢熟化的，因此較硬質的蔬菜先下鍋。待全部蔬菜差不多熟了（應該還保有一點爽脆的口感），將事先準備好的醬汁沿著鍋緣倒入，續炒1分鐘，接著起鍋，倒在米飯或煮好的麵條上。

高溫會損害**不沾**炒鍋。如果使用的是不沾鍋，應以中火**爆香大蒜和薑**，接著再將**蔬菜和醬汁**下鍋，蓋上與鍋身密合的**鍋蓋**，形同以蒸的方式煮熟食材。

聚焦 馬鈴薯

馬鈴薯是世界上最受歡迎的蔬菜，每年的產量超過洋蔥、番茄、節瓜和豆類加起來的產量。

平凡不起眼的馬鈴薯用途多得驚人，也含有豐富的營養成分。這種蔬菜本身是植物儲備能量以供冬季使用的地下莖（塊莖）。富含澱粉的馬鈴薯，跟義大利麵條和米飯相較，熱量較低，也是纖維質、多種礦物質、多種維生素的絕佳來源，特別是鉀、維生素C和維生素B群的寶庫。有顏色的馬鈴薯，比方紫馬鈴薯和紅馬鈴薯，還含有一種稱為花青素（anthocyanins）的色素，它們有預防癌症和心血管疾病的功效。

馬鈴薯的品種之多令人眼花撩亂，但是以廚師的角度、依照烹熟後的質地和黏稠度，它們分為「粉質類」和「蠟質類」（見右欄）兩大類，準備料理時，選擇合適的種類至關重要。

所謂的「新生」馬鈴薯並不是一個特定的品種，而是非當季就提前採收的未熟馬鈴薯。

馬鈴薯皮
富含纖維，包含了可自行再生和保護馬鈴薯的周皮層（periderm）。

認識你所使用的馬鈴薯

有些品種的馬鈴薯，其澱粉含量較其他品種來得高。粉質馬鈴薯的細胞滿布澱粉粒，這些細胞在烹調過程中會膨脹爆開，使得馬鈴薯泥口感較柔軟。蠟質馬鈴薯的澱粉含量較少，細胞壁也較強韌，因此口感更堅實。

粉質馬鈴薯

梅莉斯吹笛手馬鈴薯
這是一種澱粉含量相當高的粉質馬鈴薯，適於烘烤或做成薯條。它們的澱粉細胞易破裂，形成蓬鬆表層，可烤出焦脆美味的口感。
澱粉質含量：高
纖維質含量：每100公克2.4公克

愛德華國王馬鈴薯
這種奶油色馬鈴薯有獨特的紅皮塊。它們的澱粉「臉紅」。粉含量高，煮熟後有乾燥鬆狀質地，適合做成薯泥。用來油炸時，會散發麥芽香氣，可炸出酥脆漫皮。
澱粉質含量：高
纖維質含量：每100公克1.3公克

育空黃金馬鈴薯
質地繁軟，澱粉含量適中，這些奶油黃色的馬鈴薯適合焗烤或煮成薯泥或用於焗烤。它們在煮熟後肉色仍然維持黃色。
澱粉質含量：中等
纖維質含量：每100公克2.7公克

科學
粉質馬鈴薯的細胞含澱粉粒，在烹調過程中，隨著澱粉粒膨脹，細胞便裂開。

蓬鬆的馬鈴薯泥

烹調
這類馬鈴薯易於搗碎，最合適用來搗成薯泥，或是和濃湯一起攪打，也可供烘烤和油炸。

粉質馬鈴薯

公雞馬鈴薯
澱粉含量高，是一種黃色的薯肉滑順，是一種用途廣泛的品種，可用焗烤、烘烤、沸煮和搗成薯泥。
澱粉質含量：中等
纖維質含量：每100公克1.6公克

蠟質馬鈴薯

夏洛特馬鈴薯
這種薯肉柔滑的蠟質馬鈴薯，所含的澱粉質相當低，烹調後能維持形狀，適合做成沙拉和焗烤馬鈴薯。
澱粉質含量：低
纖維質含量：每100公克1.0公克

德西雷馬鈴薯
這種廣受歡迎的紅色品種，薯肉為黃色，質地堅實，烹煮後能維持形狀，或做成炸馬鈴薯。它有別於其他馬鈴薯，也可用來搗成薯泥。
澱粉質含量：中等
纖維質含量：每100公克1.3公克

紫殿下馬鈴薯
這種風味細膩、帶堅果味的馬鈴薯，薯肉為紫色，飽含水分，質地堅實，特別適於沸煮和蒸煮。
澱粉質含量：中等
纖維質含量：每100公克1.17公克

安雅馬鈴薯
它們的質地緊緻，略帶堅果香，因此適合用於製作沙拉、或與其他蔬菜一起烘烤。
澱粉質含量：低
纖維質含量：每100公克1.2公克

顏色的差異
馬鈴薯的澱粉質薯肉通常為黃色。呈紅色和紫色的馬鈴薯含有更多色的抗氧化物質。

疤痕和斑點
深色的小斑點是皮孔，是供塊莖呼吸的小孔。溼度過大會使這些皮孔張開，因此務必將馬鈴薯諸存於乾燥處。

質地扎實

烹調
蠟質馬鈴薯能維持形狀，代表適於製作沙拉、烘烤、沸煮和蒸煮。

科學
蠟質馬鈴薯的直鏈澱粉含量較低，因此久煮也不容易散開。

蠟質馬鈴薯

番薯
番薯屬於旋花科，而大部分的馬鈴薯是茄科，因此它們的馬鈴薯並無親緣關係。

要做出乳脂般柔順的綿密馬鈴薯泥，可選用表面光滑的馬鈴薯品種，比如德西蕾馬鈴薯（Désirée）。要製作出薯泥需要反覆攪打，粉質多的馬鈴薯會滲出過多澱粉，導致薯泥成品過黏。

要如何做出 **蓬鬆的馬鈴薯泥？**

馬鈴薯泥跟其他蔬菜泥不同，並不是盡可能攪打到柔滑細緻即可，它們需要更謹慎的處理。

馬鈴薯如果搗壓過頭，很可能變得太黏，口感嚐來就像橡膠一樣，因此應該像處理蛋白霜或酥皮麵團一般謹慎。

要做出蓬鬆的馬鈴薯泥，必須選用飽含吸水澱粉粒的粉質馬鈴薯，像是褐皮馬鈴薯（russet）或愛德華國王馬鈴薯。在烹調時，這些澱粉會吸水膨脹，然後軟化，接著用叉子或搗具（見下欄）就可輕易分離馬鈴薯細胞，搗成鬆軟的顆粒質地。不過，要是搗壓過頭，從細胞釋出的

澱粉會結成宛如橡膠的團塊，本該是輕盈鬆軟的薯泥就成為黏稠的團狀物。搗壓過的馬鈴薯泥開始冷卻時，澱粉因為回凝，會結合得更緊密，使得薯泥口感變得較硬，因此馬鈴薯泥最好在烹調後趁熱上桌食用。

加水會導致馬鈴薯澱粉過度膠化。最好改為加入油脂，像是鮮奶油、奶油或油來滋潤澱粉顆粒。薯泥冷卻時，油脂會阻止回凝現象，因此這種薯泥可以冷藏保存，改天再重新加熱食用。

做出柔滑的馬鈴薯泥

以下介紹用馬鈴薯搗具來做出柔滑薯泥的訣竅。你也可以使用壓泥器，它可鬆開小結塊，又不致搗壓過度。將每顆馬鈴薯切成塊狀，體積大小如下圖所示。如果切得太薄，會破壞過多的細胞，使它們釋出鈣質，導致連結細胞的果膠變得強韌，必須更費勁才能將馬鈴薯搗成泥狀。

實作

#1

切成均等大小的塊狀

將馬鈴薯切成均等大小的塊狀，以確保受熱程度均勻。將切好的馬鈴薯塊放進一鍋冷水（而不是沸水）裡。這麼做有利於均勻受熱，避免薯塊外層會煮到過軟而散開。煮到軟中帶硬，接著取出用清水沖洗以去除多餘澱粉質。

#2

搗壓來釋出澱粉

開始搗壓馬鈴薯來分離和破壞每個細胞，它們會釋出膠化的澱粉，這麼一來就有滑順、黏性的膠質來連結薯泥顆粒。第一次搗壓時不加任何油脂，因為油脂的潤滑會使得搗壓起來過滑。

#3

用油脂來增進口感

搗壓過一次以後，就可加入奶油、鮮奶油或油之類的油脂。這麼做有助滋潤澱粉，防止它們變得太黏稠。搗壓到薯泥變得滑順、蓬鬆即可停止動作；搗壓過頭會讓膨脹的澱粉粒結合得過於緊密，導致口感像橡膠一樣。

微波 的過程

*微波是一種快速、有效率的烹調方式，
它不是加熱食物周圍的空氣，
而是加熱食物裡的水分子和脂肪分子。*

　　微波對水分子和脂肪分子有奇特的作用：它們就像一名下令整隊的軍隊上士，可讓這些分子重新排列整齊。改變微波的行進方向來讓水分子和脂肪分子（幅度較小）振動、旋轉，就足以產生熱能（稱為介電質加熱〔dielectric heating〕），使得食物變熟。

　　因為所需的烹調時間極短，食物不是泡在水裡，營養素不會滲出流失，微波烹調法可將食物的營養成分保留得相當完整。

金屬壁會反射微波，因此微波會來回撞擊爐壁。

小知識

作用原理
微波會震盪食物內部的水分子與脂肪分子，讓它們摩擦產生熱能，進而把食物變熱。

最適用於
蔬菜、爆米花、堅果、炒蛋；融化奶油和巧克力；將食物再加熱。

要留意什麼
小塊又乾燥的食物缺乏水分，因此需要更長的微波時間。將兩份食物一起微波，花的時間也是雙倍，因為食物是透過吸收微波能量來轉變為熱能。

不均勻的解凍
固態水分子（冰）能自由移動的程度比液態水分子低，因此用微波方式很難均勻地解凍食物。

褐變
微波無法將食物褐化得很好：食物表面只要變乾，由於缺少水分，微波加熱的效率就會變差。

電磁波
微波不具放射性，它們就像光波和無線電波一樣，是一種電磁輻射。

破解迷思

—— 迷思 ——
微波是由內而外加熱食物

—— 真相 ——
這只是一半的事實。比起直接熱源，微波只是往食物內部再深入約2公分（0.8吋）。微波所經之處會讓水分產生熱能，但是它們無法深入到食物中央（除非食物很小塊）。

簡中乾坤
爐門的玻璃觀察窗內有一片金屬網，其網孔直徑約為1公釐（0.04吋）。而微波波長通常為12公分（5吋），因此微波無法從這些微孔洩露而出，而人眼可觀察到波長在400到700奈米之間的光，因此你能夠看到爐內狀況。

色彩標示

受阻的微波
射出的光波

金屬片的網孔

攪撥器打散微波

攪撥器金屬葉片的轉動可把微波打散到爐內各處，確保微波持續改變行進的方向，使食物受熱更均勻。

#5

波導管導引微波

這個金屬管裝置將磁控管產生的微波導引到烹煮室。

#4

磁控管產生微波

這是一個真空管（或稱為陰極射線管），就像舊式電視機會有的那種，它可產生高能量的微波，這樣的微波射到食物上即能加熱食物。

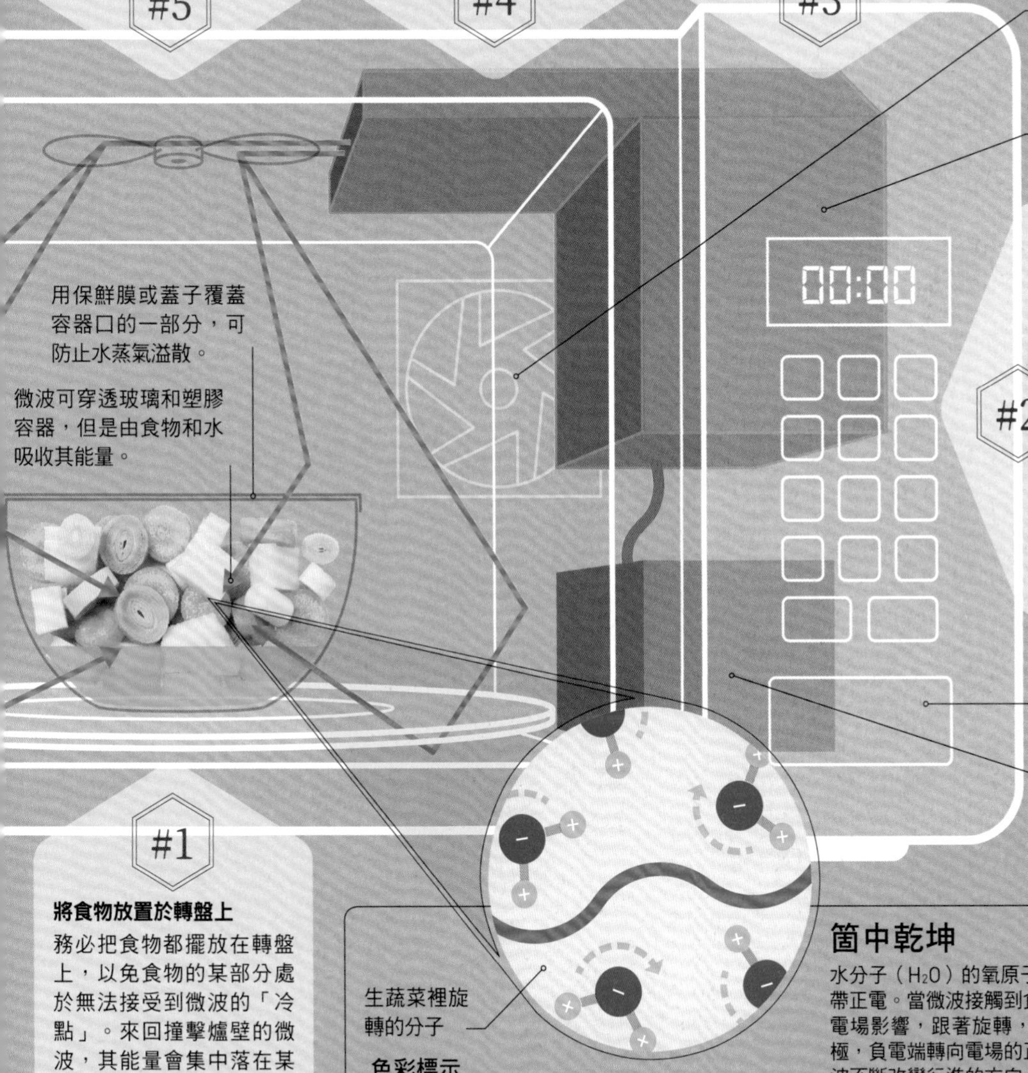

#3

風扇可為磁控管散熱。

磁控管產生微波。

00:00

設定時間和微波火力

由於食物加熱時會吸收一些微波能量，同時微波加熱兩份食物所需的時間一定會比只加熱一份食物來得長。比如微波煮熟一顆馬鈴薯須時5分鐘，兩顆一起放入就須花費9分鐘。

#2

用保鮮膜或蓋子覆蓋容器口的一部分，可防止水蒸氣溢散。

微波可穿透玻璃和塑膠容器，但是由食物和水吸收其能量。

打開爐門時，立即自動切斷電源，磁控管無法產生微波。

變壓器將進入磁控管的電流提高到2000伏特至3000伏特。

#1

將食物放置於轉盤上

務必把食物都擺放在轉盤上，以免食物的某部分處於無法接受到微波的「冷點」。來回撞擊爐壁的微波，其能量會集中落在某些位置，達不到另一些位置。因此在烹調過程中，必須定時攪動和移動一下食物。

生蔬菜裡旋轉的分子

色彩標示

水分子
水分子的移動
微波的電磁輻射

箇中乾坤

水分子（H_2O）的氧原子端帶負電，氫原子端帶正電。當微波接觸到食物，水分子就會受到電場影響，跟著旋轉，正電端轉向電場的負極，負電端轉向電場的正極。而微波爐裡的微波不斷改變行進的方向，水分子就不停旋轉，彼此的摩擦生出熱能，使得食物變熱。脂肪分子和糖分子也以類似方式轉動，但震盪幅度比較小。

檸檬汁如何防止
切開的水果變成褐色？

多數水果都有防禦性的褐變反應。

水果中的多種酵素和化學物質會讓暴露在外的果肉變成褐色又軟爛，用以嚇退昆蟲、寄生物和細菌等外敵（見下文）。這種酵素性褐變雖可以減緩，但只有加熱烹調（加熱到90℃〔194°F〕以上可讓酵素永遠失去活性）才能夠完全中止褐變現象。此外，在切開的水果和蔬菜上灑檸檬汁，是抑制褐變最省事的方式，因為酸會讓酵素的活性降低。其他方法比較大費周章，包括將切開的蔬果浸在水中或泡在糖漿裡來防止氧化，以及以冷藏或冷凍來減緩一連串的防禦性化學反應。

酵素如何導致水果變色

水果的細胞裡有「液胞」（vacuole），裡頭儲藏著酚類物質。細胞一旦破損，酚類就會流出。受損細胞也會釋出酵素，使得無色的酚變為鐵鏽般的褐色。

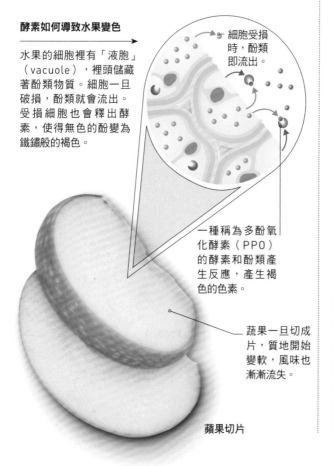

細胞受損時，酚類即流出。

一種稱為多酚氧化酵素（PPO）的酵素和酚類產生反應，產生褐色的色素。

蔬果一旦切成片，質地開始變軟，風味也漸漸流失。

蘋果切片

蔬果汁是否可以
替代完整水果和蔬菜？

每日建議的蔬果攝取量，
一杯蔬果汁就能夠提供相當的份量。

水果和蔬菜的堅挺結構都是多虧了數以兆計的堅硬細胞壁。這些細胞壁是由人體無法消化的堅韌纖維素和木質素構成。支持將蔬果攪成汁或榨汁喝的人，主張將蔬果分解有助營素素釋出，並可讓養分更快被人體消化吸收，更快傳送到血液中。不過，使用傳統榨汁機的話，蔬果的珍貴纖維質和營養素都被濾掉的粗渣裡，果汁機攪打可保留完整纖維，但是若沒馬上喝掉果汁，營養價值很快會變低，因為蔬菜和水果一旦損傷，防禦性酵素馬上會開始作用，觸發褐變反應（見右頁）。蔬果汁雖不能完全取代完整的蔬菜和水果，但是它們營養價值高，有助飲食更均衡。

處理方式

完整的水果和蔬菜
吃完整的水果和蔬菜可確保攝取到纖維質，如果採摘下不久就食用，營養素僅會流失一些。蔬菜和水果在烹調過程中可能會流失營養素，也可採取若干方法來強化營養價值（見第157頁）。

果汁機
高馬力的果汁機可快速將水果、蔬菜和種子打碎，蔬果汁接觸到空氣即開始氧化。多加刀刃的話，也能夠攪碎堅果。攪打後的蔬果成為泥狀，纖維質得到保留。

榨汁機
榨汁機的鋒利刀片每秒可轉一萬五千次，可打碎木質纖維質和切碎細胞。帶有纖維的粗渣會由濾網攔下，只濾出液體。

對營養價值的影響	結果

完整蔬果

所有有益成分
完整的水果和蔬菜有最佳的營養價值，因為在食用之前，維生素完全不減損。

維生素 100% 保留

纖維質 100% 保留

許多珍貴的抗氧化物質都在水果和蔬菜的果皮和果皮下面。

隨著咀嚼，
蔬果在我們
口裡變化
出不同風味。

應該考量什麼
食用完整的水果和蔬菜時，它們是自然裂解開來，先是靠牙齒和口腔裡的酵素來分解，接著由胃裡的消化酵素來分解它們的分子，釋出營養素。吃完一份完整的蔬果要花的時間較久，因此，一次食用的份量會比打成汁的份量來得少。

果汁機攪打

留住的營養素
大部分纖維得以保留。但蔬果一旦打碎分解，維生素即開始流失。

保留 90-100% 的維生素

保留至少 90% 的纖維質

打好的果汁應該儘快飲用完畢，因為蔬果一旦碎裂，酵素很快就會讓風味變差。

檸檬類果汁裡
的酸會損害
牙齒的琺瑯質。

應該考量什麼
一次食用大量的水果和蔬菜變得輕而易舉。果汁機可保留纖維質和維生素，但是就和榨汁機一樣，蔬果一受損，細胞就會釋出防禦性酵素，它們會開始分解營養素。打完的果汁若未馬上喝掉，維生素C和其他嬌弱的抗氧化物很快會減少。

榨汁機榨汁

纖維質流失
用榨汁機榨出的蔬果汁僅留有少量纖維，甚至完全沒有，因為纖維質和多種抗氧化物都在粗渣裡。

保留 70-90% 的維生素

保留至少 0.1% 的纖維

沒有纖維和渣塊，榨出的果汁可被濃縮為糖；一杯250毫升（8⅘盎司）的果汁所含的糖超過5茶匙。

需要9根中尺寸的
胡蘿蔔才能打出
一杯胡蘿蔔汁。

應該考量什麼
跟果汁機一樣，可一次快速攝取大量的蔬菜，但是外果皮和中果皮所含的許多抗氧化物質都隨著粗渣被排除。離心（旋轉式）榨汁機打出的液體和空氣有大面積接觸，加速了酵素性褐變反應的發生（見左頁）。榨出的果汁滋味濃厚，勝過直接吃水果，因為風味立即充溢整個口腔。

香蕉如何幫助 其他水果的熟成？

*若水果籃裡擺了香蕉，它們會加速周邊其他水果的熟成，
只要了解香蕉這種植物的求生技巧，即能明白它們的催熟威力。*

大多數的植物會讓果實在植株上完全熟透，以吸引動物來咬食，將其種子傳播到新的地方。果實是以釋放乙烯氣體來作為熟成的信號，氣候溫度、損傷會影響乙烯的生成。果實熟成時質地會變軟，釋出風味分子，含糖量也增加（見右頁）。當香蕉產生大量乙烯氣體時，你可用它們催熟更年性果實（採收後會繼續成熟的果實）。

> 「果實是以
> 釋放乙烯氣體
> 來作為熟成的信號。」

更年性果實	這些水果可由乙烯氣體催熟，若你想讓這類水果快一點熟，可以把它們放在熟香蕉（見右頁）的旁邊。 香蕉、香瓜、番石榴、芒果、木瓜、百香果、榴槤、奇異果、無花果、杏、桃子、李子、蘋果、梨子、酪梨、番茄
非更年性果實	只有留在植株上才會熟成，買回來放著也不會自行熟成。 柳橙、葡萄柚、檸檬、萊姆、鳳梨、火龍果、荔枝、甜椒、葡萄、櫻桃、石榴、草莓、覆盆子、黑莓、藍莓

未熟香蕉裡的綠色葉綠素隨著熟成被破壞，其他的顏色便顯現出來。

36%

未熟青香蕉所含的醣類當中，有36%為糖分；熟香蕉的醣類裡，有83%為糖分。

香蕉現況

全世界一年的香蕉產量和交易量超過1.1億公噸。印度是全球最大香蕉生產國。

要如何運用 不同熟度的香蕉？

堅硬的綠香蕉熟化得很快，表皮出現越來越多斑斑點點，果肉逐漸軟化，但是熟透的香蕉在烹調上仍然有妥善運用的價值。

你可能打算買已熟的黃香蕉來當隨時可吃的點心，但是如果選擇了青皮香蕉，那麼你更能在烹調上妥善運用不同熟度的香蕉。隨著香蕉皮由綠變黃再變褐，它們的果肉也變得更軟、更富滋味、更甜。未熟香蕉充滿纖維質和支撐細胞壁的強韌果膠，因此可為料理增添扎實口感和溫和的風味。軟甜的黃皮熟香蕉可直接生吃，或用於烘焙（見右頁）。香蕉熟成得很快，因此一熟化到你想要的熟度，最好趕快使用完畢，或者你也可將它們放入冷凍室，用冷凍方式來中止熟化過程。

產生的乙烯量現在開始陡增，在香蕉完全熟成前達到最高峰。

未熟

未熟的香蕉
呈青色或黃中帶青，皮厚，果肉硬。內含的澱粉還未被酵素分解為糖，由纖維素構成的細胞壁仍然堅韌。

最合適
切成薄片撒在麥片粥裡或油炸，也可作為果昔材料以增加成品的濃稠度，或是用作入菜的香蕉。

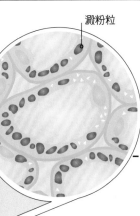

澱粉粒

未熟香蕉的細胞解剖構造

未熟香蕉的細胞含有高量澱粉粒，而含糖量低。隨著香蕉成熟，這些澱粉會被分解為糖分。

糖分子

已熟香蕉的細胞解剖構造

成熟中的香蕉會產生乙烯氣體（見左頁），促使水果細胞中的酵素將澱粉轉變為糖分，降低葉綠素生成，釋放出芳香分子，並軟化細胞壁。

一旦成熟，香蕉產生的乙烯開始減少。

出現斑點的熟香蕉，釋出的乙烯氣體減少。

過熟的褐色香蕉，僅能產生極少的乙烯或根本不再釋出。

有大片褐色斑痕的香蕉即是過熟，應該儘快食用或是冷凍起來保存。

熟	很熟	過熟

熟香蕉
稍硬，果肉為奶油黃色，表皮為黃色，有時有少許斑點。風味分子和糖分已經發展為甜味和水果味，它們仍然耐得住烹調加熱。受到撞傷的話，會加快變熟的速度。
最合適
直接生吃、打成果昔、做成水果塔或派，切薄片放入卡士達醬或焦糖醬裡。

很熟的香蕉
質地柔軟，表皮為亮黃色，布滿斑點。乙烯釋放已過最高峰，因此它們催熟其他水果的能力減弱，速度減緩。它們的風味絕佳，富含糖分。
最合適
作為蛋糕和馬芬的配材，做成焦糖香蕉，為果昔增添風味和甜味，或是冰凍起來再攪打為「冰淇淋」。

過熟香蕉
質地極軟，表皮呈深黃色，滿布褐色斑痕。它們富含天然糖分，風味十分強烈。它們已經沒有催熟其他水果的能力，但是最好儘快食用或是冷凍起來備用。
最合適
作為蛋糕和馬芬的配材，搗成果泥來製成鬆餅，為果昔或麥片糊、粥增加甜味，或是為奶昔調味。

冷凍的水果
可以直接烹煮嗎？

冷凍水果是使用上相當方便的食材，
但是烹調時需注意幾個要點。

　　預先冷凍起來的柔軟果實使得製作甜點時的可能選擇大增，一年到頭都能夠做藍莓馬芬蛋糕，也可運用其他各種各類的新鮮水果，但前提是，你必須了解零下低溫會如何改變柔軟水果的質地。就像多數冷凍食物一樣，水果一經冷凍即受損傷，因為它們內部的水分會結成邊緣尖銳的冰晶。市售的冷凍水果以-20℃ (-4℉) 以下低溫急速冷凍來將冰晶控制在最小的尺寸，但是由於水果的含水量極高，通常超過80%，冷凍水果的口感自然無法媲美新鮮水果。

　　由於冰晶造成的損傷，解凍後的柔軟果實，質地會比新鮮水果更軟，偏糊狀，也會滲出汁液，看來不甚美觀。這些有顏色的液體並不是人工添加物，而是果實滲出的天然果液。若是用於製作果昔、果汁和調味牛奶，並不成問題，但是當作烘焙食材的話，這些汁液會導致成品有不好看的斑點。要如何在烹調上順利地使用冷凍的柔軟水果，可參考右邊欄表下方列出的幾個訣竅。

> 「市售的冷凍水果為
> 『急速冷凍』以將冰晶
> 傷害降到最低程度。」

只用新鮮水果

將水果鋪在表層的水果派或塔，不適合使用冷凍水果，因為此類甜點乃是依靠水果切片來維持形狀和口感。

新鮮

冷凍

解凍後

新鮮藍莓的細胞構造
新鮮果實的細胞壁完好，果實的堅固纖維骨架也完整無缺。

冰凍藍莓的冰晶
果實一旦被置入冷凍庫，內部水分會結成尖刺的冰晶，破壞果肉內部構造。

解凍藍莓的細胞破損
隨著冰晶融化，細胞壁被肉眼不可見的冰刺拔除，導致細胞裡的汁液流出。

在烹調上使用的訣竅

· 要防止烹調過程中果實汁液的滲出，須直接使用冷凍水果，不可先行解凍。冷凍水果和新鮮水果的重量一樣，因此使用相同份量即可。

· 將冷凍水果用於烹調時，需要煮久一點，能事先將水果解凍。

· 如果冷凍藍莓已經有些解凍，可撒一撮糖或麵粉來吸取汁液。這樣處理過之後，再將藍莓放入烘焙混合料中。

· 冷藏可能使水果的顏色變深。糖分和維生素C可減少水果中酵素的活性，進而減緩褐變反應。因此購買冷凍水果時，可挑這兩種成分含量多的種類，也要記住，它們會為一道料理或甜點添加稍甜、稍酸的滋味。

水果要怎麼煮
才不會煮得太軟爛？

水果是廚師往往會忽略的食材，但是它們的天然甜味，可為甜點和鹹味菜色添加多層次的風味。

要成功烹調水果，必須選擇適切的品種（見下欄），並且在它們達到適切的熟度時使用。

果實在成熟過程發生哪些作用

當水果熟成時，天然酵素會開始發揮作用，將澱粉分解為糖分，釋出水果芳香分子，綠色葉綠素受破壞，細胞壁的強韌果膠結構遭弱化。加熱烹調會進一步分解果膠，因此，如果你希望水果維持原本形狀和口感，那麼在它們已經熟化到有甜味但質地仍然緊實時，就應該趕緊使用。如果將水果和酸性物質（見下欄）和糖一起烹調，反而能強化果膠結構。糖會吸水，果膠就不會融解得太快。在水煮水果時加入酸性食材，比如檸檬汁或葡萄酒，再加上甜味果糖，也有助水果維持堅實口感。用於製作果泥和醬料時，先不要加糖，以便水果更快煮軟，隨後再加糖調味。如果用於烘焙，火烤溫度較低的狀況，先用高溫汆燙水果幾分鐘，以讓一種名為果膠甲酯酶、可強化果膠的酵素失去活性；這種酵素可能阻止水果軟化，因為它在溫度65℃（149℉）以下始終活躍，只有在82℃（180℉）以上才會失去作用。

強化果膠

硬水地區的水裡添加了鈣，它們會強化果膠，維持水果的堅實度。

選擇蘋果

有些品種的蘋果比其他品種更耐得住高溫烹煮。果膠可與鈣結合，酸能強化果膠結構。
食用蘋果酸度較低，嚐來較不酸，但是不耐加熱。

烹飪用蘋果	食用蘋果

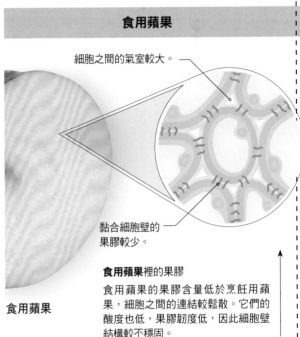

果膠的黏合作用。

細胞之間的氣室較大。

細胞壁緊密相黏。

黏合細胞壁的果膠較少。

烹飪用蘋果　食用蘋果

烹飪用蘋果裡的果膠

味道酸、酸度高的品種，例如布拉姆利（Bramley）蘋果，其果膠含量多於食用蘋果。果膠可穩定細胞壁結構。

食用蘋果裡的果膠

食用蘋果的果膠含量低於烹飪用蘋果，細胞之間的連結較鬆散。它們的酸度也低，果膠韌度低，因此細胞壁結構較不穩固。

橄欖為什麼
要用鹽水醃製

新鮮的橄欖除非已經熟透，
不然都很硬很難咬，味道也苦澀。

新鮮橄欖嚐起來非常苦澀，幾乎難以入口，苦味來自一種稱為橄欖苦苷（oleuropein）的酚類物質。要軟化橄欖質地和去除橄欖苦苷，得將橄欖泡水、醃製或是發酵。用清水反覆浸泡，就可去除掉一大半的橄欖苦苷，讓果實變得不苦，但是傳統的製法是以鹽醃或發酵6個星期以上（見右欄）。

現今的食品製造業者僅花一至兩小時就能去除橄欖的苦味（見右欄），所用的技巧是古羅馬時代就在使用的方法，古羅馬人為了去除橄欖苦味，會在水中添加木灰，讓水變為鹼性。

去除橄欖的苦澀味		
方法	**所需時間**	**結果**
工業化量產浸泡 未熟的橄欖浸泡在裝滿「鹼液」或苛性蘇打的槽桶裡。鹼性液體能分解帶澀味的橄欖苦苷；堅硬的蠟質表皮變軟，細胞壁結構鬆解，黏合細胞的果膠融解。	**1-2** 小時	這個方法可做出爽脆、易於切成片狀的橄欖，但是風味可能很清淡，甚至留有輕微的化學物質餘味。通常會裝罐販售，當作披薩配料使用。
傳統浸泡 **清洗** 以清水反覆清洗橄欖來盡可能去除橄欖苦苷，持續數個星期。	**1-2** 週	這個做法僅能去除一部分的苦味，因此水洗後仍然需要浸泡鹽水醃製。
醃製 將橄欖放入鹽水裡發酵或以鹽醃漬，至少醃製6個星期。在鹽水中也能存活的微生物慢慢發酵，形成新的風味分子，隨著時間持續累積出更具層次的味道和香氣。	**6** 週以上	橄欖表皮可能起皺（如果只以鹽醃漬），風味濃厚，在以油、香草和辛香料可強化它們的風味。

「苦味來自一種稱為橄欖苦苷的酚類物質」。

黑橄欖
真的是人工染色嗎？

橄欖原為鮮綠色，隨著熟成會變為深紫黑色。

新鮮橄欖一旦完全熟透就會萎縮變皺，而且有濃厚的土味。市售的瓶裝或罐裝「黑橄欖」並不是天然原味，它們大多是以未熟成綠橄欖為原料，並不是自然熟成的濃郁熟橄欖。

加州「熟成黑橄欖」採用上述的鹼處理來去除苦味，但是會反覆浸泡，直到果核都變軟為止。接著再「處理」橄

95%
美國約95%的橄欖都產自加州，該州的橄欖種植面積超過2.7萬英畝。

欖表皮顏色：先添入溶氧，來讓表皮的酚類氧化為深黑色，接著加入一種名為「葡萄糖酸亞鐵」的鐵鹽來固色、保色。這些橄欖看起來是熟成的黑橄欖，但是吃起來是綠橄欖的爽脆、滑順口感。它們是很受歡迎的披薩用料，很容易切成片，而且毫無苦味。

古羅馬時代的廚師
在浸泡橄欖時，
懂得在水中加入木灰，
以便更快去除橄欖的苦味。
木灰將水變為鹼性環境，
能分解帶澀味的橄欖苦苷分子。

聚焦 堅果

堅果含有豐富的人體必需營養素，能為許多菜色增加酥脆口感或乳脂狀質地。

堅果具有迷人的香氣，可提升其他食材的滋味，讓甜點和鹹味菜色更為可口。

這些營養含量高、風味十足的小塊粒飽含油脂和蛋白質——因為植物會將自身儲存的能量注入到堅果和種子裡，以增加下一代繁衍和生存的機會。結堅果種子的植物至少在一萬二千年以前已經出現。與同等重量的大多數種類食材（烹調用油和奶油除外）相比，它們的熱量比較高，平均值為每135公克（5盎司）800大卡。這意味著攝取堅果以適量為宜。許多人視堅果為「超級食物」，因為它們不只蛋白質含量高，也有多種必需礦物質和維生素。它們也含有高量的omega-3與不飽和脂肪酸。

多數堅果都可直接生吃，但是經過低溫烘焙或高溫烘焙可增添奶油香和堅果香，並且可烤出酥脆、褐色的表面。烘烤堅果時得隨時照看，由於它們的體積小，很容易烤過頭。

科學

壓碾質地柔軟的堅果，即釋出其細胞裡的微小油體。

烹調

將腰果和巴西堅果放在研缽裡搗磨可做出堅果醬和堅果糊。

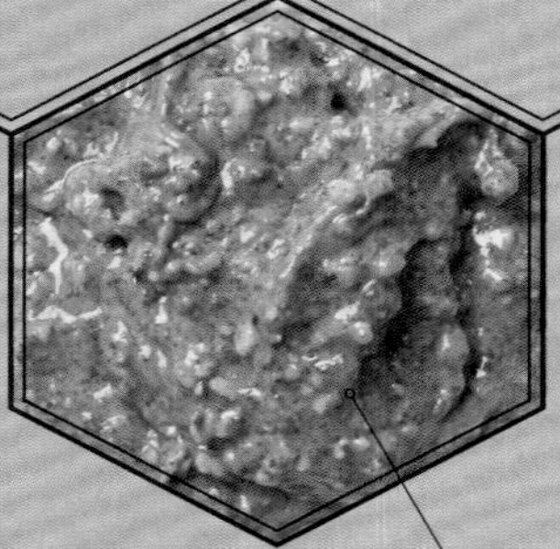

堅果醬

認識你所使用的堅果

堅果可能具有堅硬外殼，也有不帶殼的，可採汆燙去皮。果仁呈淡色代表新鮮，深色部位代表油脂已經開始氧化。所有的堅果都含脂肪，也是蛋白質的絕佳來源，而一些種類堅果的含脂量和蛋白質含量高於其他種類。

堅果

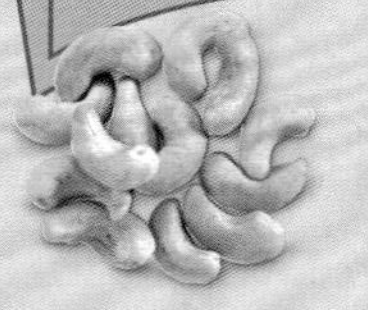

脂肪含量：低
蛋白質含量：高

腰果

腰果有滑順、奶油般質地。它們的澱粉含量出奇地高，因此可用來為醬料或濃湯增稠。

脂肪含量：低
蛋白質含量：高

開心果（阿月渾子）

和腰果同為漆樹科，它們的果仁味甜、飽滿，富含蛋白質和纖維質，因此可為甜點和鹹味菜色增加份量。也可切碎，撒在食物上增添色彩。

脂肪含量：低
蛋白質含量：高

杏仁

甜杏仁的表皮富含抗氧化物，包括可防止油脂酸敗的維生素E，因此貨架壽命較長。杏仁果仁的質地可塑性大，可直接整顆吃，切片，或是磨成細粉後與麵粉混合。

榛果

味甜，口感鬆脆，果仁飽含有益健康的油脂，油炸或水煮的榛果可為料理增加口感和濃稠感。

脂肪含量：中等
蛋白質含量：中等

核桃

這些大而厚實的果實含有豐富的苦澀單寧醛，可與較甜的食材達到絕佳的風味互補平衡。它們有高量的omega-3，卻也很快就酸敗，因此應該妥善儲存。

脂肪含量：中等
蛋白質含量：中等

巴西栗

果實大，含有豐富的硒，質地軟綿，適合當成堅果來製作堅果醬或增添乳漿。這是因為它們細胞裡的油脂就跟牛奶裡的脂肪一樣呈球狀。

脂肪含量：中等
蛋白質含量：中等

胡桃（美洲山核桃）

風味甜而馥郁，可為甜點和烘焙食品增添酥脆口感。它們含有維生素B3，還含有同樣見於橄欖與酪梨的有益健康脂肪。

脂肪含量：高
蛋白質含量：低

澳洲堅果

質地柔軟、奶油風味的這種果實適合用於烘焙或烘焙食物。它們含有堅果之首，但量大多為單元不飽和脂肪，有助於降低膽固醇。

脂肪含量：高
蛋白質含量：低

苦味的表皮

許多堅果的纖薄如紙表皮都含有大量抗氧化物，但是它們通常有令人不快的苦澀味。將果仁稍微烘烤一下，通常即可輕易把表皮搓落。

開心果

堅果的結構

堅果大多是由堅硬外殼包覆的單一種子果實。堅硬的果實在護殼裡成長熟成。

低溫或高溫烘焙

烘焙腰果

烹調

以低溫或高溫烘烘釋出繁複的奶油香氣，也烤出酥脆口感。

科學

高溫觸發的梅納褐變反應（見第16頁），將糖和蛋白質轉變為更具風味的分子。

不是真正的堅果

花生實際上是豆科植物，不是真正的堅果，而是蔬菜。

怎麼樣才能
吃到最新鮮的堅果？

堅果的獨特風味多半得歸功於它們所含的油脂，但高含油量也影響它們的保存期限。

堅果所含的有益健康、氣味芳香油脂為不飽和脂肪酸，這類成分有助維護我們的心血管健康，卻不利於堅果的保存。這些脂肪分子很嬌弱，接觸光線、熱和溼氣都會發生分解，也易受空氣氧化，進而酸敗而散發難聞的油耗味。

應該怎麼挑選？

別購買出廠日在6個月之前的堅果；同時運用下列的訣竅來確保可吃到最新鮮的堅果。如果你是在市場上購買散裝堅果，可向攤主要求敲開一粒，讓你可以檢視果實的品質。果仁應該呈淡色，任何深色痕跡或油亮感都代表這顆堅果已經受損，細胞裡的油脂已滲出，果仁開始酸敗。還有高溫也會導致細胞釋出油脂，加快酸敗的速度。外殼和表皮都完整無損的話，這些保護性外殼可確保堅果從脫離植株的數個月內都不腐壞變質。最後一點，務必妥善儲存堅果，才能維持它們的新鮮度（見下面小欄框）。

乾燥的堅果

堅果的外殼和表皮是用來防止外界的水分進入，有助於採收後的堅果保持乾燥。

保護性的外殼或果皮可防止光線和熱破壞果仁。

購買真空包裝的產品
如果買不到新鮮堅果，那麼可退而求其次購買真空包裝的產品。不接觸空氣的堅果可保存2年。

買入當季採收的新鮮堅果
採收季通常為夏末至初秋；別在初夏就採買。

購買完整和未經處理的堅果
這種堅果最為新鮮，因為外殼和表皮可保護堅果，避免外界的溼氣、水分進入。

自己烘焙
別買現成的烘焙堅果；最好買生堅果回家自己烘烤（見右頁）。

堅果應該怎麼儲存？
要保持堅果的新鮮度，應該將它們置入氣密式容器，並存放於陰涼處。光線照射會破壞脆弱的脂肪分子，而熱和空氣會加速脂肪分子的分解。更好的方式是把堅果分裝在小袋子裡，放進冷凍庫保存。堅果含水量低，因此不像其他食物會結出冰晶導致細胞受損。

加熱烹調過的 堅果和種子滋味會更好嗎？

堅果和種子含有油脂，細胞壁脆弱，因此具有宜人的口感和細緻風味。

將堅果與種子加熱到140℃（284℉）以上，可以觸發同樣見於其他食物的梅納褐變反應（見第16～17頁）。褐變反應能賦予食物香酥、褐色的外皮，並產生繁複的堅果香、烘烤香和奶油香。堅果在烘烤過程中會流失水分，但是果仁不是變得乾燥，而是成為乳脂狀質地。堅果的每個細胞裡有肉眼不可見的油體（稱為油質體〔oleosome〕），它們會爆開，充溢

軟堅果

栗子和其他堅果不同，它的水含量和澱粉含量都高，因此烹煮後為粉狀口感。

於整個果仁內部。還溫熱的烘焙堅果口感最為柔軟，油脂的流動性也最佳，因此要切堅果的話，應趁著烹調後的溫熱狀態。

下鍋油炸的話，油一熱就將堅果下鍋，以利產生褐變，但不可讓油溫升高到180℃（356℉），否則一種稱為高溫熱解（pyrolysis）的反應，會讓它們燒焦，這樣的堅果會有刺激性苦味，用於任何料理都會破壞美味。

烘焙堅果和種子

自己在家烘焙堅果和種子是相當簡單的事，但是它們的體積小，多烤一會就可能燒焦。不斷攪動堅果，利用搖鍋和甩鍋方式都可幫助它們受熱更均勻。以梅納反應所釋出的風味和香氣作為已熟的判斷指標，堅果外表一旦呈金褐色，即可離火或從爐內取出，因為「餘熱」的加熱還會讓它們的顏色繼續變深。

炒鍋	烤箱	微波爐

| 將堅果和種子放入空鍋或加一點油的油鍋來烘烤，是最簡單省事的方式。不一定要加油，但是油可讓烹調過程更容易一點，因為它有助熱從鍋底更均勻地傳遞到每顆堅果和種子。 | 要使用烤箱來烘焙的話，堅果和種子要稍微沾點油，再鋪放在烤盤上。預熱烤箱，再將烤盤放入。每隔2至3鐘就檢查一下烘烤狀況，搖動一下烤盤再重新放入爐中。等到果仁呈金褐色即是大功告成。 | 用微波爐來烘烤是最節能的方法。也有研究指出微波烘烤比烤箱烘烤更利於堅果香氣的釋放。將堅果和種子鋪放在盤子上，每隔1分鐘就查看並翻動一下盤中的堅果和種子。 |

炒鍋

器具
厚底平底鍋。

溫度
中溫至高溫（180℃/356℉）。

時間
1至2分鐘。

✔ 優點
快速。

✘ 缺點
需要照看烘焙狀況；堅果和種子很容易就烤過頭。

烤箱

器具
烤盤。

溫度
將烤箱預熱至180℃（356℉/瓦斯烤爐火力4）。

時間
5至10分鐘。

✔ 優點
跟使用鍋子或微波爐加熱相較，比較不需要時時照看。

✘ 缺點
會耗費很多電力，除非是利用已烤過其他食物的烤箱餘溫；很容易就烘烤過頭。

微波爐

器具
適用於微波爐的盤子或碟子。

溫度
中火至強火。

時間
3至8分鐘（每隔一分鐘就察看一次）。

✔ 優點
快又有效率（須清洗的用具最少）。

✘ 缺點
表面的褐變程度較低；先塗上油的話可促進褐變反應。

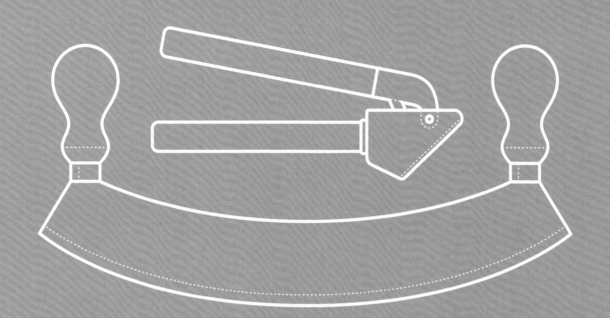

香草、香料、油和調味料
HERBS, SPICES, OILS & FLAVOURINGS

聚焦 香草

香草的香氣讓任何料理都更加活色生香。我們品嚐食物時，大多透過嗅覺來察覺風味，而香草的芳香來自帶有香氣的油脂。

賦予香草風味的芳香化合物僅佔其總重的1%，這些化學物質都儲放在葉片的油囊細胞裡。這些芳香油的作用是驅退可能攝食植物的動物，如果量大就具有毒性。這是我們使用香草都會留意的理由。香草所含的風味物質大多不易融於水，反倒在油裡融解和擴散得更好。烹調香草時加入一點油或脂肪（比如鮮奶油），可讓香草的風味更充分地浸透食材，效果遠遠勝過不用油。比起水，香草的風味更容易融於酒精中，香草可分為硬質和軟質兩大類，運用方式截然不同。

科學
硬質香草的粗韌葉子釋放風味分子的速率較軟質香草來得慢。

硬質香草
硬質香草有粗硬葉片和堅韌的莖梗

烹調
硬質香草最好和油脂一起烹調，而且在烹調最初階段就加入，讓它們的葉片有時間軟化，並釋放出芳香油脂。

油脂腺
香草有油囊腺，油囊裡飽含風味分子。

脂溶性
香草中大部分的風味分子存在油和脂肪裡，因此加入香草很快，的油很快就充溢著香氣。

認識你使用的香草

硬質香草通常得經由烹調來釋放出香風味，一般而言，乾燥保存的效果也更好（見第183頁）。軟質香草可直接使用作為擺盤的點綴，也可在烹調中使用。這兩類香草都適合和油或脂肪一起烹調來帶出香氣。

硬質香草

迷迭香
堅韌的迷迭香葉片滋味頗嗆，因此必須和油一起烹煮來讓它們分散它們的芳香。用於炒煮時，僅拔下葉子切碎使用，用於燉煮料理時，在烹調的最初階段就加入。
新鮮的賞味期限：3週
最佳使用方式：新鮮或乾燥

百里香
在烹調使用前才將味道強烈的小葉片從莖上拔下，不過，如果它們的枝莖很軟，也可以切碎，與葉子一起使用。
新鮮的賞味期限：2週
最佳使用方式：新鮮或乾燥

鼠尾草
味道大且強烈，無法直接生吃，但用奶油炸過後，既可成為擺盤的點綴，也可食用。也可切碎，和脂肪裡多的肉燉一起烹煮。
新鮮的賞味期限：2週
最佳使用方式：新鮮或乾燥

月桂

粗硬的月桂葉片經釋放出木質風味。新鮮葉片吃起來略有苦味，因此最好吃乾燥後再使用。在烹調一開始就將乾燥的月桂葉加入油裡。

新鮮時的
質味期限：2週
最佳使用方式：乾燥

軟質香草

薄荷

將葉片切碎或壓碎即可釋放出芳香油脂。風味會更濃郁。烹調時不須用到莖梗。

新鮮時的
質味期限：2週
最佳使用方式：新鮮

羅勒

像捲煙草一樣捲起羅勒葉再切碎，可防止它們加熱後變為褐色。羅勒跟其他香草不同，如果冷藏的話會枯萎，因此必須存放於室溫環境下。

新鮮時的
質味期限：2週
最佳使用方式：新鮮

平葉荷蘭芹

這種用途廣泛的香草可作為、擺盤點綴。可生用，但最好在烹調料理，也可用於烹調段再加入。荷蘭芹乾燥後即失去風味，最好使用新鮮狀態的。

新鮮時的
質味期限：3週
最佳使用方式：新鮮

芫荽

高溫或持續加熱會破壞芫荽的風味分子，因此加須要在烹調最後段加入。乾燥或發黃的葉子已經失去風味，可以扔棄不用。

新鮮時的
質味期限：3週
最佳使用方式：新鮮

釋放風味
切碎或壓碎香草可搗破油囊腺，釋放出風味分子。

硬質香草的保存
用廚房紙巾將硬質香草包起，吸收它們表面多餘的水分，接著裝入氣密式容器，再放進冰箱冷藏。

軟質香草

烹調
使用軟質香草作為擺盤點綴時，要於端上桌前才切碎使用；用於烹調料理時，於最後階段再加入，才不會減損它們的風味。

科學
軟質香草的葉片和莖梗一經摘下或切碎便立即釋放出風味分子。

軟質香草有細嫩葉片與軟質的莖梗。

軟質香草的保存
像插鮮花一樣，把帶莖梗的軟質香草插於少量的水中。

一束香草

怎麼處理 **新鮮香草最好？**

處理新鮮香草的方式直接影響到風味釋放的強度和速度。

香草的風味分子儲存於葉片表面或葉片中的油囊腺（見下圖）。葉片一旦受損，油腺即破裂而釋出芳香油，香草的風味盡在其中。

香草的處理上，並沒有「一體適用」的規則，它們是「軟質」或「硬質」才是最優先的考量點。硬質香草類，像是迷迭香和月桂，通常生長於乾燥的氣候環境下。它們的堅硬葉子可有效保留水分和油脂，因此風味也無流失之虞。而諸如羅勒、芫荽這類

軟質香草，它們的葉片嬌弱，香氣也更溫和，近似於花香，但風味也更容易流失。大部分的軟質香草，尤其是羅勒和薄荷這兩種，易於變為褐色，因為它們含有大量的多酚氧化酶（polyphenoloxidase），這是一種會促進褐變的酵素，細胞一旦受損就會啟動它們發揮作用。

要保留香草的風味，軟質和硬質香草各有合適的處理方式，詳見下面的欄表。

品種大有關係

有些品種的香草比較不易褐變，像是義大利羅勒（napoletano basil）。

香草的油脂腺
軟質香草和硬質香草的風味都來自於葉片細小油脂腺裡的油囊。葉片一旦受損，油腺就會破裂，釋出香草的芳香和風味。

葉片細胞

空氣從葉片氣孔進出。

在葉片兩面都有兩種主要的油脂腺，它們飽含風味分子。

葉片下面

新鮮羅勒

香草	如何處理
軟質 這類香草釋放風味的速度很快，因此在使用前要避免過度碰傷或是損傷，否則還等不到其餘食材熟透，它們的風味就已經釋放殆盡。 **羅勒、蝦夷蔥、芫荽、蒔蘿、薄荷、香芹、龍蒿**	・要防止褐變，可先將香草放進溫度約90℃（194℉）的水裡汆燙5至15秒，或以同樣溫度蒸煮一會來破壞它們所含的褐化酵素，接著再切碎使用。但若是蒸煮或汆燙過久，葉片會萎縮。 ・先乾燥再切碎使用，要以最鋒利的刀刃來切，如此可俐落切開油脂腺，不致大幅損傷周圍細胞。 ・可將切碎的葉片浸入油裡來防止空氣接觸到破損的細胞，進而防止褐變反應（見第166頁）。也可浸入檸檬汁裡來減少氧化酵素的作用。
硬質 這類香草可在乾燥環境下生長，整體而言更強韌，釋放風味的速度緩慢，因此在烹調上的用途更為廣泛。 **月桂、奧勒岡、迷迭香、鼠尾草、百里香**	・想要溫和風味的話，使用迷迭香或百里香這類硬質香草時，可整株加入燉煮的料理裡，端上桌品嚐前再取出即可。 ・若想更快速釋放更強烈的香氣，可將葉片切碎，讓更多的油囊破裂。

如何讓乾燥香草的
功效發揮到極致？

*除了月桂葉以外，香草的葉片一旦乾燥，
所含的芳香物質就會揮發一空。*

乾燥後的香草，絕大多數會因為芳香油脂的揮發而讓芳香分子流失殆盡。再者，每種香草各有獨特的芳香物質構成，每種化合物的揮發速率都不同，因此乾燥後的香草味道各異其趣。

在溫暖氣候環境下成長的硬質香草，比細緻軟質香草更經得起乾燥處理，因為堅硬的葉片和莖梗已經進化到即使在大中午烈陽的照射下，仍然能夠鎖住水分。它們的風味分子都封鎖於葉片內部，經過乾燥也僅有少量流失。

不過，即使是最合適乾燥處理的香草種類，其風味仍然會隨著時間而流失。就和新鮮香草一樣，有些處理訣竅可讓乾燥香草保留最濃郁的風味。

恰當的用量
乾燥香草的用量約是新鮮香草的三分之一。

使用前要搗磨
使用前用研缽搗磨乾燥香草，可有助釋放芳香油，帶出更多香氣。

用油加熱
將乾燥香草放入油中加熱，可加強釋放出它們的油溶性風味分子。

小心儲存
光和熱會使風味變質。應存放於氣密容器裡，再置放於陰涼處。

自行乾燥
要做出風味最濃郁的乾燥香草，你可在自家使用烤箱烘烤。

乾燥迷迭香

應該在烹調時的
哪個階段加入香草？

烹調時在適當時間點加入細緻軟質香草和硬質香草，有助誘發出最濃郁的香味。

就和香草的處理方式一樣，在烹調時如何運用一種香草，也取決於它是軟質或硬質。

硬質香草通常有強烈、「結實」的濃郁風味，不像軟質香草味道更偏向果香。它們的葉片有強韌結構，油脂裡有味烈的芳香物質，因此最好在烹調一開始就加入，以便風味分子有充分時間滲透到食材裡。細緻軟質香草的風味很快就消散喪失，因此最好在烹調即將結束前的幾分鐘再加入，或直接撒在菜色上作為點綴之用。如果在烹調最初階段就加入，它們的細膩風味會遭高熱鍋溫破壞，絲毫沒有與食材相融的機會。

烹調一開始
月桂、奧勒岡、迷迭香、鼠尾草、百里香

烹調結束前
羅勒、蝦夷蔥、芫荽、蒔蘿、薄荷、香芹、龍蒿

處理大蒜的方式
會影響它們的辛辣程度嗎？

大蒜和洋蔥、韭蔥一樣屬於蔥科植物，也含有大量的刺激性硫元素。

　　大蒜的細胞受破壞時即會釋放出強烈風味。

　　這種植物的防禦機制會將蛋白質裡的硫轉變為氣味強烈、辛辣的硫化合物。這種散發嗆辣大蒜臭的物質名為大蒜素，就和辣椒裡的辣椒素（capsaicin）一樣（見第190～191頁）會觸動舌頭上的熱覺受器。

大蒜的辛辣程度

　　大蒜瓣破損或受擠壓的程度越大，會產生越多的大蒜素，味道也更為刺激辛辣。將壓碎的大蒜先靜置1分鐘再使用，可強化氣味，因為防禦性酵素會持續產生大蒜素。在室溫環境下，遭破壞蒜瓣所產生的大蒜素濃度在60秒後達到最高值，接著大蒜素和其他分子會分解為更繁複的風味，因此蒜味會減弱。加熱溫度一旦超過60℃（140℉）時，產生大蒜素的酵素即失去活性。

大蒜口氣

大蒜在口中被咀嚼時，大蒜素會產生氣味特殊的硫化合物，導致「大蒜口氣」。這個氣味很難掩蓋，因為氣味分子會被收吸進入血液循環，不過倒是有辦法減輕蒜味。

你可以怎麼做

- 有些植物性食材含有可分解大蒜素的酵素；可將大蒜搭配菇類、牛蒡、羅勒、薄荷、小豆蔻、菠菜或茄子。
- 蘋果和生菜沙拉葉片裡的酵素可分解蒜味分子。
- 果汁裡的酸可使產生氣味的酵素停止作用。
- 牛奶裡的乳脂可抓住大蒜的芳香分子。

薄荷

備用的大蒜

如果放入氣密容器裡，保持冷藏和乾燥，乾燥大蒜粉裡的大蒜素可維持數個月不變質。

處理方式和辛辣度

不同的處理大蒜方式對生吃、熟食時的辛辣程度有或小或大的影響。

切細末

用刀子來剁切蒜末，對細胞的破壞程度最低，產生的汁液極少。

生吃：風味溫和，適合加入醬料當中，務必要切得大小均勻，不可有過大的碎塊。

熟食：即使受熱也能維持溫和的風味，等待澱粉被分解為糖分，即會帶有甜味。

碾壓出的蒜末

壓榨方式會破壞很多細胞，可做出溼潤的一團蒜末。

生吃：風味強烈，但是帶有甜味。這種壓榨出的蒜末很容易分散得更均勻，與其他食材相融得更好。

熟食：辛辣度中等。這些碎末和水一起烹煮易於燒焦，因此務必先用油爆香再加入液體。

研磨出的蒜末

以研缽研磨出的蒜末，可比壓榨方式破壞更多的細胞。

生吃：風味稍強於壓榨出的蒜末。用於入菜的擴散性佳。

熟食：加熱後，這種蒜末帶有中等的辛辣度和甜味，氣味繁複濃郁。

蒜泥

將大蒜磨成滑順的泥糊狀可造成細胞最大程度的破壞。

生吃：細胞破壞極大，產生更多的大蒜素，因此帶來強烈風味和辛辣度。

熟食：加熱使得辣度大幅緩和，甜味可充分擴散到菜色當中。

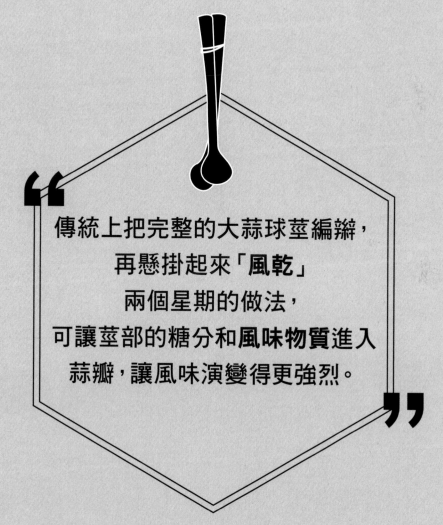

傳統上把完整的大蒜球莖編辮，
再懸掛起來「風乾」
兩個星期的做法，
可讓莖部的糖分和風味物質進入
蒜瓣，讓風味演變得更強烈。

如何從 香料萃取出最多風味？

多數香料為飽含芳香物質的硬質食材。

香料是植物的任一部位，從根、樹皮到種子製成的調味料總稱，可以整株、整片或整塊放入，也可經過研磨成粉再使用。大部分整株、整片或顆粒完整的香料已經過乾燥處理，有時是以極高溫度烘乾。不過，香料和香草不同，越乾燥越能能衍生出更濃厚的風味。

香料來自植物天生堅韌的一個部位，自然而然很堅硬，必須運用一些技巧才能釋出它們的完整風味。

就像大蒜一樣，完整的香料植物遭受損傷時，會釋放出防禦型酵素，進而啟動一連串的反應而改變風味。將完整的香料烹煮得夠久，也可使細胞分解而釋出風味分子，此外，高溫會觸發梅納褐變反應（見第16頁），產生迷人、深邃的堅果香。

已經研磨成粉的現成香料粉，受損的細胞已經啟動酵素的連鎖反應，風味隨時都在變化，因此應該更謹慎地使用。要如何讓完整香料和研磨後的香料粉發揮最好的效果，以下歸納出幾個實用的訣竅。

事先浸泡

乾燥的芥末子只有在溼潤狀態才會散發強烈的香氣，因此最好先浸泡3至4小時再使用。

完整香料

風味被包覆在植物的纖維組織裡，需要被逼出。

整株、整片或完整顆粒狀的香料一旦被敲開、碾壓或經研磨過，即開始一段風味生成、演變的過程。

整株、整片或完整顆粒狀的香料適合長時間加熱，加熱越久越有味道，因此最好在烹調的一開始就加入。

高溫有助香料釋出風味，也有利發展出更繁複的香氣。

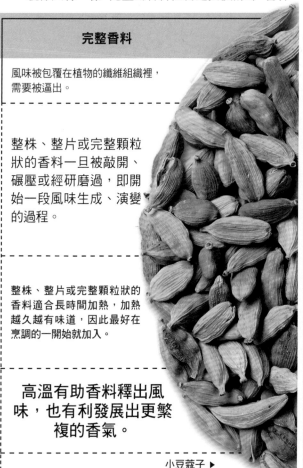

小豆蔻子 ▶

研磨後的香料粉

碾磨過的香料，其風味更容易消散。

將香料粉存放在氣密容器裡。

存放於陰涼處以防止風味分子逸散。

香料粉的細胞已經啟動酵素參與的連鎖風味反應，因此可在烹調中段或最後階段再加入以免加熱過久。

經過研磨的香料粉易於燒焦，因此要避免高溫加熱。

◀ 小豆蔻粉

為什麼食譜通常指示在烹調一開始就用油爆香香料？

在油裡加熱有助風味分子散布到整道菜餚裡。

在烹調一開始，其他食材尚未入鍋時就將完整或剛碾碎的香料放到熱油裡爆香，可有助熱能均勻傳遞到香料裡，防止燒焦。更關鍵的一點是，香料可在油裡「燜蒸」：熱可逼出風味分子，它們在油裡融解，使得熱油和香料的風味都濃郁飽滿（見左欄）。

風味載體

和香草一樣，大部分的香料所含的多數風味物質不易融於水，卻在油裡融解得更好，風味分子可均勻散布在油裡。舉例來說，在93℃（200℉）油裡加熱乾辣椒碎片20分鐘，所釋出的熱辣椒素量，會比水煮方式多一倍。

芳香蒸氣從油和香料蒸騰而上。

油。

風味分子在油中擴散。

熱會破壞香料細胞，啟動一連串改變風味的反應。

鍋底。

香料「燜蒸」

為什麼 番紅花如此昂貴？

經常遭仿製的珍貴番紅花香料，真品有近似乾草、帶桂皮和茉莉香調的深邃芳香，餘韻久久不散。

深紅色的番紅花細絲是由番紅花花朵的纖細「柱頭」乾燥而成。每朵番紅花只有三根柱頭，而且必須以人工採取。約需要10萬至25萬株番紅花和兩百小時以上的工時才能產出450公克（1磅）的番紅花香料。

這種珍貴產品含有150種以上的風味物質。日常烹調時，使用薑黃就可賦予菜餚漂亮的黃色色澤，但是薑黃的風味較烈，因此不能用它們取代甜點食譜裡的番紅花材料。番紅花的風味分子在水裡比在油裡融解得更好，這是有別於其他香料的特點。將番紅花浸泡20分鐘再使用，可讓細絲再度吸飽水，進而提升風味。浸泡並非必要的步驟，但有助將番紅花的風味發揮到極致。

> 「番紅花含有150種以上的風味物質，這是它作為香料獨一無二的特色。」

1公頃
（2.5英畝）

番紅花是使用線狀的花柱柱頭來製作而成的香料，一公頃栽種地僅能生產出份量很少的番紅花。

番紅花

48公克
（1.7盎司）

乾燥番紅花

1公頃
（2.5英畝）

用來乾燥、研磨為薑黃粉的這種根莖植物，一公頃種植地的產量相當可觀。

薑黃

2至3公噸

乾燥薑黃

聚焦　辣椒

辣椒中的活性成分辣椒素是一種刺激性物質，我們若跟它接觸的話會產生燒灼感。不過，只要酌量使用，辣椒素可為料理帶來宜人的辣味。

辣椒植物為了避免被攝食而進化出辣椒素，這種物質的確也幾乎所有的哺乳類動物。但我們人類並無所畏懼。食用辣椒的歷史至少已有六千年。辣椒素本身其實無色無味，是在進入我們的口中以後，直接作用於口腔中和舌頭上的痛覺神經，便識別為一種痛的感覺。辛辣的熱灼感就是如此。儘管別為辣椒是廣受歡迎（見第190頁）的調味成分。

與一般認知的不同，種子並不是辣椒最辣的部分。事實上，辣椒種子嚐起來根本不辣。果肉部分也不是特別辛辣；辣椒辣主要由果實中間柔嫩、奶油色的胎座種子即泌（見下頁）。許多廚師以為去除種子即能降低辣度，事實上是除掉白色胎座組織的效果。

認識你所使用的辣椒

最實為人知，評別辣椒「辣度」的方法為史高維爾指標，縮寫為SHU。同一品種的辣椒辣度也可能有很大差異。以下為世界上最常用於烹調用途的幾種辣椒。

史高維爾指標

蘇格蘭圓帽辣椒
這種超級辣的辣椒具有甜味。可將它們整顆加入燉菜或咖哩裡，但是要留心不讓它們裂開，否則會釋出大多辣椒素。
直徑：2至3公分
（0.8至1.2吋）
100,000–350,000
SHU

泰國辣椒
通常被稱為「鳥眼辣椒」，這些小辣椒非常辣。它們的細緻風味與柑橘屬水果、椰子可達良好的互補，是泰式咖哩常用的食材。
長度：4至8公分
（1.5至3吋）
100,000–350,000
SHU

霹靂霹靂辣椒
現今全世界的霹靂霹靂椒主要產於非洲，但此種植物原生於南美洲。霹靂霹靂醬汁則源自葡萄牙。
長度：8至10公分
（3至4吋）
50,000–100,000
SHU

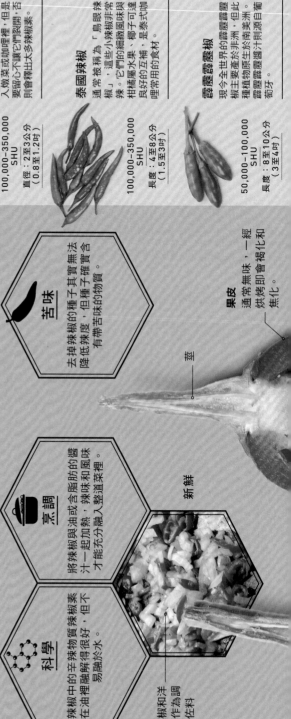

苦味
去掉辣椒的種子其實無法降低辣度，但種子確實有帶苦味的物質。

烹調
將辣椒與油或含脂肪的醬汁一起加熱，辣味和風味才能充分融入整道菜裡。

科學
辣椒中的辛辣物質辣椒素在油裡溶解得很好，但不易溶於水。

新鮮

果皮
通常無味，一經烘烤即會褐化和焦化。

莖

辣椒和洋蔥作為調味佐料

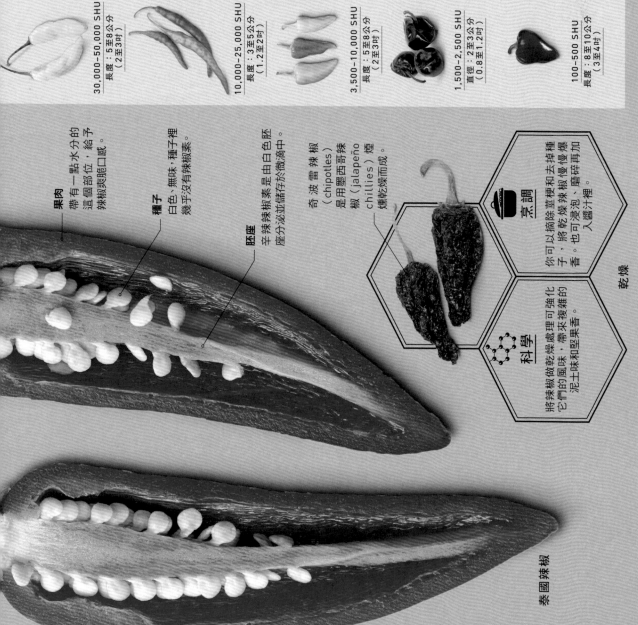

檸檬辣椒

也被稱為「檸檬糖辣椒」，原生於檸檬股的這個品種有檸檬味，故得其名。可用來為肉類菜色和燉菜增添辣味。

30,000–50,000 SHU
長度：5至8公分（2至3吋）

塞拉諾辣椒

這種辣椒有清爽、新鮮的滋味，因此通常直接生吃，或用於冷盤料理，或得烘烤過有助提升風味。它們是墨西哥料理中的關鍵食材。

10,000–25,000 SHU
長度：3至5公分（1.2至2吋）

墨西哥辣椒

這個品種的辣椒辣度可能差異很大。在墨西哥料理中，會以煙燻方式將其煙乾，稱為「奇波雷煙燻辣椒」。

3,500–10,000 SHU
長度：5至8公分（2至3吋）

鈴鐺辣椒

這種圓形狀辣椒樹的體積很小，帶有堅果風味和甜味。它們與紅肉、雞肉、魚經常相當速配，通常經過低溫烘烤，用於醬汁和燉菜。

1,500–2,500 SHU
直徑：2至3公分（0.8至1.2吋）

西班牙甜椒

西班牙人很喜歡這種甜椒。它們的辣椒味道比大多數的辣椒都溫和，甜而多汁，帶有芳香，通常用於彩椒鑲嵌櫓這道菜餚。

100–500 SHU
長度：8至10公分（3至4吋）

果肉
帶有一點水分的這個部位，給予辣椒爽脆口感。

種子
白色、無味，種子裡幾乎沒有辣椒素。

胚座
辛辣椒素是由白色胚座分泌並儲存於微滴中。

奇波雷辣椒（chipotles）是用墨西哥辣椒（jalapeño chillies）煙燻乾燥而成。

乾燥

烹調
你可以摘除莖梗和去掉種子，將乾燥辣椒慢慢烘爆香；也可浸泡，再磨碎入醬汁裡。

科學
將辣椒做乾燥處理可強化它們的風味，帶來複雜的泥土味和堅果果香。

泰國辣椒

如何緩和
食物太辣的辣味？

*就像烹調時加太多鹽一樣，一旦把菜煮得太辣也很
難挽救，不過有幾個小技巧可用來緩和辣度。*

很遺憾，辣椒的辣椒素分子所帶來的口中燒灼感很
難平息（見右頁）。

　　預防勝於事後補救，無論是使用新鮮或乾燥，
完整或片狀的辣椒時，盡可能一次只加少量，接著
試味道，不夠辣的話，再次少量添加（料理冷卻後，
辣度會減低）。如果你在烹調中已經加入過多的辣
椒，那麼可加入一些食材來緩和辣度或強化其他味
覺感受（見下欄）。為辣味料理調味時，也要謹記辣
椒的辣味會比其他味道較慢發揮作用，辣椒素需要多
一點時間才觸動舌頭上的熱覺受器（見右頁）。

水或蔬菜
在醬汁裡加水或更多的蔬菜，可把辣
椒素分子稀釋到更廣範圍，因此可分
散它們所致的辣感。

奶油或優格
由乳化劑酪蛋白包裹起的乳脂肪球可吸
取一些辣椒素分子。

減少鹽量
鹽會增加舌頭上熱覺受器的敏感度，
進而強化辣椒所致的燒灼感。

蜂蜜或糖
甜度極高的食材，比方蜂蜜或糖，可減
低舌頭上熱覺受器的敏感度，進而紓解
火辣感。

避免加入酸性物質
酸性的食材，諸如醋和檸檬汁，會觸動
舌頭上的熱覺神經。可加入鹼性的小蘇
打粉來降低辣度。

辣椒引起的火辣味
該怎麼消除最好？

*要減輕辣椒引發的辣味，
有幾種有科學根據的好方法。*

　　我們口中感受到的辣椒「辣味」是一種名為辣椒素的
物質所致，它們作用在痛覺神經的熱覺受器（見下欄）。
身體受到燒灼和吃辣椒所致的「辣味」刺激，大腦接收到
的都是痛覺訊號。大家經常使用的解辣方法，包括喝酒
和喝氣泡飲料，只會火上澆油，加重口中的火辣感，但是
實在辣到受不了該怎麼辦，以下提供幾個快速紓解灼痛
的方法。時間是最好的解藥，大多數辣椒所致的灼熱痛
感在3分鐘後即減緩，15分鐘過後即完全消失。

舒緩火辣燒灼感的方式

冰
在嘴裡放入一兩顆冰塊可中和吃辣
後的燒灼感。冰塊的冰冷溫度能混
淆大腦的感受，進而忽視一部分的
灼熱感。

牛奶和優格
牛奶和優格裡的脂肪和酪蛋白可吸
收辣椒素，阻止一些刺激性分子接
觸到舌頭上的痛覺受器。剛從冰箱
拿出的牛奶和優格有冰冷口感，也
可舒緩舌頭上的灼熱刺痛感。

薄荷
就如同辣椒素對你口中的熱覺神經
產生作用，薄荷裡的薄荷醇可觸動
你的冷覺神經。把幾片新鮮薄荷葉
放入嘴裡嚼一嚼，或是把薄荷加入
有解辣作用的優格醬裡，可有助緩
和火熱辣痛感。

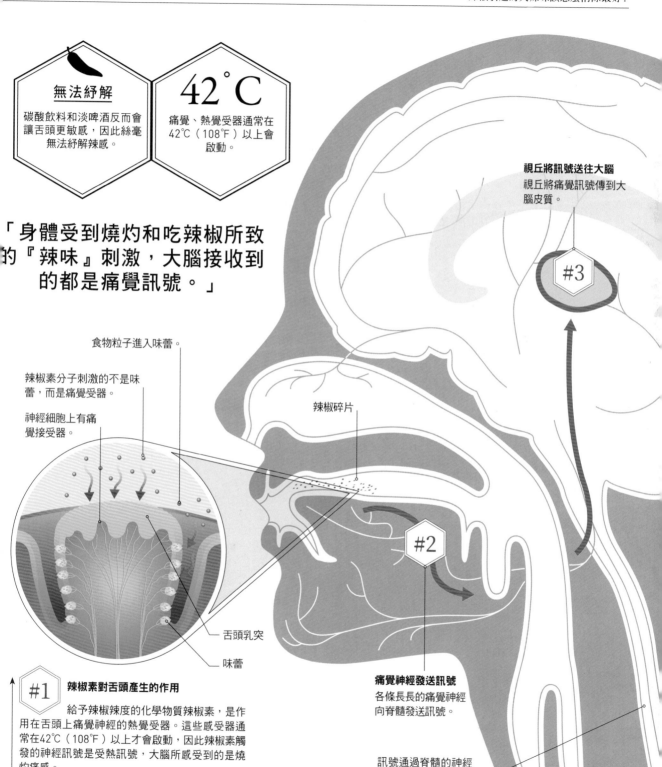

無法紓解

碳酸飲料和淡啤酒反而會讓舌頭更敏感，因此絲毫無法紓解辣感。

42°C

痛覺、熱覺受器通常在42°C（108°F）以上會啟動。

「身體受到燒灼和吃辣椒所致的『辣味』刺激，大腦接收到的都是痛覺訊號。」

視丘將訊號送往大腦

視丘將痛覺訊號傳到大腦皮質。

#3

食物粒子進入味蕾。

辣椒素分子刺激的不是味蕾，而是痛覺受器。

神經細胞上有痛覺接受器。

辣椒碎片

#2

舌頭乳突

味蕾

#1 **辣椒素對舌頭產生的作用**

給予辣椒辣度的化學物質辣椒素，是作用在舌頭上痛覺神經的熱覺受器。這些感受器通常在42°C（108°F）以上才會啟動，因此辣椒素觸發的神經訊號是受熱訊號，大腦所感受到的是燒灼痛感。

痛覺神經發送訊號

各條長長的痛覺神經向脊髓發送訊號。

訊號通過脊髓的神經傳導路徑到達大腦。

聚焦 油和脂肪

油和脂肪除了可供其他食物的風味分子擴散分布，
自身也含有各種風味物質，因此完全能夠格格被歸類為一種食材。

油大多都萃取自植物，脂肪通常萃取自動物。油通常含有不飽和脂肪酸omega-3和omega-6，而動物脂肪的飽和脂肪酸可能使人體體內的膽固醇升高。油和脂肪都能夠提升食物的滋味與口感。香草和辛香料的風味分子易融於油裡，因此風味有很好的相容性，可以用來泡製香料性、釋

放出許多芳香物質像是辣椒樣，迷迭香和羅勒等風味食材。還不只如此，油脂與水的差別在於，油脂可加熱到極高溫來烹調食物，因此用油時務必謹慎。在油和脂肪達到沸點以前，它們的分子鍵已經斷裂，到達一定溫度後，油脂會分解、顏色變深，此即所謂的「發煙點」（見右欄），這時的油脂開始劣化酸敗，味道不佳。因此，一看到鍋內冒起微藍的煙時，就應該將鍋子取離熱源

未精製的油含有多種雜物、酵素和具有風味的油分子，易於燒焦。每種油和脂肪開始產生煙的最低溫度都不同，稱之為「發煙點」。下列介紹多種油品，並列出每種油各自的發煙點，你可依照烹調方式，來選擇最合適的用油。

油

特級初榨橄欖油

這種油質地醇厚，風味十足，發煙點低，因此不適宜用於油炸，它最合適用於澆淋或用來調配沙拉醬。

發煙點：160℃
（320°F）
脂肪含量：
每100公克91.5公克

橄欖油

比初榨橄欖油用途更廣泛，是烹調用的橄欖油（混合精製油及非精製油），發煙點較高，可用於煎炒、油炸，給予食物溫和的橄欖果風味。

發煙點：200℃
（392°F）
脂肪含量：
每100公克91.5公克

芥花油（芥菜籽油）

這種油多元的油帶有土味、堅果味，完全無度。精製芥花油的發煙點相當高，非常適合用於油炸、烘烤。

發煙點：205℃
（401°F）
脂肪含量：
每100公克91.7公克

科學

油能攜帶風味分子，並且有效率地把熱能傳導到食物表面。

烹調

油在食物和金屬鍋面之間形成潤滑膜，可防止食物沾鍋而變得破爛爛。

油

風味滲透

隨著油受熱，它會融解食材裡的風味分子，有助風味滲透、鑽入到底沾滿裂縫。

花生油

發煙點高，最合適用來高溫煎炒食物。它和多數堅果油不同的是，其溫和的堅果香在加熱後仍會保留下來。

發煙點：230℃（446℉）

脂肪含量：每100公克91.4公克

椰子油

越來越受大眾歡迎的這種厚重油脂，只要在稍高於室溫的溫度下，就會從固態變為液態。若是精製的椰子油，高溫煎製時會發煙，因此不適於高溫煎炸方式。

發煙點：175℃（347℉）

脂肪含量：每100公克97.3公克

飽和脂肪

奶油

用於醬料、烘焙食品和酥皮的絕佳風味是其他油品所不能及。奶油的含水量達16%，發煙點低，因此不適於高溫煎炸用途。

發煙點：175℃（347℉）

脂肪含量：每100公克82.9公克

酥油

印度料理普遍都使用這種帶堅果香的油。烹煮時將普通奶油加熱熬煮、把水分都蒸發掉而得到的「澄清」奶油。它們的發煙點高，適合煎炸用途。

發煙點：230℃（446℉）

脂肪含量：每100公克100公克

豬油和牛油

從豬脂肪（豬油）或牛脂肪（牛油）萃取的這些脂肪在室溫下為固態。它們的安定性高，可用來做成油炸用油，可重複加熱使用。

發煙點：豬油185℃（365℉）/牛油205℃（401℉）

脂肪含量：每100公克98.8公克

增進風味

品質優良的橄欖油可帶來水果香、胡椒香、青草香和花香的綜合風味體驗。

最佳保存方式

橄欖油最好裝在綠色或深色玻璃瓶裡，以防止紫外線的傷害，光線照射會加速脂肪分子的分解，讓油品劣化變酸敗。

加入奶油

奶油可增進風味和口感，給予酥皮層的薄片。

科學

脂肪裡的微量蛋白質和其他固體物遇熱會產生反應，加速褐變反應並產生新的芳香。

烹調

飽和脂肪最好用於醬料、酥皮和烘焙食品，可增添它們的風味和口感。

奶油

特級初榨橄欖油

為什麼有些
橄欖油的品質會比另一些更好？

「特級初榨」等同於最高品質，但我們經常搞不清「冷壓」和「第一道壓榨」的意思。

橄欖被採收來製油時，果實會被研磨成為糊狀，呈黃褐色，稱為橄欖糊。傳統的製法是將這些糊狀物攤放在麻編墊子上，再用石臼之類的重物壓擠出油。現今大部分的橄欖油是將橄欖糊置入離心機，用高速旋轉的方式將油分離出來。轉速越快，油與空氣接觸的機會越少，成品的品質通常越好。將橄欖糊加熱會更容易萃取出油，但風味可能受損，因為熱會導致芳香物質蒸散，並且加速油

質的劣化。「冷壓」或「冷萃」是格外加分的標示，代表此油品在整個製程的溫度都低於27℃（81℉）。要確保品質的話，可選擇「初榨」標示，這代表是使用剛採收下來的新鮮橄欖，只經過一次壓榨而得的最高品質油品。酸價指的是脂肪分子分解後的脂肪酸含量，油脂氧化或製程中受熱都會造成酸價越高。頂級初榨橄欖油的酸價很低（見下欄）。

特級初榨橄欖油
僅有經過品油師的味覺檢測，風味被評為最優等的油，才能使用此標示。要符合「特級」標準，酸價必須在0.8%以下。

中級初榨橄欖油
它必須符合國際味覺檢測標準，酸價需低於1.5%。

橄欖油
等級在「初榨」橄欖油之下，通常是經過精煉、去除雜質而得。缺乏風味的這類橄欖油可耐高溫烹調。

> 「特級初榨橄欖油是只經過一次壓榨而得的最高品質油品。但所有初榨橄欖油都只能經過一次壓榨，所謂『第一道壓榨』只是行銷大於實質意義的用語。」

要如何挑選到風味最棒的初榨橄欖油
要挑選到品質最佳、風味最濃郁、帶果香又新鮮的橄欖油，不盡然是那麼簡單的一件事。油質呈深綠色或金黃色不一定是好品質指標，有些優質油品顏色很淺。挑選當年採收壓榨出的油，即是最新鮮的油。如果沒有，那麼選擇最佳賞味期在兩年內的油。未過濾的橄欖油在瓶底往往有果肉沉澱物，但這不代表它的風味更好，反而油質可能變質得更快。

橄欖油 要如何保存最好？

風味細緻的未精製油就像葡萄酒一樣，存放不當的話會變質，產生油耗味、霉敗味。

熱、光線和空氣都會破壞油的風味。油的芳香分子總量雖微小，卻對嗅覺有強烈的作用，這些分子來自壓榨後的水果、種子或堅果。油的風味在新鮮時最好，其風味並不會隨著熟成而改變或改善，因此貯存油品的關鍵在於如何把芳香分子保留得更久。

油只要接觸到氧，就容易氧化，讓風味變質，因此務必把油存放在氣密容器裡。熱會加速油

的酸敗，光線會破壞未精製油中的脆弱分子結構。

許多綠葉植物都有的葉綠素，漂亮的綠色橄欖油也有很高的含量，這些葉綠素甚至還能吸收光能，導致油色為綠色的油更容易酸敗。即使存放在氣密容器裡，放置於陰涼處，陽光的能量，特別是最強烈的紫外線，就足以觸發油的氧化反應（見下欄）。

一點作用

在裝瓶時灌入惰性氣體，比方氮氣或氬氣，可有助延長油品的貨架壽命。

瓶裝橄欖油

有三條脂肪酸長鏈的脂肪分子。

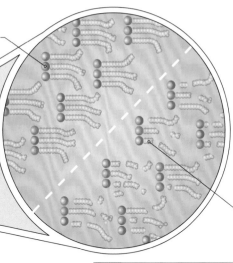

油的分子結構

油的分子主要為三條脂肪酸長鏈構成的三酸甘油酯。氧氣、光線和熱會讓這些長鏈脫離甘油骨幹，成為脂肪酸，它們更容易被外在因素觸發反應，導致油質酸敗——這個過程稱為「氧化」。

油一旦氧化，這三條脂肪酸長鏈會分解，從而產生酸敗氣味。

瓶子樣式
瓶身顏色越深越好。深棕色比綠色可隔絕掉更多光線。塑膠材質會逐漸讓空氣滲入，因此最好選玻璃瓶裝。

溫度
熱會加速氣味的酸敗，因此務必將油品遠離熱源和陽光照射。

暴露於空氣中
氧化會破壞油的風味。務必將油存放於氣密容器裡。

你知道嗎？

有些油放進冰箱冷藏會保存得更好
高熱必然損害油的品質，但是否採用冷藏方式會更好，也端視油的種類而定。

· 未精製（初榨及特級初榨）橄欖油的最佳儲存溫度為14～15℃（57～59℉），比室溫略低，但高於冰箱的冷藏溫度。橄欖油若經過冷藏並無好處，因為溫度一降，橄欖油裡安定性最高、耐光照的脂肪會先凝固，而較細緻、脆弱的三酸甘油酯仍為液態。

· 可用於烹調的精煉橄欖油已經過過濾或熱淨化處理，享有較長的貨架壽命，但大部分的風味也已隨著雜質濾除而流失。堅果油、種子油則和其他油類不同，放進冰箱裡反而可保存更久，雖然它們經過冷藏後會變渾濁或凝固。

為什麼食物 **用油煎會熟得比較快？**

下廚時間有限的廚師會偏愛油煎食物，
油的化學結構說明了為什麼以煎或炸來烹調食物的效率更快速。

以油煎是一種速度較快的烹調食物方法。它的熟化食物效率快於以水為導體的烹調法，因為油品可加熱到遠遠高於水沸點的溫度：煎炒、油炸的油溫通常在175～230℃（347～446℉）之間，而水最高僅能加熱到100℃（212℉）。油受熱的速度比水快，傳導熱能到食物內部的效率甚至也高於極高溫烤箱。

為了風味而使用油煎

以油烹調食物不只是基於效率和高油溫。當油煎、油炸食物的表面——不管是否裹著麵衣——溫度來到140℃（284℉）時，即開始了梅納褐變反應（見第16～17頁），食物開始形成香氣四溢的酥脆表皮。在165℃（329℉）時，食物裡的糖分開始焦糖化反應，衍生更多的新風味。奶油是風味數一數二的一種脂肪，但是採用油煎、油炸時，最好選擇高發煙點的油（見第192～193頁），這樣一來可毫無顧慮，將油加熱到褐變反應與焦糖化反應所需要的溫度，若使用奶油的話，其脂肪會因高溫焦化。油可以多次反覆加熱使用，每多用一次的風味越好。由於一些脂肪分子受熱會發生反應，它們會發展出宜人香氣，更深入滲透到食物內部，表層脆皮的味道也更濃郁。

炸「兩次」

製作法國薯條通常會炸兩次，第一次用160℃（320℉）的油溫炸熟，第二次以190℃（374℉）快速油炸來做出緊實酥脆的外層。

比較烹調效率

這張圖呈現以不同烹調方法煮熟一隻全雞所需的時間。只有在食物表面的水分完全蒸發之後，加熱溫度才能達到100℃（212℉）以上，才會發生褐變反應。

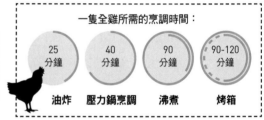

一隻全雞所需的烹調時間：

油炸	壓力鍋烹調	沸煮	烤箱
25分鐘	40分鐘	90分鐘	90-120分鐘

為什麼 **油炸食物對健康不利？**

油炸是大家認知的不健康烹調方式，但是也有辦法能夠減輕它們造成的健康風險。

跟其他方式烹調出的食物相較，油炸食品**無疑**有更高的熱量（卡路里）。這是因為油會停留在食物表面慢，在烹調過程中就逐漸被吸收。脂肪不是壞東西，但要是攝取太多的話，肯定造成腰圍大一圈，脂肪的熱量是同等重量蛋白質或澱粉的一倍以上。食物在高溫油鍋裡加熱時（見第76～77頁），會產生極熱的水蒸氣，使得食物吸收的油量有限——將食物從平底鍋或油炸鍋的油裡取出後，不消數秒鐘，食物所吸收的80%油量都會汽化為蒸氣逸散。這代表立即瀝乾多餘的油（使用廚房紙巾）可降低油炸食物的脂肪含量。除了熱量問題，如果油溫太高，油炸食品也對健康有害。如果熱油冒出藍霧或藍煙，就表示油溫已達發煙點（見上欄），此時的油會產生嚐起來帶苦味、有害健康的化學物質。油炸食物時，務必選擇高冒煙點（見第192～193頁）的油品，也可選用較耐高溫的脂肪，加熱時務必留意溫度。

熱量計算

約一湯匙脂肪的熱量即有120大卡（500KJ），因此使用的油量越少越好，油炸食物的份量要有節制。

重複使用的油可使油炸食物有**更好的滋味**，因為一部分已經氧化的油可帶來新風味。但如果太多的脂肪分子已經氧化，油質會酸敗，此時應該扔棄。

酒精如何
為食物增添風味？

除了致醉作用以外，酒精還能給予食物風味，因此酒在廚房裡佔有重要的一席之地。

葡萄酒、啤酒和蘋果酒可提升燉菜、醬料和甜點的滋味，不僅僅是酒精發揮效果，酒所含的糖分可賦予甜味，所含的酸可帶來爽勁滋味，所含的胺基酸與食材相互作用下發展出美妙的鮮味。

用於烹調必須謹慎

酒精飲料必須以文火慢煨，因為很多細微的芳香風味分子很快即蒸發，有可能突顯出較不可口的味道，讓整鍋液體變得相當酸。葡萄酒中含有來自葡萄的防蟲成分單寧酸，熟成過久可能發展出澀味，因此避免使用年分酒（vintage wine）來烹調，因為它們層次豐富的風味會隨著酒精蒸發。右邊欄表介紹各種酒與不同食物的風味相配度。

	火腿醃肉、	紅肉	雞肉	魚	貝類	醬汁乳酪	醬汁番茄	甜點
蘋果酒	●	·	●	·	●	●	●	●
啤酒、上層發酵啤酒	●	●	●	●	●	●	·	·
下層發酵啤酒	●	●	●	●	●	●	●	·
白酒	●	·	●	●	●	●	●	●
紅酒	·	●	●	·	·	●	●	●
威士忌	●	●	·	·	·	●	·	●

使用酒精烹調

上面圖表呈現各種酒精與不同食物在烹調上的搭配合適度。圈圈越大表示相配度越高。

火燒料理 的原理是什麼？

在食物上澆酒然後點燃，是非常酷炫的上菜方式。

30%

火燒料理法所用的酒精，濃度至少要在30%以上。

火焰起不來

用葡萄酒和啤酒來澆淋的話，引燃不了火焰，因為它們所汽化的蒸氣可燃性極低。

把酒倒在料理上點火，是令人大開眼界的視覺饗宴，而操作技巧非常簡單。將濃度高的溫熱或室溫狀態酒精倒入淺鍋裡，將鍋子稍微傾斜來點火，或是用長柄打火機點燃。燃燒的並不是酒精，而是酒精汽化後的蒸氣；藍色火舌在料理上竄動，冒出縷縷輕煙。

最好把鍋內剩下的醬汁盡可能倒乾，因為醬汁的酒精濃度必須夠高才能引燃火焰，如果酒精濃度低於30%，可能無法點燃。酒精煙氣上升很快，因此要和頭髮與衣袖保持距離，將一個金屬大鍋蓋放在手邊，萬一火焰變太旺可隨時應急。

味道更好嗎？

就風味方面，澆酒點火的作用微乎其微。火焰溫度可達260℃（500℉），遠遠高於食物表面開始燒焦的溫度，很可能帶來苦味，不過實際操作時，大部分的火焰都在食物上方盤旋，不會觸及食物。一些口味「盲試」的結果顯示火燒手法並不會提升料理的滋味，多數主廚把火燒料理視為一種酷炫上菜方式而不是廚藝的一部分，這種做法純粹只是為了提高用餐者的期待，讓他們發出陣陣驚嘆。

以酒入菜時，
酒精真的會揮發嗎？

烹煮的時間越長，越多的酒精會揮發掉，但是最後總有殘留。

酒精能融解芳香分子，將它們釋出，因此能夠提升菜餚的風味。不過，選擇恰當的烹調方法也是關鍵，以酒入菜必須慢煨或混合其他液體加以稀釋，因為酒精濃度要是過高，佔一道菜餚裡1%以上，那麼味蕾只會感受到苦辣味，嚐不出其他風味。酒精也會觸動痛覺受器，因此以酒入菜時要酌量。

會殘留多少的酒精？

烹調確實能夠促使酒精揮發，但是即使經過長時間的烹煮，仍有一些酒精會殘留在菜餚裡。

要讓菜餚裡的酒精完全揮發是一件需要耐心的事，即使用爐火燉煮上2小時，食物醬汁裡仍會有10%的酒精殘留，你以酒入菜時，有必要謹記這一點。

> 「烹調確實能夠促使酒精**揮發**，但是即使經過長時間的烹煮，仍有一些**酒精**殘留在菜餚裡。」

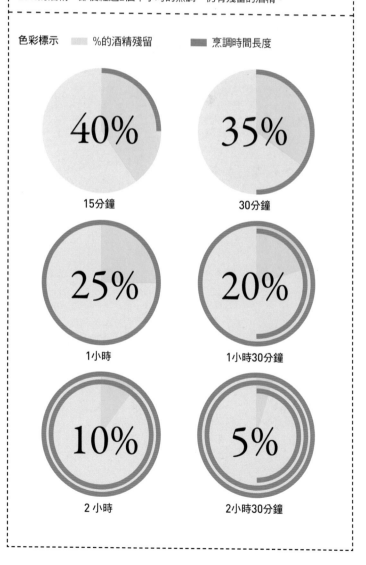

以酒入菜所殘留的酒精

下列圖表呈現經過不同時間長短的烘焙或燉煮以後，菜餚裡還殘留多少比例的酒精。經過15分鐘的烹調，揮發的酒精有60%，經過1小時，僅剩下25%的酒精，即使經過2個半小時的烹調，仍有殘留的酒精。

色彩標示　██ ％的酒精殘留　　██ 烹調時間長度

40%
15分鐘

35%
30分鐘

25%
1小時

20%
1小時30分鐘

10%
2小時

5%
2小時30分鐘

如何避免 沙拉醬油水分離？

油和醋的分子構造使得沙拉醬必然會油水分離，必須加入其他成分來結合油與水。

將橄欖油與巴薩米克紅酒醋混合後，會產生無數小油滴聚合的不透明泡沫，泡沫在幾分鐘後即消散，而油會浮到表面。就分子的層次，水分子具有「兩磁性」，因為它們所帶的電荷並不均等。水分子的形狀像迴力鏢，兩端（氫原子）帶正電，而中央彎曲處（氧原子）帶負電。負電端會吸附在旁邊水分子的正電端，因此水分子為緊密連結在一起。非磁性物質，比

另外的好處

乳化過的沙拉醬可讓生菜沙拉維持新鮮，因為它可防止油脂進入葉子，使葉片的顏色變深。

如油分子，就沒有這樣的吸力，因此會浮到水面。加入可連結脂肪與水的「乳化劑」，可將它們結合在一起。芥末子含有一種稱為黏質（mucilage）的稠厚、黏性乳化劑。將一湯匙芥末醬與240毫升（8液量盎司）的醋混合（油：醋比例為3比1），即有足夠的黏質來結合醬汁的油與水，醬汁也可沾附在沙拉葉上。

不同等級的 巴薩米克醋之間有很大的差別嗎？

巴薩米克醋的釀製歷史已有近千年，它是一種色深、帶甜味、風味馥郁的調味品。

用葡萄釀造出的巴薩米克醋，其製作方式非常特別。一般的醋，比方白酒醋，是將酒精飲料和可轉化酒精為醋酸的細菌混合在一起，通過「醋化」過程來製成。巴薩米克醋的製作原理則是同時進行葡萄汁的發酵和醋化，如此釀製出的醋與其他種類的醋有天壤之別。純正的巴薩米克醋應該產自義大利北部的艾米利亞–羅馬涅（Emilia-Romagna）地區，雖然市面上的巴薩米克醋通常

不是這種純正版，而是較平價的模擬版，它們不具複雜的多層次風味。若瓶身上有DOP（Denominazione di Origine Protetta），所謂的「受保護原產地名」認證標章，代表它是頂級品質的巴薩米克醋。也可選擇IGP（Indicazione Geografica Protetta）「受保護地理性標示」認證的產品，或是義大利當地巴薩米克醋品管協會所認證的「調味品級巴薩米克醋」（Consorzio di Balsamico Condimento）。

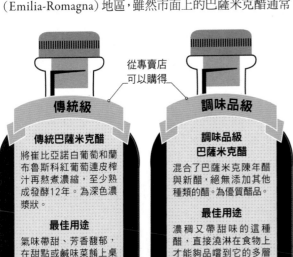

從專賣店可以購得

傳統級

傳統巴薩米克醋

將崔比亞諾白葡萄和蘭布魯斯科紅葡萄連皮榨汁再熬煮濃縮，至少熟成發酵12年。為深色濃漿狀。

最佳用途

氣味帶甜、芳香馥郁，在甜點或鹹味甜餡上桌前澆淋，或是啜飲一口來清洗味蕾。

調味品級

調味品級巴薩米克醋

混合了巴薩米克陳年醋與新醋，絕無添加其他種類的醋。為優質醋品。

最佳用途

濃稠又帶甜味的這種醋，直接澆淋在食物上才能夠品嚐到它的多層次風味。

摩德納產地IGP認證

摩德納產地IGP認證巴薩米克醋

質地較稀薄、口味較酸，用途較廣。可檢視所含的葡萄漿（grape must）比例，它代表該瓶產品含有多少比利的正宗巴薩米克醋。

最佳用途

適合用於烹調；也可為生菜沙拉添加酸味。

從超市可以購得

普通等級

巴薩米克醋

若標籤上沒有IGP認證標記，此產品可能以醋混合了甜味劑和調味香精。

最佳用途

用在烹調；若是直接澆淋在食物上，嚐起來會太酸。

傳統巴薩米克醋的製作，係將葡萄汁熬煮到**發生焦糖化反應**，接著把濃稠果漿裝入木桶。熟成過程至少需**換桶**五次。用的都是使用過的木桶，每次為不同木種，藉此讓葡萄汁吸取不同木桶的色澤與風味。

聚焦　鹽品

廚房裡使用的調味品裡，鹽當數最不可或缺的一種，只需撒一撮鹽就可增進風味，改變食物的味道。

我們人體天生就需要鹽，因為鹽是維持身體正常運作的必要物質。不過，攝取過多的鹽會導致血壓飆高，因此必須控制攝取量。鹽本身有其滋味，但也會影響我們對其他味道的感受。它能降低苦味感覺，也可讓甜味和鮮味更突出，許多甜對鹹都會加鹽來引出更多甜味。除了提升風味的作用，鹽還具

有其他烹調上的用途。在麵團裡加鹽可有助身體正常網絡，增加烘焙後成麵筋的生成，強化麵筋網絡，增加烘焙後成品的體積；它可脫除魚和肉表面的水分，以利於形成酥脆外皮；也可用來調製鹽水，醃肉可使其變得飽滿多汁；也可用於各種食物的保存和防腐。精製鹽和未精製鹽的差別（見右欄）主要在質地。

鹽的形狀
未精製的粗鹽為不規則晶體，而精製鹽為正立方形晶體。

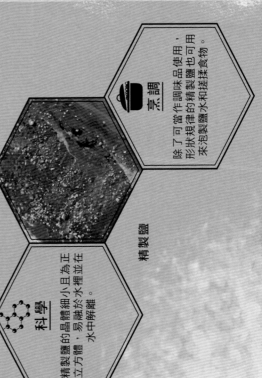

精製鹽

科學
精製鹽的晶體細小且為正立方體，易融於水裡並在水中解離。

烹調
除了可當作調味品使用，形狀規律的精製鹽也可用來泡製鹽水和搓揉食物。

認識你所使用的鹽

鹽是一種名為氯化鈉的礦物質，是由氯和鈉兩種元素所組成。鹽的種類多種多樣，可分為海鹽和陸地上的鹽兩大類。精製鹽經過研磨，並且可能添加了「抗結劑」來防止鹽結成塊。非精製鹽為顆粒較粗的晶體。多數種類的鹽都是多用途，另一些則是有專門的用途，比如用來搓揉肉塊。

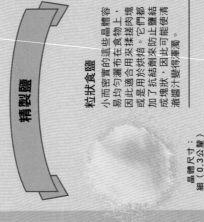

精製鹽

粒狀食鹽
小而密實的這些晶體容易均勻灑布在食物上，因此適合用來搓揉肉塊或是用於烘焙。它們都加了抗結劑來防止鹽結成塊狀，因此可能使清湯醬汁變得渾濁。

晶體尺寸：
組（0.3公釐）

碘化食鹽
世界上一些地區的食鹽都添加入碘化鉀來預防甲狀腺疾病並幫助腦部發育。可能也添加其他成分來加止碘對酸發生反應。它們和食鹽一般細緻，很適合用來搓揉肉塊。

晶體尺寸：
組（0.3公釐）

醃漬專用鹽

用於保存食物的醃漬專用鹽，是在食鹽裡添入硝酸鈉製成。該種化合物可抑止細菌生長，可避免醃漬品產生肉毒桿菌，導致嚴重的食物中毒。

晶體尺寸：
細（0.3公釐）

未精製鹽

粗鹽

這些顆粒較大、研磨為岩度較小的晶體或板稱為岩鹽，其參差不齊形狀可為食物增添不同的口感。可在烹調過程中當上調味品，或是在菜餚上桌前再撒上；由於晶體較大，很容易判別加了多少鹽量。

晶體尺寸：
大、形狀不定

海鹽

只經過低度加工，還含有微量的礦物質，比方氯化鎂。海鹽是絕佳的多用途鹽，可用於烹調、味道與粗鹽毫無差別。

晶體尺寸：粗粒或碎片狀；也有細粒

彩色鹽

有帶顏色的食鹽，比如喜馬拉雅玫瑰鹽，在菜餚上桌前才撒上這類鹽的話，可增添它們的溫和風味。這類鹽可為料理增添細緻、酥脆的口感。

晶體尺寸：
大、形狀不定

鹽的顏色

多數的鹽晶體為白色，通常有點透明。因為含有微量礦物質，可能使顏色有些微差異。

烹調

若在烹調最後階段才加入未精製鹽，其細緻風味可幫助去除食物中的苦味。

科學

將未精製鹽撒於食物表面，一口咬下時，這些鹽粒即釋出豐盛的風味。

未精製鹽

粗岩鹽

太鹹的料裡 該怎麼挽救？

烹調時加鹽必須有節制。

　　很遺憾，鹽一旦放入食物中，就無法移除（見下欄）。不過可以加入糖、脂肪或檸檬汁之類的酸性食材來促使味蕾感受其他的味道，進而平衡鹹味，但是我們的舌頭對鹽味的敏銳度極高，因此這種方法往往不見效。有些廚師建議加入馬鈴薯來吸收多餘鹽分，菜餚上桌前再把馬鈴薯取出即可，但是科學研究結果顯示這個方法行不通。馬鈴薯在烹煮過程中只會吸收極少量的煮汁，但是它們不會吸鹽。取出馬鈴薯時，醬汁的鹹度沒有改變。要挽救一道過鹹的菜餚，最可靠的方法是加入更多液體來稀釋。加入更多食材也稍有效果，可將過鹹醬汁分散到更多的食材上，那麼每次入口的醬汁就不會那麼鹹。

「化學」醬油

塑膠小袋包裝的醬油通常是非自然發酵的「化學」醬油。製作方式是在榨過油的脫脂大豆粉裡加入強酸鹽酸。這個步驟可將澱粉和蛋白質分解為糖分與胺基酸，接著加入碳酸鈉（洗滌鹼）來減緩或中和會燒灼喉嚨的酸度。最後利用玉米糖漿來添加風味和顏色，它們的味道其實很差，需要混入真正的釀造醬油來調和。

袋裝醬油

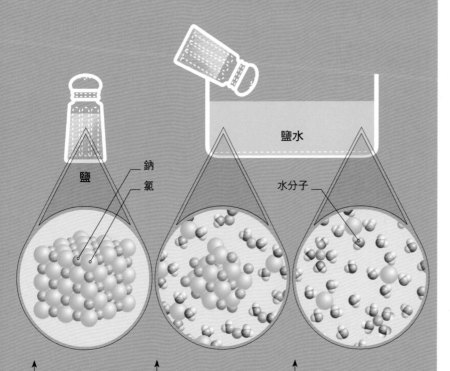

鹽水

鹽

鈉
氯

水分子

鹽的結構
鹽是由鈉原子與氯原子構成（見第202～203頁）。這些原子相遇時會緊密結合，形成網格狀晶體。

水如何與鹽產生作用
鹽一被放入醬汁裡，水分子即聚集包圍住鹽晶體，並開始把鈉原子和氯原子分隔開來。

原子的分離
鈉原子和氯原子由水分子緊緊包圍，並維持分離狀態，因此鹽一旦接觸到液體就無法被篩隔取出。

淡色醬油的風味和用法

淡色醬油質地稀薄，鹹味較重。

每天都能派上用場的萬用調味品，可為食物增加鹹味和額外風味。

可作為炒菜時的醬汁。

用於淡色肉，比方雞肉的調味，可避免讓肉色變深。

用來當壽司沾醬，可增添溫潤風味。

澆淋在冷盤菜餚上，或是作為餃子沾醬。

淡色醬油和深色醬油，
烹調時使用哪一種比較好？

醬油飽含鮮味，兼具酸味、甜味和可口鹹味，可讓一盤無味的白飯變得色、香、味俱全。

許多人以為淡色醬油只是一般醬油的稀釋版。事實並非如此。此外，雖然以「淡」為名，淡色醬油也無關乎更「低」的熱量。淡色醬油和深色醬油的成分截然不同，用途也大不相同（見下欄）。

醬油的製作始於將煮熟的大豆與焙炒過的小麥混合。接著經過兩階段的發酵。第一階段使用麴菌（Aspergillus）來將澱粉分解為糖。三天後進行第二階段發酵。這次加入

鹽、酵母菌和乳酸桿菌（Lactobacillus），菌種會消耗掉糖分，產生氣味強烈的乳酸。約需6個月的發酵，深色醬油則需要更長時間的發酵來釀成更濃厚的滋味。在發酵過程中，其他種類的細菌也會將平淡大豆的各個成分分解為風味分子，這些芳香分子帶來我們所熟悉的醬油味。釀造醬油含有約2%酒精，特別是大豆蛋白質都被分解為一種稱為麩胺酸的胺基酸，是它們賦予醬油美妙的鮮味。

留意標籤

避免購買含有水解植物蛋白的醬油，這種成分代表它是廉價的化學醬油。

淡色醬油 ▲

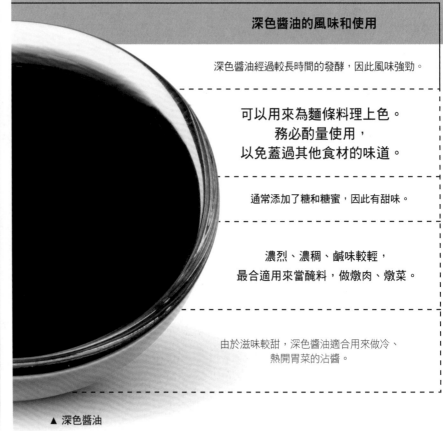

▲ 深色醬油

深色醬油的風味和使用

深色醬油經過較長時間的發酵，因此風味強勁。

可以用來為麵條料理上色。
務必酌量使用，
以免蓋過其他食材的味道。

通常添加了糖和糖蜜，因此有甜味。

濃烈、濃稠、鹹味較輕，
最合適用來當醃料，做燉肉、燉菜。

由於滋味較甜，深色醬油適合用來做冷、
熱開胃菜的沾醬。

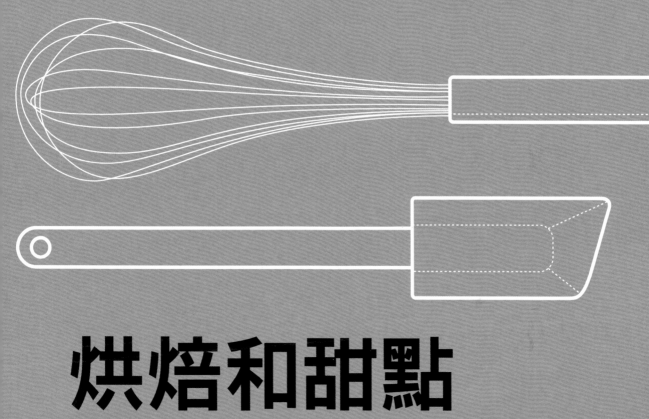

烘焙和甜點
BAKING & SWEET
THINGS

聚焦 麵粉

麵粉是廚房裡絕對少不了的必備品。無論是甜點或鹹味菜色，它都可作為增稠劑和結合劑，它也是多數現代烘焙食品的主材料。

小麥麵粉是廚房裡重要的常備品。麵粉是將乾燥小麥粒碾磨而得。碾磨過後，小麥粒的三個部分——澱粉質核心（胚乳）、充滿纖維的外殼麩皮，以及營養豐富的胚心（胚芽）——經過篩理分開，最具風味的褐色麩皮和胚芽都會遭捨棄不用，因為它們的油脂容易酸敗。所有麥粒都含澱粉，將小麥麵粉加水一起和麵，接著揉捏，比如製作麵包的過程，麵粉裡的兩種蛋白會形成麵筋，這種非常強韌、有延展性的物質能抓住氣泡，幫助麵團在烘烤中達到膨脹效果。麵粉的蛋白質含量有高低之別，含量越高，麵團能形成的麵筋也越多。你在使用麵粉製作料理時，應該考量其蛋白質含量，選擇最合適的一種。（見右欄）

營養豐富

全麥麵粉含有小麥粒的麩皮和胚芽，它們是最具風味的部分，富含纖維質、蛋白質和多種營養素，像是鐵質、維他命B群等。

認識你所使用的麵粉

麵粉有五花八門的種類和顏色，分類取決於精緻程度的高低。白麵粉的精緻程度最高，而蛋白質含量則反映在麵粉的筋度。高、首選是蛋白質含量高的麵粉，形成的麵才有高延展性和彈性。製作糕點餅乾的話，澱粉才是主要成分，麵筋大多會使得質地過於密實，因此蛋白質含量低的麵粉才適合，義大利麵需要足夠的麵筋做出彈牙度，但是筋度也不宜太高，否則麵團難以揀開。

蛋白質含量高的麵粉

高筋麵粉

也稱為麵包專用麵粉，它是以硬質小麥研磨製成，蛋白質含量高，可形成高量的麵筋網絡，在製作麵包時，這種彈性泡的麵筋網絡能抓住氣作麵團可在烘烤中影響膨脹得很好。

蛋白質含量：
12-13%
澱粉含量：
每100公克66.8公克

全麥麵粉

全麥或「全穀」麵粉保有麩皮與胚芽。「半全麥」麵粉保有一些麩皮。「多穀」物麵粉則是用多種穀物磨製而成。這些種類的麵粉可製出風味更佳、營養更豐富的麵包。

蛋白質含量：
11-15%
澱粉：每100公克

烹調

揉捏和靜置可使麵筋形成並加強連結。加入酵母的話，麵筋網絡能抓住氣泡。

科學

剛磨製好的新鮮麵粉存放的時間越久，空氣裡的氧和蛋白發生反應，麵粉的筋度就越來越高。

麵筋

麵筋氣泡變大，因此烤出的麵包體積會增加。

蛋白質含量中等至低的麵粉

00號麵粉

也被稱為義大利麵專用麵粉，00號麵粉為義大利分級標準的最細麵粉。它的蛋白質含量約在7至11%之間，予麵條口感又不致過硬。00號麵粉也可用於酥皮點心、蛋糕和餅乾製作。

蛋白質含量：
7–11%
澱粉含量：每100公克
68.9公克

普通白麵粉

經過精製，不含麩皮與胚芽的白麵粉，通常會添加在這兩個部位所含的營養成分。這種通用麵粉可給予烘焙甜點細緻質地，也可作為醬汁的增稠劑。

蛋白質含量：
7–10%
澱粉含量：每100公克
76.2公克

自發麵粉

這類麵粉本身已含發粉。只要加水混合，發粉中的碳酸氫鈉就會起反應，釋出二氧化碳，讓麵團膨脹起來。

蛋白質含量：
7–8%
澱粉含量：每100公克
74.3公克

全麥麵粉

篩理和分開

由於全麥麵粉在碾磨過程保留小麥粒的每個部分，它們的顏色比精製麵粉來得深，質地也更粗糙。

妥善保存

全麥麵粉的貨架壽命比精製麵粉更短，因此必須存放於陰涼處，避免陽光直射。

澱粉

澱粉支撐蛋糕麵糊裡的氣泡。

烹調

蛋白質含量低的麵粉是由澱粉賦予麵團予麵筋形成結構和質地，不會形成麵筋而導致口感變硬。

科學

在含奶油的蛋糕麵糊裡，澱粉可強化氣泡壁，因此氣泡在烘烤中可維持定型。

麵粉 為什麼需要過篩？

*過篩麵粉這種沿襲已久的做法
是為了將磨製的麵粉篩成細膩粉狀。*

如今的市售麵粉，經過研磨和篩濾，顆粒直徑都在0.25公釐以下。不過，製作蛋糕時，過篩麵粉仍然是非常關鍵的步驟。這麼做並不是為了分解小麥澱粉粒，而是要將麵粉袋裡因存放或擠壓而結塊的麵粉打散開來，讓粉粒之間充滿空氣。做蛋糕麵糊所需的粉類原料都有必要過篩，篩完的麵粉整體會蓬鬆起來。如果不過篩，麵粉裡的小硬塊一旦遇水會黏得更緊，再怎麼攪拌、攪打都打不散。這些結塊會讓麵糊裡的氣泡壁變得厚實，影響打發效果，造成蛋糕口感較為硬實。

高速攪拌

食物處理機可用來打散蛋糕麵糊所需的麵粉，過篩步驟變得不是絕對必要，但仍然很重要。

「過篩可讓麵粉充滿空氣，
將袋裝麵粉或多或少會有
的結塊打散開來。」

不需要過篩

製作麵包時，麵粉過不過篩的影響不大，因為在揉捏麵團的過程中，麵粉會受到反覆擠壓。

加入**未過篩的麵粉**直接把麵粉倒進容器裡，不經過篩，麵粉顆粒聚集得很緊密。

加入**過篩的麵粉**將同等份量的麵粉用細目篩網篩過以後，麵粉整體體積會增加50%，因為原本緊密靠攏的顆粒已分散開來。

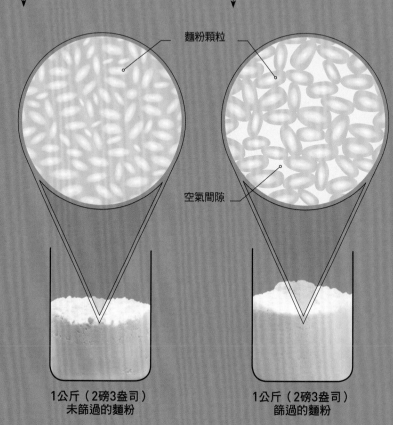

麵粉顆粒

空氣間隙

1公斤（2磅3盎司）
未篩過的麵粉

1公斤（2磅3盎司）
篩過的麵粉

為什麼
烘焙食譜都建議加鹽呢？

人體天生就需要鹽分，因此人的味蕾對鹹味的感受更強。

鹽能夠提升幾乎所有食物的風味，因為鮮味、甜味、酸味受器可因為鹽的刺激變得更敏銳，而苦味受器的感受變得較遲鈍。鹽加得太多可能會過鹹，但只需少量就能影響味蕾對甜味的感受：在一杯加了一茶匙糖的茶裡多放一小撮鹽，嚐起來的甜味就相當於加入三茶匙的糖。

在蛋糕麵糊裡加入過多的糖，會使得成品質地太過柔軟，因為糖會吸水，影響蛋白質的分解和重組，使得麵糊的網狀結構較不穩固（如果在甜麵包麵團裡加糖，它們對麵筋蛋白質也有同樣的作用，會弱化麵筋網絡）。因此，要增加甜度又不影響蛋糕質地，加鹽是最簡單的方法。

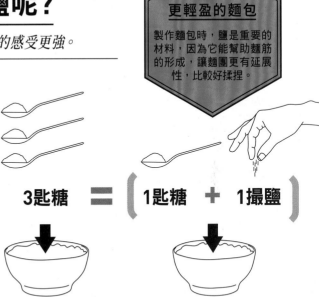

更輕盈的麵包

製作麵包時，鹽是重要的材料，因為它能幫助麵筋的形成，讓麵團更有延展性，比較好揉捏。

3匙糖 ＝ （ 1匙糖 ＋ 1撮鹽 ）

可以用
發粉取代小蘇打粉嗎？

雖然這兩種粉都是膨發劑，但一個關鍵的差異點，使得兩種粉類各有適用用途。

在膨發劑發明問世以前，製作烘焙食品時，必須靠大力攪打把氣泡打入麵糊裡。

小蘇打粉和發粉能產生氣體，在麵團、麵糊裡形成氣泡，但是這兩種粉的成分左右了它們的適用範圍。小蘇打粉需要有酸才能讓蛋糕麵糊膨發起來（見右欄），而發粉本身已添加了酸性粉末。如果你想用小蘇打粉取代發粉，每茶匙發粉相當於0.25茶匙小蘇打粉加0.5茶匙酸性物質，比方塔塔粉。反之，每一茶匙小蘇打粉可用3至4茶匙發粉替代，不需加入塔塔粉。要注意，有些烘焙食譜使用小蘇打粉是為了平衡其他食材的酸味。

了解差異

小蘇打粉

又稱烘焙蘇打，是一種鹼性化學蓬鬆劑，或稱膨發劑。

作用原理：小蘇打粉需要加入酸才會發生化學反應，產生二氧化碳來使蛋糕膨發。塔塔粉、發酵白脫乳、優格、果汁、椰子、黑糖或黑糖蜜都有酸。

適用於：用於製作餅乾，可避免後期的膨發（見右欄）導致餅乾成品像蛋糕一樣鬆軟，而欠缺酥脆口感。

發粉

它含有蘇打粉（見左欄）和酸性粉末。

作用原理：它混合了酸性物質來做出現成可用的膨發劑。這種粉末一接觸到水就會產生氣泡，即使入了烤箱也繼續發泡。有些發粉混合了兩種酸性物，一種會馬上發生反應，另一種在烘烤階段才會產生氣體，帶來第二次膨發，因此稱為「雙效」發粉。

適用於：非常適合用在蛋糕製作，二次的膨發可讓蛋糕膨脹得更高。

哪種脂肪
最合適使用在烘焙製作

每種脂肪各有其優缺點。

在烘焙製作上，脂肪可使成品變得柔軟，讓蛋糕更蓬鬆，讓酥皮更層層分明。它們能防止水與麵粉混合在一起，減緩麵筋的形成。脂肪分子也能防止麵筋纖維連結得過於緊密，否則筋度過強，蛋糕質地會太扎實，酥皮會變得粗硬。因此，一種脂肪的含水量會影響烘焙成品的口感。

口感固然是一個考量，但也要考慮能否抓住氣泡、使用的簡便度、風味和口感。人造奶油和植物起酥油可造就質地非常輕盈的蛋糕，用於酥皮製作上，也不似奶油不容許出錯，但就酥皮和餅乾的風味，奶油的效果出類拔萃。右邊的圖表詳列各種脂肪在烘焙製作上的優點，以及適合適的用途。

質地

如果蛋糕麵糊不可拌和太久，例如加入水果的馬芬麵糊，那麼可使用液態油這類純油脂來達成輕盈質地。

剛出爐的
馬芬蛋糕

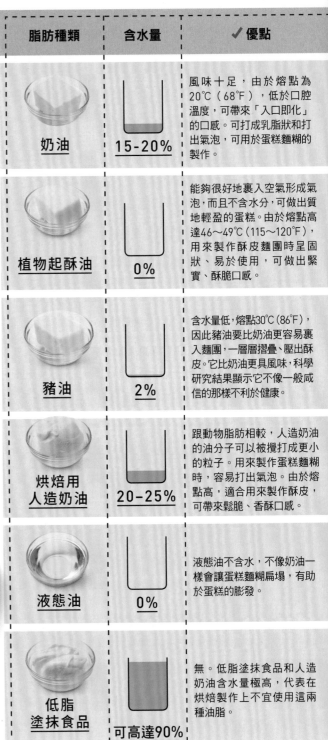

脂肪種類	含水量	✔ 優點
奶油	15-20%	風味十足，由於熔點為20℃（68℉），低於口腔溫度，可帶來「入口即化」的口感。可打成乳脂狀和打出氣泡，可用於蛋糕麵糊的製作。
植物起酥油	0%	能夠很好地裹入空氣形成氣泡，而且不含水分，可做出質地輕盈的蛋糕。由於熔點高達46～49℃（115～120℉），用來製作酥皮麵團時呈固狀、易於使用，可做出緊實、酥脆口感。
豬油	2%	含水量低，熔點30℃（86℉），因此豬油要比奶油更容易裹入麵團，一層層摺疊、壓出酥皮。它比奶油更具風味，科學研究結果顯示它不像一般咸信的那樣不利於健康。
烘焙用人造奶油	20-25%	跟動物脂肪相較，人造奶油的油分子可以被攪打成更小的粒子。用來製作蛋糕麵糊時，容易打出氣泡。由於熔點高，適合用來製作酥皮，可帶來鬆脆、香酥口感。
液態油	0%	液態油不含水，不像奶油一樣會讓蛋糕麵糊扁塌，有助於蛋糕的膨發。
低脂塗抹食品	可高達90%	無。低脂塗抹食品和人造奶油含水量極高，代表在烘焙製作上不宜使用這兩種油脂。

X 缺點	最適用於
不易用於酥皮麵團的製作。冷藏過的奶油很難裹敷上去，卻在20℃（68℉）即融化，液汁流出會導致酥皮麵團變硬。用來製作海綿蛋糕，口感會偏扎實。	給予酥皮和餅乾美味和口感。用於蛋糕的話，它的風味較不突出，口感差別也不大。
欠缺風味。不會「入口即化」，因為它在口腔的溫度環境下仍為固態，可能使酥皮嚐起來有油膩感。這種人造產品若含有氫化脂肪（又稱反式脂肪），則不利健康。	可讓海綿蛋糕膨發得很高、質地變輕盈、口感蓬鬆細綿。用於酥皮製作可造就薄而酥脆的質地，但是口感和風味可能平平。
它帶有淡淡鮮味芳香，不適宜用來製作烘焙甜食。超市販售的一些豬油都是經過氫化處理，用以延長貨架壽命，含有有害健康的反式脂肪。	為鹹味糕點和酥皮增添滋味。
人造奶油的製作方法跟植物起酥油類似，因此也欠缺風味，用它來製作酥皮可能導致口感油膩。含水量高於植物起酥油。	可造就輕盈、蓬鬆、膨發得很好的海綿蛋糕，口味和奶油幾無差異。選擇脂肪含量至少80%的烘焙用人造奶油，即可做出質地最輕盈的蛋糕。
無法打發成乳脂狀和打出氣泡，因此只適用於單憑膨發劑來增加體積的蛋糕麵糊。也由於它無法把麵團分層，無法用於製作酥皮。	可用於不需打發的蛋糕麵糊，例如胡蘿蔔蛋糕，液態油可帶來輕盈、溼潤質地。也可用於鬆脆酥皮，作為固體油脂的替代品。
無法打發成乳脂狀，無法打出氣泡。含水量高，用來製作蛋糕的話，質地也會鬆軟厚重，無法用來製作酥皮。	無。人造奶油也和低脂塗抹食品一樣，由於含水量太多，不適用於烘焙製作。

這個步驟有多麼重要？

花一點時間預熱烤箱是有好處的。

　　充分預熱烤箱，可確保烘烤過程中溫度能保持穩定。預熱代表要先空烤一段時間，使烤箱內的空氣和金屬內壁都達到設定的溫度。很熱的金屬內壁就如同「散熱片」，可將熱能輻射出去，烤箱內腔溫度能夠維持穩定。每次開啟烤箱門，裡頭的熱空氣都會溢散出來；如果金屬壁是冰冷的，小型加熱管必須耗費一點時間才能讓空氣回到原本的溫度，而已經熱燙的金屬壁可快速讓溫度回升。

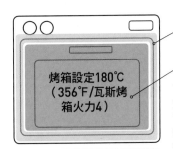

內壁仍是涼的。

烤箱內部空氣溫度已達到設定溫度。

15分鐘的預熱
空氣變熱的速度比金屬快，當溫度計顯示烤箱內部空氣溫度已達設定值，內壁仍可能是涼的。

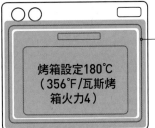

內壁已達到設定的溫度。

30分鐘的預熱
視烤箱大小和功率不同，可能需要30分鐘甚至以上的時間打造出「散熱片」般的熱燙內壁。

破除迷思

― 迷思 ―

打開烤箱門會讓烘烤中的蛋糕扁塌

― 真相 ―

你是否確實將烤箱預熱呢？你烤的蛋糕之所以會塌掉，是因為你在烘烤的關鍵階段打開烤箱門，以致烤箱內部溫度下降，但是充分預熱的烤箱，可確保此溫度下降只是短暫現象，要避免蛋糕塌掉，你必須儘快關上烤箱門，動作盡可能輕柔。

蛋糕
為什麼膨不起來？

了解蛋糕烘焙背後的化學原理，有助於揪出是哪個環節出了差錯。

蛋糕烘焙會歷經三個階段。首先是膨發階段，甜點麵糊會膨脹起來。第二個階段為定型，麵糊裡的孔洞或氣泡會就此定著。最後階段為「褐變上色」。

你攪打麵糊的方式、使用的材料份量和烤箱溫度，都會影響到蛋糕是否能夠成功膨發。一般烘焙溫度在175～190℃

（347～374℉/瓦斯烤箱火力4～5）之間，但是家用烤箱的溫度計通常不可信，溫差可能高達25℃（77℉）。先空烤預熱烤箱，可確保烤箱內溫度維持恆定，就算在烘烤過程中打開烤箱門，也可迅速回復溫度（見第213頁）。下面欄表詳列烘焙流程，並探討每個階段有哪些原因會導致蛋糕無法膨脹。

蓬鬆的混合料

若使用食物處理機來製作麵糊，將奶油和糖攪打至少2分鐘來做出輕盈混合料。

蛋糕烘焙三個階段

第一階段：膨發			第二階段：定型	
0-80℃（32-176℉）			**80-140℃（176-284℉）**	

發生了什麼？

氣泡擴張	第二次膨發	更大的氣泡	蛋白質鬆展	澱粉吸收水分
發粉開始發揮作用。乳脂狀麵糊裡的氣泡開始擴張，隨著溫度升高，發粉產生二氧化碳的速度越來越快。	如果使用了雙效發粉（見第211頁），麵糊加熱到50℃（122℉）時，第二種酸性成分會開始發揮作用，生成更多氣體來幫助蛋糕的膨發。	麵糊加熱到70℃（158℉）時，水分開始快速蒸發。水蒸氣使得麵糊裡的氣穴擴張得更大，氣泡繼續生成。	加熱到80℃（176℉）時，蛋的蛋白質分子開始鬆解展開，然後重新鍵結，形成堅實的膠狀物。由於缺少麵筋，由蛋的蛋白質給予麵糊結構支撐，造就蛋糕的質地和口感。蛋糕麵糊裡是否加了足夠的蛋量至關重要。	隨著蛋糕逐漸定型，麵粉裡的澱粉會吸收水分，開始「糊化」作用，蛋糕的質地也因此變得鬆軟。糖會減緩澱粉的定型，因此很甜的蛋糕需要更長的烘烤時間才能定型。
打入蛋糕麵糊的空氣。	形成新的氣泡。	蒸氣讓氣泡膨脹得更大。	蛋白質在氣泡周圍重新鍵結。	澱粉形成鬆軟質地。

哪裡會出差錯？

攪打得不夠	份量錯誤	厚重麵糊	錯誤的溫度	
如果奶油和糖未經過充分攪打，打發成乳脂狀，它們並無法形成足夠多的氣泡。打發的奶油和糖質地應該輕盈、蓬鬆，不會沾黏在碗底。	如果膨發劑的份量不足，就不會產生足夠多的氣體，蛋糕就無法膨脹；但加太多的話，會使麵糊充滿太多氣體而扁塌。	麵粉或液體若加得太多，或是過度打發，會形成厚實的麵筋，麵糊可能會變得厚重。最好先將麵粉過篩，避免使用到結塊的麵粉（見第210頁）。	若烤箱的溫度太熱，氣泡還未擴張到讓蛋糕膨發時，麵糊的外層即已定型。內部的氣泡會從蛋糕表面爆開而產生裂痕。如果烤箱溫度不夠熱，蛋糕會來不及定著膨脹的氣泡，它們會聚合成更大氣穴，蛋糕糕體就會扁塌。	

為什麼蛋糕會變硬，
而餅乾會變軟？

只要知道這些甜食裡的各種成分比例，
即可明白它們如何隨著時間改變狀態。

蛋糕放久會變乾和變硬，是因為海綿結構中的水分會蒸發，澱粉定型為堅硬的「晶體」，這個過程稱為「回凝」（見下欄）。這個過程在冰冷環境下會加速，因此蛋糕最好都放於烤盤裡，置於室溫環境下，也別把麵包放進冰箱冷藏。餅乾則是因為糖分多，它們可維持溼潤。糖分子能吸水，亦即有「吸水性」（見下欄），因此餅乾放越久會越溼軟。蜂蜜和黑糖（含有糖蜜）的吸水性高於白砂糖，如果你想做出更黏稠的蛋糕或布朗尼，可用它們取代砂糖。

第三階段：褐變上色

高於140℃（284℉） ✔

表面已經乾燥，糖和蛋白質在溫度140℃（284℉）時會相互作用，觸發梅納褐變反應（第16～17頁），產生金褐色表層，帶來滿室的烤蛋糕芳香。隨著水分逸散，蛋白質萎縮，蛋糕從烤模分離。

梅納反應使酥脆表層形成。

理想的膨發效果

適合的烤模

在過大的烤模裡，蛋糕膨脹的高度較低，也乾得更快，因為麵糊接觸到熱空氣的面積更大。

烤過頭

如果烘烤時間太長，蛋糕會變乾。在溫度160～170℃（320～338℉）時，它表面的糖分會開始焦糖化，帶來堅果味、奶油香，但是在180℃（356℉）時，表面會燒焦，因此掌握時間很重要。

完全失敗 ✗

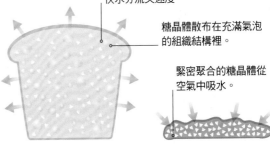

充滿氣穴的構造加快水分流失速度。

糖晶體散布在充滿氣泡的組織結構裡。

緊密聚合的糖晶體從空氣中吸水。

蛋糕

回凝

水分從蜂巢般的澱粉質海綿結構蒸發，導致膠狀澱粉失去水分，聚合為乾燥的晶體，這個過程稱為回凝。

餅乾

吸水性

糖有吸水性，代表餅乾裡的糖會吸收周遭空氣的水分，因此餅乾放越久會越溼。

「蜂蜜和黑糖的
吸水性非常高，因此很適合
用於製作軟質餅乾。」

什麼是 **酸麵團酵頭**？

從近千年以前，烘焙師傅就懂得將一部分溼潤、
充滿氣泡的已發酵麵團保留下來，
作為下一批麵包製作的酵頭。

　　如今，經過淨化、乾燥處理的酵母顆粒唾手可得，烘焙師傅不再需要把酵母留在手邊，也就是保留一塊已發酵麵團作為下一批麵包的「酵頭」。不過，隨著一股傳統手工食物熱潮的興起，這種酵頭發酵方法也重新獲得青睞。酸麵團是培養野生酵母來做出的麵團，跟乾燥酵母粉所製出的麵包相比較，酸麵團做出的麵包具有更繁複、多層次的風味。這是因為一塊酵頭裡養有多種酵母，也帶有小麥被碾磨成粉時繁殖的多種細菌。由於每塊酸麵種酵頭裡的野生酵母菌、雜菌組合絕無雷同，每次製出的麵包風味必然略有差異。乳酸桿菌（Lactobacillus）（就如任何其他讓牛奶發酸的菌種），以及麵團裡存在的產酸細菌，會產生乳酸和乙酸，賦予麵包獨特的酸味。

　　在網路上買得到萃取自酸麵團酵頭的酵母（和其他微生物）顆粒，不過自製酵頭並不難（見右邊欄表）。

培養酸麵團酵頭

時間	怎麼做
第1天	・將200公克（7盎司）麵包專用麵粉和200毫升（7液量盎司）溫水放入一個大玻璃罐，攪拌到成為麵糊。用可透氣的布蓋住罐口，用橡皮筋束住。 ・將罐子置放於溫暖（不是炎熱）的地方。麵粉裡的酵母菌和細菌會開始繁殖。
第3-6天	・在第3天或第4天，當麵團表面開始出現氣泡時，取出一半麵團，即約莫200公克（7盎司）的份量。接著加入100公克（3.5盎司）麵包專用麵粉和100毫升（3.5液量盎司）水，將它們和麵團攪拌均勻。這麼做是為了餵給酵母養分，讓它們快速繁殖，否則它們的總數量會穩定下來，並且開始死亡。每天都重複同樣的步驟。 ・表面會出現啤酒泡沫般的氣泡，將它們舀除掉或攪拌均勻即可。
第7-10天	・麵團應該已經產生許多泡沫，有發酸、啤酒般的氣味。 ・在這個階段，就可以使用它來製作麵包了。取半個麵團來作為麵團酵頭，繼續用麵粉和水餵養另外半個。製作麵包時，麵粉和麵團酵頭份量為2：1。 ・如果經過10天都不見產生氣泡，就必須重新培養。

二氧化碳氣泡

乳酸桿菌

其他種類的
產酸細菌

酵母

其他種類的
野生細菌

↑ 顯微鏡下的酸麵團
培養出的酸麵團酵頭，含有多種可增添麵包滋味和口感的菌種。肥料和農藥會影響麵粉裡的細菌和酵母菌數量，因此盡可能選用有機或野生二粒小麥（如果你找得到的話）麵粉。

如果你不常烘焙麵包，可把酸麵團酵頭存放在冰箱裡，每隔兩星期再取出餵養即可。不過要記得，準備做麵包前，必須先把酵頭取出餵養，並置放在溫暖室溫環境下24小時。

做出理想的 麵包麵團的基本訣竅有哪些？

只要稍微了解麵筋形成的原理，要做出基本的麵包麵團其實很簡單。

製作麵包的方法並不存在唯一的正解，問十二個烘焙師傅是怎麼做麵包的，你會得到十二個不同的答案。最基本的麵包麵團只用到麵粉與水兩種原料。

製作麵團

用麵粉和水拌和而成的麵團，包含了彼此相連的蛋白質分子、澱粉和水分子。麵粉裡有麥穀蛋白（glutenin）和麥膠蛋白（gliadin），將兩種蛋白質結合起來就形成延展性高的蛋白質長鏈，稱為麵筋蛋白。拌和與揉製的步驟至為關鍵，因為可幫助蛋白結合成強韌的麵筋網絡（見下圖）。此麵筋網絡一旦遇熱，就會包住氣體，接著定型，烘烤過的麵包所具有的質地和組織構造就是拜麵筋之賜（見第220～221頁）。

27°C

27°C（81°F）是加入酵母的麵團膨發的理想溫度。再高的話，麵包嚐起來的「酵母味」會太重。

麵包膨發

酵母、發粉或小蘇打粉都會將質地密實的扁平麵團轉變為充滿氣穴、膨發的麵包。這三種材料在遇熱時都會產生氣體使麵團膨脹。酵母這種微小的菌種是最受歡迎的膨發劑，因為它可賦予麵包成品風味與蓬鬆質地。

製作麵包麵團

麵包製作的前半階段非常重要，做得好才能確保烘烤出理想成品。酵母需要先泡水，有發酵良好、形成強健麵筋結構的麵團，才能烤出鬆軟、有彈性、風味十足的麵包成品。以下這道食譜是使用酵母膨發的白麵包，不過你也可以改用酸麵團酵頭（見第216頁）或改用全麥麵粉（見第208～209頁）。

實作

#1　#2　#3

讓空氣進入麵粉當中

將750公克（1磅10盎司）高筋白麵粉放入大碗裡。加入15公克（0.5盎司）速成乾酵母和2茶匙鹽，與麵粉充分混合均勻。酵母會將麵粉的澱粉轉化為糖分，然後代謝糖分，產生二氧化碳和乙醇，麵包即可膨發起來。鹽可為麵團帶來風味，強化麵筋網絡，同時防止酵母繁殖得太快而讓麵包有「酵母味」。

用溫水浸泡酵母

在乾麵粉中間撥出一個凹洞，倒入450毫升（15液量盎司）溫水。麵粉裡的澱粉會吸收水分子，然後膨脹，有助形成厚實麵團。麵粉裡的麥穀蛋白和麥膠蛋白在潤溼後會結合在一起，進而形成麵筋。溫水可融解乾酵母並喚醒它們的活性，酵母即開始繁殖。

拌和來形成麵筋

把麵粉逐漸拌入液體當中，以木湯匙攪拌到所有麵粉都與水融合，再也沒有乾粉剩下。攪拌可促進更多麵筋蛋白形成，開始黏合成網絡，麵包的結構和質地即取決於此。繼續用木匙攪拌，直到麵團變得柔軟、有黏性，但不再沾黏在碗面。

#4

揉製麵團以強化麵筋

在工作檯上撒一點麵粉，開始揉製麵團，動作有兩個：朝自己方向將麵團摺回來，接著用掌根將它向前推搓。轉動麵團往回收攏，接著再次向前推搓。如果麵團太黏不好揉，先靜置1～2分鐘讓麵粉裡的澱粉再吸收一下水分。

#5

揉到麵團變得柔滑有延展性

重複推出去和摺回來的動作，持續5至10分鐘。揉這麼久是為了幫助麵團裡的蛋白質形成有延展性的麵筋網絡。在烘烤過程中，此網絡結構會裹住酵母釋出的氣體，接著讓這些氣穴定型，造就出質地恰到好處的麵包。繼續把麵團揉到滑順和有延展性，肉眼見不到任何結塊為止。

#6

靜置讓麵團膨發

將揉好的麵團捏揉成球狀，置入一個大碗（碗面抹上一層薄油）裡。以抹了一層油的保鮮膜（以防沾黏）蓋住麵團，在室溫下靜置1至2小時，讓它膨發（見第220頁）。在這段時間中，澱粉酶會將麵粉裡的醣類分解為糖。酵母代謝此糖分，生成乙醇和二氧化碳，使得麵團膨脹起來。

為什麼 麵團必須先發酵再烘焙？

花一點時間讓麵團發酵可增進風味和質地。

　　酵母這種單細胞真菌可讓麵包膨發起來，不過酵母發酵的時間越長，好處越多。除了可產生二氧化碳氣泡，使得麵包膨發、體積增大，酵母也能產生多樣的風味化合物，賦予麵包豐富的風味。

地變得更滑順。小小的酵母單細胞將麵粉中的醣類分解為糖，再代謝糖類來生長和繁殖，這過程會產生乙醇和其他化學物質，它們一起協同作用，造就出麵包的結構和風味。

預先製作麵團

你可將麵團冷藏在冰箱裡發酵一夜，低溫環境會減緩酵母活性，有助發展風味。

第二次膨發

　　在耗費時間的第一次膨發以後（見第218～219頁），很重要的一個步驟是將膨發麵團裡的空氣擠壓出來，準備好做第二次膨發，或稱「發酵」。將已經產生的氣泡擠掉，可重新形成更多氣穴，讓麵團的質

在熱烤箱裡烘焙

　　市售麵包是以商業用烤箱，即至少260℃（500℉）的溫度烘焙，以確保麵包達到完美的膨發，表皮烤得酥脆。在自家烘焙麵包時，透過預熱烤箱這個步驟，可提升麵包完美出爐的機率（見下欄）。

麵團發酵和烘焙

採用加入酵母來膨發的白麵包食譜（見第218～219頁），以下這個方式可給予酵母充分時間來發酵，做出風味豐富、質地蓬鬆的麵包。在步驟1之後，你可以把麵團分成多塊麵團或麵捲，不一定要揉成一塊大麵團。你也可以將麵團放入冰箱冷藏發酵一夜，以更長的時間培養出更繁複的風味。

實作

#1

將膨脹的麵團壓扁
經過1至2個小時，隨著酵母產生二氧化碳氣泡，揉過的麵團會脹至一倍大。用手指戳麵團，壓痕不會馬上彈回來的話，代表麵筋已完全鬆弛，第一次發酵完成。將麵團取出，放置在撒了麵粉的工作檯面上，拍擊麵團，將它壓扁，接著揉製1至2分鐘。在此過程會有較小的氣泡形成，使得麵團更光滑。

#2

放在烤模裡發酵
將麵團揉成橢圓球狀。將它放入一個1公斤（2.2磅）容量的麵包烤模（烤模壁已抹油防沾）。將乾淨溼布包覆蓋在烤模上，這麼做有助保留麵團裡的水分。將麵團靜置於室溫下的溫暖處，讓它再次膨發，約需1.5小時至2小時，或是待麵團脹大一倍即可。第二次膨發，或稱「發酵」，可讓發酵酵母所釋出的化學物質發展出新風味。

#3

入烤箱烘焙，讓澱粉和麵筋定型
與此同時，將烤箱預熱到230℃（446℉/瓦斯火力8）。將蓋在麵團上的溼布取下，取一些麵粉撒在麵團上，接著將它放入預熱的烤箱。入爐以後，麵團裡的酵母遇熱會生成更多氣體，直到60℃（140℉），酵母就會死亡。隨著乙醇和水分快速蒸發，麵團會變軟——蒸氣會讓麵包裡的氣泡擴得更大。

#4

讓水氣均勻散布

烘烤30至40分鐘，或烤至麵包膨發到理想程度。隨著麵團裡的糖和蛋白質觸發梅納反應（見第16頁），麵包皮應該烤得堅實，呈金黃色。將麵包出爐，置於鐵網上慢慢冷卻。冷卻後再切，如此一來水氣可均勻分布至整個麵包，澱粉也回凝為組織均勻的麵包心（crumb）。

烤箱烘焙 的過程

烤箱烘焙主要是透過加熱爐腔裡熱而乾的空氣，
將熱能傳遞到食物，是相對緩慢的烹調方式。

以烤箱裡高熱、乾燥的空氣來熟化食物是一種緩慢的烹調方法，烤箱的加熱管通常體積小，功率也小。而在經過預熱的烤箱裡，金屬內壁能夠保持空氣溫熱，並且將熱能直接輻射到食物上，內壁越厚的部分發散的輻射熱能越多。跟傳統烤箱相比，旋風式烤箱的烹調速率較快，因為它們內腔的熱空氣流動得更有效率，內腔頂部和底部的溫差可減低。但是在烘焙過程中，只要打開烤箱門，爐腔裡的熱空氣隨即逸散而出，因此預熱烤箱是至為重要的步驟。

增加熱度
可在下層烤架放上一塊披薩石板，造出宛如石製窯爐的環境。這塊石板可保留烤箱底部往上發散的大量熱能，並將它們輻射出去。

控制溼度
往烤箱裡噴灑一點水，或是放幾個冰塊，可增加內部的溼度，縮短烘焙時間。

清潔乾淨
烤箱內壁和門上累積的塵垢會減少熱輻射傳遞的熱能。

箇中乾坤
烘焙麵包過程中，麵團裡的水分和酵母裡的酒精（乙醇）會蒸發，而蒸氣讓麵包裡的氣泡不斷擴大。這個階段的膨脹稱為「爐內膨脹」。麵筋會變硬，澱粉吸收剩餘的水分，麵包內部的澱粉和麵筋網絡就此定型，形成海綿狀構造。

色彩標示
▢ 包圍氣泡的液體
▢ 澱粉、麵筋網絡

在氣泡周圍有一層液體膜，隨著烘焙加熱，它們逐漸變乾。

酵母遇熱會釋出越來越多的二氧化碳氣體，加上水分汽化的水蒸氣，麵團組織裡的氣泡逐漸變大。

了解差異

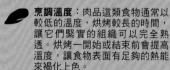

烘焙（baking）
將非固態混合物烘焙至定型。比如馬鈴薯經烘焙會變乾。

烹調溫度：麵包在高溫空氣中烘焙，在整個過程中，溫度通常維持穩定。

風味和質地：質地通常產生明顯的變化，蛋糕和舒芙蕾麵糊和麵包麵團裡的小氣泡，使成品有蓬鬆質地。

烘烤（roasting）
烘烤指的是加熱固態食物，比如肉塊，將食物烤至熟透、烤出金褐色表層。

烹調溫度：肉品這類食物通常以較低的溫度，烘烤較長的時間，讓它們緊實的組織可以完全熟透。烘烤一開始或結束前會提高溫度，讓食物表面有足夠的熱能來褐化上色。

風味和質地：烤箱裡的乾燥熱空氣會使肉類和蔬菜流失水分，不過食物表層通常會抹上油脂來加強褐變反應，達到理想的上色效果。

設定溫度
將烤箱預熱需要的溫度。旋風烤箱的烹調效率比傳統烤箱更快，因此溫度可比食譜指示設得略低一點。

#1

加了風扇的旋風烤箱可讓熱空氣在爐內充分循環流動，將熱空氣送到食物周圍。

取出麵包
麵包膨發後，將它取出。敲敲麵包的底部，如果是空心聲音，代表已烤熟。靜置冷卻至少30分鐘，使水氣均勻散布在整個麵包。

#4

烤箱後壁的加熱管相當小，因此需要一段時間才能將金屬壁加熱到理想溫度。

較高的烤架位置，空氣溫度可能最熱。

循環流動中的空氣，溫度比接近金屬壁的空氣稍低。

麵包內部溫度超過68℃（154℉）時，澱粉麵筋網絡即告定型，麵包不再膨脹。

將麵包置入烤箱
將麵團放入烤箱裡，關上烤箱門的動作要輕柔。開門時，熱空氣會衝出，但是烤箱已經過預熱，爐腔溫度會很快回復到設定的溫度。

#2

#3

熱能傳遞到四面八方
熱空氣往上升，不斷流動，將熱能傳導到食物上。熱燙的金屬內壁既加熱空氣，也將輻射熱傳遞到食物上。

烤箱內壁最厚處會散發最多輻射熱。

為什麼無麵筋麵包
無法膨發得很好？

麵筋除了有助麵包膨發，也可將澱粉質食物黏合在一起，避免麵包的質地易碎。

　　小麥麵粉的用處很大，當它們與水混合時，兩種麥蛋白會結合形成麵筋（見右圖），麵筋具足夠韌度和彈性，可裹住氣泡，使麵團能膨脹起來。不含小麥的麵粉不會產生麵筋，因此這類麵包通常扁平。要補救這一點，必須添加有黏性的增稠劑，比如三仙膠（xanthan gum）就是常用的材料。三仙膠與水混合，可形成厚而黏的膠質，它們的強韌度足以撐住氣泡。讓水與脂肪融合的乳化劑，也是常用的添加物，因為它們易於聚集在氣泡周圍，可安定氣泡。由於其他澱粉類食物的營養價值和質地都比不上小麥，因此無麵筋麵粉通常混合不同種的穀類澱粉，以提供多樣的營養成分，也讓質地更接近小麥麵粉。

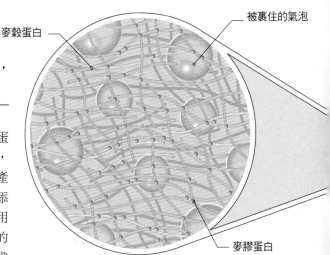

麥穀蛋白　　　被裹住的氣泡

麥膠蛋白

麵筋如何形成並幫助麵包膨發
充分揉製過的小麥麵團充滿麵筋，它們是兩種小麥蛋白，即麥穀蛋白和麥膠蛋白結合在一起而形成。麵筋可裹住酵母所產生的氣體，幫助麵包膨發起來。

為什麼自家烘焙的麵包
不像市售麵包一樣輕軟？

現代麵包是工業化量產的產物，它們已經改良到質地無比輕盈，近乎沒有重量。

　　許多食物在以往得依靠手工勞動來製作，但全球人口成長帶來降低食物價格的需要，以機械代替人工的革新最終也進展到麵包烘焙業，耗時的揉麵團和發酵過程都可用機器代勞，麵包製作所需的時間從此縮短。使用工業級攪拌機和幾個必要材料，工廠即可大量生產麵包，從揉製麵團開始到麵包出爐，花費不到四個小時（見右頁）。強大功率的攪拌機能充分攪拌麵團，麵筋形成的速度非常快，再加上幾種化學添加物，不需要醒麵發酵就能強化麵團網絡，甚至可以用低筋麵粉來製作麵包。市售麵包絕對是方便的產品，值得我們好好了解它的製作過程。

額外的助力
添加乙酸等防腐劑，可讓市售麵包經過七天或更長時間也不長黴。

時間
拌和和揉製麵團，靜置發酵，接著烘焙，全部步驟總共需耗費六小時以上的時間。

顏色和質地
自家烘焙的麵包成品會如實呈現使用的麵粉顏色；白麵包通常帶黃色，而不是完全純白。若使用更多的麵粉，或靜置更久時間讓麵筋網絡強化的話，成品質地會更密實，更有嚼勁。

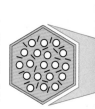

味道
用更多時間來發酵的自家烘焙麵包，會有更重的「酵母味」。它的質地組織會比市售麵包更密實，因此小麥風味會更鮮明。

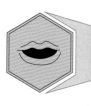

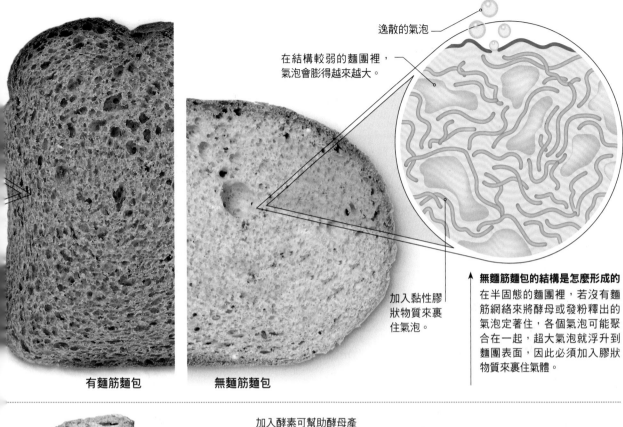

逸散的氣泡

在結構較弱的麵團裡，
氣泡會膨得越來越大。

加入黏性膠
狀物質來裹
住氣泡。

無麵筋麵包的結構是怎麼形成的

在半固態的麵團裡，若沒有麵
筋網絡來將酵母或發粉釋出的
氣泡定著住，各個氣泡可能聚
合在一起，超大氣泡就浮升到
麵團表面，因此必須加入膠狀
物質來裹住氣體。

有麵筋麵包　　　**無麵筋麵包**

加入酵素可幫助酵母產
生更多氣體。

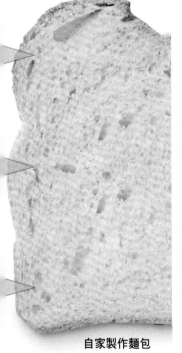

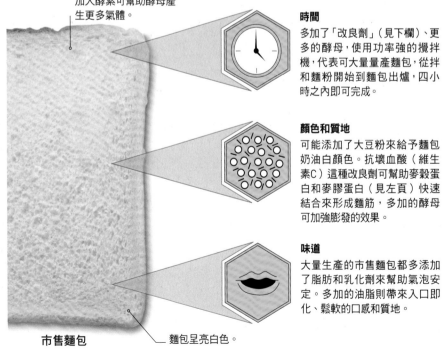

時間

多加了「改良劑」（見下欄）、更
多的酵母，使用功率強的攪拌
機，代表可大量量產麵包，從拌
和麵粉開始到麵包出爐，四小
時之內即可完成。

顏色和質地

可能添加了大豆粉來給予麵包
奶油白顏色。抗壞血酸（維生
素C）這種改良劑可幫助麥穀蛋
白和麥膠蛋白（見左頁）快速
結合來形成麵筋，多加的酵母
可加強膨發的效果。

味道

大量生產的市售麵包都多添加
了脂肪和乳化劑來幫助氣泡安
定。多加的油脂則帶來入口即
化、鬆軟的口感和質地。

自家製作麵包　　　**市售麵包**　　麵包呈亮白色。

為什麼
酥皮麵團不可「揉過頭」？

製作輕盈、酥脆的酥皮時，
務必拋開製作麵包麵團的手法。

　　麵筋只有在麵粉溼潤時才會形成，因此酥皮麵團需要加入足夠的水來產生具延展性的麵筋，以利後續的摺疊，但也不可加太多水，否則過多的麵筋會導致酥皮堅韌、吃起來像橡膠一樣有嚼勁。把冷藏過的奶油和進麵粉，揉出一個個小脂肪塊以後，就加入冷水，每100公克（3.5盎司）麵粉需3至4湯匙水。很關鍵的一個要訣在於，加水以後，拌和麵團和擀壓的動作越輕柔越好，以免形成過多麵筋。在擀開後會馬上回彈的麵團就是揉過頭了。可再添加麵粉和奶油來分開麵筋纖維。

了解差異

酥皮麵團

處理酥皮麵團的時候必須維持雙手不發熱，以盡可能減少麵筋的生成。

 質地：要做出酥脆、輕薄的酥皮，不可有太多強韌、有彈性的麵筋，否則成品質地會太硬實。

麵包麵團

製作麵包麵團時，反覆揉製的目的是為了形成大量麵筋。

 質地：要做出柔軟、有彈性的麵包組織，需要大量強韌、高延展性的麵筋來裹住氣泡，麵團在烘烤過程中便能膨脹得更好。

千層起酥皮（puff pastry）裡的奶油

冷藏過的脂肪可包覆麵團薄層，將它們隔開。待麵團放入烤箱烘烤時，脂肪仍舊呈固態，但裡頭的水分會汽化蒸發，使得富含麵筋的薄層分開，起酥皮膨脹到原來的四倍高。

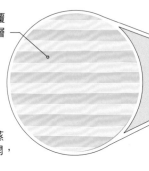
奶油包覆麵團薄層

薄片酥皮（flaky pastry）裡的奶油

這是千層酥皮的「速成」版，奶油包覆著一塊塊扁平的麵團薄片。最後的酥皮成品並非層層分明，而是不規則的薄片交疊層理。

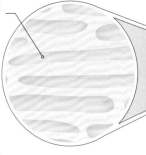
奶油包覆麵團薄片

鬆脆酥皮（shortcrust pastry）裡的奶油

在鬆脆酥皮裡，脂肪包覆麵團顆粒，將它們隔開。這些細小脂肪塊包覆著麵粉表層，可做出鬆脆質地。

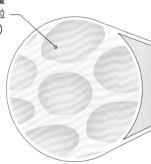
奶油包覆麵團顆粒

為什麼擀開酥皮麵團之前，
必須先將它放入冰箱冷藏？

將麵團放進冰箱「靜置」，可讓產生筋性的緊繃麵筋鬆弛開來。

　　擀壓酥皮麵團以前，應該將它冷藏至少15分鐘（製作千層酥皮時，每一次擀開前都需冷藏），為麵團覆蓋上保鮮膜或烘焙紙，再置入冰箱裡。這麼做是基於幾個理由。低溫環境可減緩麵筋的形成，防止固狀脂肪融化而讓水分滲進麵粉（奶油的含水量可達20%）。

　　這段「醒麵」時間裡，麵團裡的水分可散布得更均勻，而緊繃的麵筋纖維也可鬆弛開來，以利後續的塑形處理。將麵團擀開以後，可將酥皮再度放進冰箱冷藏10至20分鐘，這樣麵筋在烘焙時才不至於回彈，導致派皮縮水。

木製擀麵棍可適當吸附一些乾麵粉防沾黏，也不會傳遞手的熱度。

兩端逐漸變細的無把手擀麵棍可隨意傾斜轉動來使用。

做出 **輕盈千層起酥皮的訣竅是什麼？**

千層酥皮的層層薄片入口即碎。

以手工來製作千層起酥皮是極耗時的勞動，這也是一種技巧難度最高、最難嫻熟掌握的酥皮。揉好一個基本酥皮麵團，擀開成一片，然後放進冰箱冷藏，接著取出麵皮，在中間放上冷藏過的奶油，像包東西一樣，將麵皮四邊往中心摺起，裹住奶油，接著擀壓成長方形（見下欄）。傳統千層起酥皮需要經過六次「擀與摺」（turn），隨著每次擀壓，麵皮越來越薄，酥皮層數量迅速增加。每次擀壓前務必先冷藏，因為奶油若在擀壓時融化，澱粉會吸收水分而膨脹，酥皮麵皮就會變鬆軟，也造成每道奶油層都融合在一起。要獲得最好的成果，酥皮麵團製作完成後，先放入冰箱裡冷藏一小時再烘烤。

千層起酥皮

薄片酥皮

鬆脆酥皮

步驟一　　酥皮層

擀開後的冰冷奶油，重量約和酥皮相同。

步驟二

酥皮四邊往中心摺起。

步驟三

擀壓開來，準備好再次裹起奶油，再次摺疊。

製作千層起酥皮
將奶油放在酥皮中間。將酥皮四邊往中心摺起，裹住奶油。反覆進行擀與摺的步驟六次，可做出729層酥皮。

在冰涼的工作檯面上擀開麵皮，有助維持麵團溫度不上升。

準備入爐烘焙

烤箱要先空烤預熱，如此一來，麵團一入爐就接觸到乾燥熱空氣，奶油裡的水分隨即蒸發，不至於被麵團的澱粉吸收。

維持冰涼
選擇不會傳導熱能到麵團的工作檯面和擀麵棍。大理石板和木製擀麵棍是理想的選擇。

要怎麼避免 派皮的底層烤得「溼溼軟軟」？

酥皮麵團烤成堅實、酥脆、散發奶油香的派皮或塔皮，
可用來裝起重點食材時，即是烤得最完美的狀態。

酥皮麵團至少50%的組成成分為具有吸水性的澱粉質麵粉，因此一個表層烤得美味、酥脆的派，底層很可能又溼又軟。

在烘焙過程中，微小的澱粉晶體會吸收水分，「糊化」為柔滑膠狀物；同時間，有彈性的麵筋則逐漸變乾，脂肪裡的水分汽化為水蒸氣逸散，當麵團的水分都蒸發以後，表層即因為梅納反應（見第16～17頁）而褐化上色，並散發焦糖般的芳香。不過，派裡若有內餡，水分不會蒸發，酥皮很容易吸收內餡的水分。

含有大量脂肪的緊實酥皮會比較容易定型，因為脂肪會阻絕麵粉接觸到內餡，不至於吸收太多液體。但即使麵團的含脂量高，仍可能會烤出內餡已熟，麵皮仍半生不熟的成品。可以參考以下介紹的訣竅，以避免烤出底部溼軟的成品，做出酥脆可口的酥皮。

黃金色表面

將可接觸到熱空氣的麵團表層塗上蛋汁，可增加蛋白質，有助於強化褐變反應，讓成品的上色程度和風味都更好（見第16頁）。

在放入內餡以前，先做盲烤（blind-baking）來幫助派皮、塔皮底部定型，後續連餡一起烘焙時，底層就不會吸收液體。先用叉子在底部戳孔以幫助蒸氣逸出。再來用鋁箔紙或烘焙紙包住酥皮，放上重物壓住（見下一個訣竅），放進溫度為220℃（428℉/瓦斯烤箱火力7）的烤箱裡烤15分鐘。

**先用打散的全蛋液或蛋白刷過酥皮底層，
再放入烤箱盲烤，
可讓蛋白質形成防水層。**

盲烤時，使用生米、生豆或白糖來壓住酥皮底層。

避免使用厚陶材質的烤盤。這種材質導熱很慢，會導致烤出的酥皮很溼軟，而且因為奶油會慢慢融化，表層會泛一層油。

內餡會隔絕底層與熱空氣的接觸，因此選對烤盤材質相當重要。深色的金屬盤可充分吸收烤箱內的熱能，或者也可使用烤箱專用的玻璃烤盤，輻射熱即可穿過玻璃向上傳遞。

如果烤箱的加熱管位於底部，可將派皮放置在下層架子烘烤，底部即可均勻受熱，烤熟的速度更快。

奶油約有10-20%的含水量，因此以高溫烘焙麵團可幫助這些水分蒸發，讓它們不致被麵粉裡的澱粉吸收。

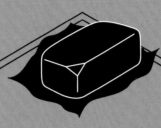

> 要增添風味，給予酥皮麵團層層薄片的細緻質地，選擇最適用**的油脂**是極其重要的一個步驟。**奶油**在稍低於人體口腔溫度的32-35℃（90-95℉）即融化為液態，能帶來入口即化的口感。

聚焦　糖

少有其他的食材像糖這般，帶給我們如此多的愉悅感受，然而，糖不只是用於糕點和甜食的甜味材料。

現今我們用來為食物增甜的糖，幾乎都是萃取自甘蔗或甘菜等菁的糖用甜菜。然而，糖不只是甜味劑，它還有多樣的其他用途。將糖加入麵團和乳製品裡，可防止蛋白質結合成緊密的網絡，因此可提升麵包質地的柔軟度，也可讓卡士達醬的質地更精順。用於冰淇淋的話，它可降低水的凍結點，防止冰晶結晶。防止冰晶越長越大，因此冰淇淋吃起來不會有粗糙的顆粒感。糖也能影響烘焙食品的質地，它們可吸收空氣中的水分，讓烘焙食品的柔軟狀態維持更久。如果加入熱糖，它們會分解，或說「焦糖化」，轉變為滋味馥郁的糖漿，糖漿完全冷卻前可塑型，定型為任何形狀。

全球每人每年平均消耗23公斤（51磅）的糖。

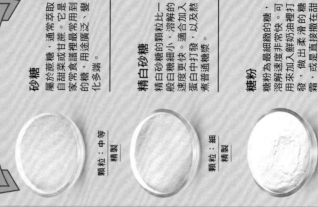

認識你所使用的糖

現代人類從近二十萬年前出現以來，大部分時間裡糖的來源就是含糖的乾果。如今，糖是可以工業化量產的產品，因此大家總以為糖就是一種白色粉末或顆粒狀。其實糖有多種多樣，從白糖、黑糖至糖漿，不一而足。

白糖

砂糖
屬於蔗糖，通常萃取自甘蔗或甘菜。它是自甜來源最常見到的糖，用途廣泛，變化多端。
顆粒：中等　精製

精白砂糖
精白砂糖的顆粒比一般砂糖細小。溶解的速度更快。適合加入蛋白中打發、以及熬煮糖漿。
顆粒：細　精製

糖粉
糖粉為最細緻的糖。溶解速度非常快。可用來加入鮮奶油裡打發，做出柔滑的糖霜，或是直接撒在甜點上。
顆粒：非常細　精製

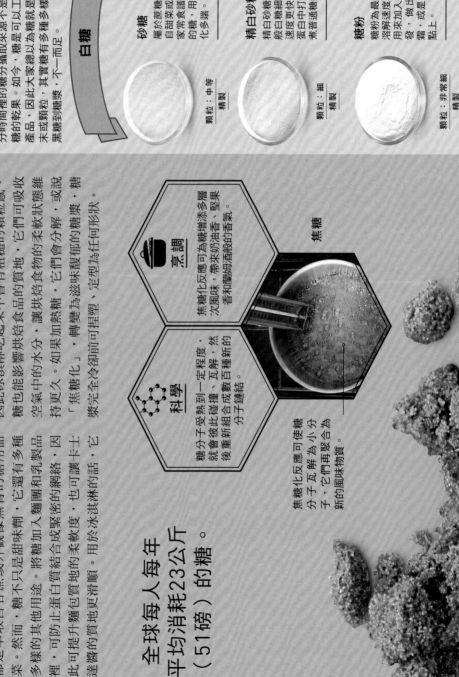

科學
糖分子受熱到一定程度，就會彼此碰撞、瓦解，然後重新組合成數百種新的分子鏈結。

烹調
焦糖化反應可為糖增添多層次風味，帶來奶油香、堅果香和蘭姆酒般的香氣。

焦糖
焦糖化反應可使糖的分子分解為小分子，它們再聚合為新的風味物質。

紅糖

紅糖
紅糖為裹著糖蜜的白糖，因此顏色為褐色，稍帶苦味。適合用來調味和作為裝飾材料。

顆粒：細到粗都有
部分精製

粗黑糖
未精煉的糖，比方黑糖，都保有來自甘蔗糖汁的風味。它們的風味強烈，可用於甜點或飲品。

顆粒：粗
最低限度的精製

糖漿

糖蜜
這種調厚，甘苦味的糖漿是甘蔗榨汁分離出白糖後的副產品。可用於製作烤肉片、薑餅和甘草片，靈餅和的甜食。

顆粒：液態
部分精製

玉米糖漿
將澱粉酶加到玉米澱粉裡，即可形成此種濃稠的甜味糖漿。它是食品業常用的甜味劑。

顆粒：液態
未精製

麥芽糖漿
用於烘焙食品和啤酒，是製作的這種糖漿，以發芽大麥和未發芽大麥熬煮而成，麥芽糖粉則是乾燥的麥芽糖漿。

顆粒：液態
未精製

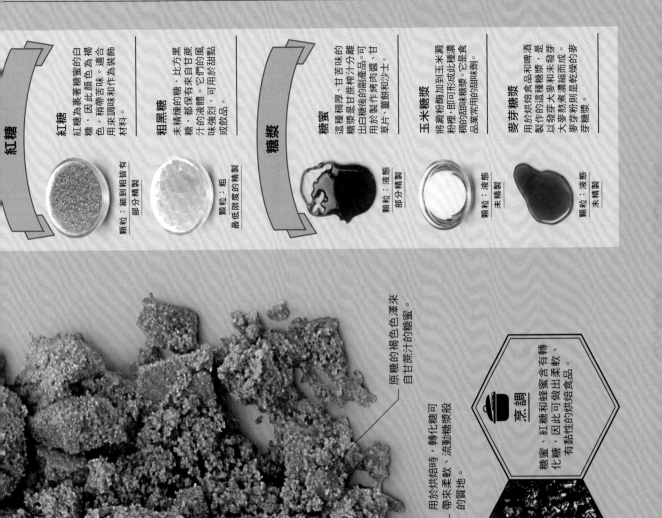

原糖的褐色色澤來自甘蔗汁的糖蜜。

用於烘焙時，轉化糖可帶來柔軟，流動糖漿般的質地。

烹調
糖蜜、紅糖和蜂蜜含有轉化糖，因此可以做出柔軟、有黏性的烘焙食品。

科學
由葡萄糖和果糖結合而成的轉化糖比砂糖更甜，吸水性也更高。

轉化糖

在二十世紀初期，有人意外發現把棉花糖放在明火火焰上**烤**，可以讓表面**焦糖化**，烤出焦糖布丁般的脆殼；而內部會變為黏軟的液體狀態。

有辦法
在自家製作棉花糖嗎？

這種白色的「軟綿糖團」有著悠久的歷史。

古埃及人最早食用的糖，是藥蜀葵根部的黏性汁液。這是一種稱為「黏質」的膠質汁液，由許多種類的單醣所構成，因此為黏液質地，很適合用來製作軟質糖果。

到了十九世紀，法國人發現可在這種黏液裡加糖，再打發為泡沫狀，後續出現加入蛋白，形成糖團的配方，蛋白的蛋白質能給予膠質結構更強韌連結。後來，這種糖裡的藥蜀葵黏質成分由較平價的動物性明膠所替代。如今，棉花糖的製作方式，是先將糖熬煮濃縮為糖漿，再加入明膠粉、蛋白（不一定會放），再來攪打為半固態泡沫。冷卻後的糖團會在室溫下融化，放入口中則溶為柔軟、非常甜的黏狀物質。

主要成分

這種糖果的製作方法是以熬煮的糖漿、明膠和水混合在一起，再打發成為海綿狀泡沫。

糖的作用

厚稠的糖漿可強化、安定泡沫裡的氣泡壁，讓它們排列得更有序。

在自家廚房製作棉花糖的訣竅

照著任何食譜配方做棉花糖時，務必謹記下列訣竅。

打發混合物時切勿過度或攪打不足。和蛋白霜一樣，應該打到泡沫緊實挺立，但尖端柔軟，才能做出質感輕盈、蓬鬆的成品。

要讓棉花糖定型為軟黏質地，關鍵在於將糖加熱到121℃（250℉）來熬成濃糖漿。

使用不同種類的糖來煮糖漿，比如蜂蜜和葡萄糖，可使糖漿比較不易結晶，以免成品吃起來有沙沙的顆粒感。

打出越多氣泡，棉花糖嚐起來越甜，因為糖分子可更快接觸到舌頭味蕾。

減少糖量會影響質地，成為慕斯般的果凍狀。

轉化糖漿含有多種糖，可賦予成品彈性十足的口感。

加熱至180-190℃（356-374°F）的焦糖可抹於堅果表面，做出可口的堅果「脆糖」（brittle）。

焦糖化 反應的原理是什麼?

糖分子在加熱高溫下裂解為小分子，分子再重新聚合，形成金黃色、散發奶油香味的焦糖。

焦糖化反應可謂最戲劇化的烹調過程。僅僅是加熱，就能將純白的糖變成稠厚焦糖色糖漿。

糖類受熱的反應

焦糖化反應不是糖的融解，而是糖的「熱分解」（thermal decomposition）產生全新的物質。糖分子受熱到一個溫度時，會互相撞擊，力道大到它們會瓦解為更小分子，接著重組為數以千計的新芳香分子，從嗆味、苦味到細緻奶油香包羅萬象。製作焦糖有兩個方法，分別為乾式和溼式加熱。下面介紹的是「溼式」加熱法，一旦熟練掌握，可有各種各樣的應用方式（見右頁欄表）。「乾式」加熱法的變化性較少，但是做起來很容易，只需要將糖放入厚底鍋裡加熱即可。糖會融化為金黃琥珀色液體，顏色接著變深為褐色，隨著糖分子瓦解，甜味也會流失。等到顏色轉為深琥珀色，此時的焦糖為最佳狀態，可倒在堅果上製作堅果糖，或者作為醬料的基底。

「溼式」焦糖做法

糖水一旦沸騰以後，隨著水分蒸發，濃度會越來越高，沸點也隨之升高。隨著水溫升高，糖會產生焦糖化反應，顏色變得越來越深。在冷卻過程中，糖晶體會結合為固體物，質地則隨糖的濃度而異（見右頁欄表），可呈柔軟膠狀，或是極為硬脆。

實作

#1

#2

#3

將糖放入水中溶解

將150毫升（5液量盎司）的水、330公克（12盎司）白糖和120公克（4盎司）液體葡萄糖（如果可取得的話）倒入厚底湯鍋裡。用木湯匙或橡膠刮刀攪拌均勻。開中火熬煮糖漿。用蘸水的烘焙刷刷掉鍋壁上結晶的糖粒，否則它們會加速糖漿結晶的產生。要做出柔軟的糖果和太妃糖，這是至為關鍵的步驟。

搖晃鍋子而不是攪拌

繼續加熱混合液體，小心監控溫度。隨著糖的濃度升高，糖水的沸點會提高。在液體達到你需要的質地時熄火（見右頁表格）。要做出焦糖的話，繼續熬煮到糖水變為淡金黃色。糖一旦全部溶解，液體變色以後，只能將鍋子拿起來搖晃，而不是用湯匙攪拌，因為放入湯匙可能導致結晶形成並聚合成塊。

正確的溫度

隨著糖漿的水分逐漸蒸發，更要留心照看，因為濃度越高糖漿升溫越快。顏色轉為深褐色的糖漿，冷卻後會定型為硬脆狀態，可製成脆糖。熬煮出來的糖漿是許多糖果、太妃糖和奶油軟糖製作的原料。再加入牛奶、鮮奶油或奶油等材料，糖與蛋白質會相互作用而褐變，生成牛奶糖和太妃糖風味。

煮果醬時 **如何使它凝固定型？**

了解烹調上一些成分如何發揮黏合作用，
可幫助你精進果醬製作的技術。

「溼式」焦糖做法各階段的溫度	
水的沸點和糖的濃度	在室溫下的特性和外觀
112-115℃（234-239℉）濃度：85%	形成軟球，可用來製作牛奶糖或果仁糖。
116-120℃（241-248℉）濃度：87%	形成堅實、具可塑性的球狀，可用來製成焦糖糖果。
121-131℃（250-268℉）濃度：92%	形成硬球體，可用來製成牛軋糖和太妃糖。
132-143℃（270-289℉）濃度：95%	形成堅硬但易曲折的質地，可製成硬質太妃糖。
165℃（329℉）及以上濃度：99%	砂糖發生焦糖化反應，從琥珀轉為褐色。在205℃（410℉）前離火。

最簡單的果醬做法，只是將水果和糖放入水裡熬煮。是水果裡的果膠（見下圖），一種水膠體（hydrocolloid），發揮了神奇的定型或黏合作用，使得水果糖漿在冷卻後凝固成形。

熬煮水果可萃取出果膠這種化學膠質。由於大部分水果裡的果膠含量極少，水果需要加糖熬煮濃縮，然後才會凝膠化。使用寬口鍋，水量不要超過一半高，可擴大水分蒸發的面積，有利果液的濃縮。以小火沸煮水果，只消幾分鐘，水果細胞即破裂開來，一大部分的果膠流出，溶解在水中。以一比一的比例加入所需的糖量，糖可帶來甜味，也將果膠分子裡的水分帶出，促使果膠分子鏈結合在一起，使果液變稠。將火力轉大（煮5至20分鐘），可使水果糖液沸滾和大量冒泡。在這個階段，水果糖漿會稠化，果膠分子重新結合為膠狀物質，它們彼此交織而成的網絡足以使果醬定型。

#4

停止加熱
待糖漿加熱到所需的溫度，立刻離火。如果糖漿的顏色已經很深，將鍋子浸入一碗冰水裡，有助讓糖漿溫度停止上升。要做出沒有顆粒狀的滑順焦糖，關鍵在於不要搖動到鍋子。使用不同種類的糖（比如蔗糖和葡萄糖）可防止大型晶體形成，做出柔滑質地。

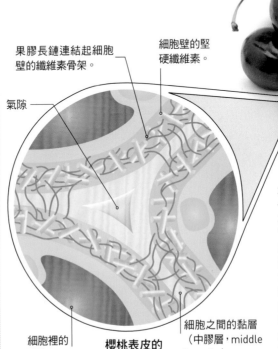

果膠長鏈連結起細胞壁的纖維素骨架。

細胞壁的堅硬纖維素。

氣隙

水果細胞結構裡的果膠

水果裡的果膠含量不到1%，它們集中於果核、種子和果皮。隨著水果熟成，果膠含量會逐漸減少，因此過熟的水果製成的果醬品質差強人意。黑莓等水果的果膠含量高。另一些水果，像是櫻桃和梨子的果膠含量則低，因此在果醬製作過程需要多添加其他幫助定型的材料。

細胞裡的液胞

櫻桃表皮的水果細胞

細胞之間的黏層（中膠層，middle lamella）

聚焦　巧克力

所有食物當中最引人垂涎的巧克力，從古至今始終受到無比珍視；阿茲特克人甚至把可可豆當作貨幣使用，他們相信可可樹是連接天堂與人間的橋梁。

市面上的巧克力產品琳琅滿目，你大概認為製作巧克力是容易的事。實情遠非如此。

可可豆是堅硬纖維質莢果裡白色黏液裹起的種子，嚐起來根本不像巧克力。得將它們從爽脆殼裡取出，把種子和果肉堆疊起來發酵，才能培養出種種風味，即可運送發酵完的豆子經過乾燥作業，即可運送到巧克力工廠。

可可豆在工廠裡經過烘焙，生成多層次的泥土風味和堅果風味。接著把可可豆脫殼，只留下種仁。它們經過碾磨分離為可可脂和固形物可可餅。調味材料是在精磨階段加入，接著加熱巧克力漿，再來是「回火」（調溫）作業（見下頁），最後固化成形，即是為市售的光滑巧克力。

製作精良的巧克力有柔滑、光澤的表面，表示它經過得宜的回火作業，並且存放在適當的環境中。

掰斷一塊巧克力時，若聽到很響亮的啪的一聲，代表這塊巧克力的晶體結構良好，入口後會均勻融化。

認識你所使用的巧克力

不同種類的巧克力所含的可可固形物、可可脂和奶油比例都大不相同，因此各有特色。每種成分是在製漿階段添加加混合，最後以「回火」作業結束製程。

可可固形物

100%
純可可巧克力

只使用可可豆，不添加糖，有的會添加一點可可脂。100%純可可巧克力的風味相當濃厚，也帶苦味，可可固形物在濃郁的菜裡，切碎撒在濃郁的菜裡或烤肉上。

可可塊：100%
糖：0%
奶粉：0%

黑巧克力

黑巧克力增添了糖來緩和可可較苦澀的味道。可可固形物的含量越高，風味也越濃。適合於製作布朗尼、蛋糕、慕斯，或是與鮮奶油混合來做成滑順的甘納許 (ganache) 或巧克力。

可可塊：35-99%
糖：1-65%
奶粉：可達12%

含牛奶的黑巧克力

牛奶固狀物會降低巧克力熔點，因此它有乳脂腺的口感，而且可以更快釋出濃厚的深色巧克力風味，帶有層次的平衡風來。可直接食用或削絲使用於各種菜色。

可可塊：35-60%
糖：20-45%
奶粉：20-25%

牛奶巧克力

廣為食用的這種巧克力通常有經過調味，比如加入乾果、堅果、辛香料和乳化劑。品質較低廉使用植物的牛奶巧克力會使用植物油而不是可可脂。牛奶巧克力碎片在烘焙製作時相當好用，因為它們的熔點比深色巧克力還低。

可可塊：20-35%
糖：25-55%
奶粉：25-35%

無可可固狀物

白巧克力

白巧克力所含的唯一可可成分為可可脂，因此它沒有其他種類巧克力的棕褐顏色，也無可可固狀物的巧克力風味。因此白巧克力的風味溫和，滋味主要來自添加的糖、奶粉和香草精。

可可塊：30%（可可脂）
糖：40%
奶粉：30%

使用可可含量高的巧克力，可為甜食或鹹味菜餚帶入苦味勁道。

可可豆的品種和烘焙方式賦予每種黑巧克力獨一無二的滋味。

回火作業包含把巧克力加溫到45°C（113°F），隨後冷卻，接著小心冷卻，隨後再度加溫。

烹調

使用回火過的巧克力來當產果的裏層，即會產生亮澤、入口後能均勻融於口中。

科學

回火作業（見第239頁）可分解巧克力中不同大小結晶體，再將它們重組為均勻的結構。

回火

為什麼
不同國家的巧克力滋味大不相同？

巧克力愛好者只要嚐一下就能分辨不同地區巧克力的風味差異。

大家出國時所吃到的巧克力，滋味一定跟自己國家的巧克力不太一樣。其中一個重要理由，在於各國對於可標示為巧克力的產品有不同的規定。各個國家對於含多少可可成分才能夠稱為「巧克力」的標準截然不同。食品公司會利用這一點來盡可能提高利潤，因此同一個品牌在不同國家所販售的巧克力，滋味很可能大相逕庭。

既然每條巧克力的可可含量可能差別甚大，因此最好查看成分表確認，而不是單憑包裝上的「黑巧克力」或「牛奶巧克力」名稱來選擇。最好避免購買以便宜、油膩的植物油替代柔滑可可脂的巧克力。可可豆的品種與產地對滋味也有舉足輕重的影響（見右圖和下圖）。

可可的風土特色

馬達加斯加島所產的巧克力素以最獨特的風味而聞名，它們有甜味、檸檬味和啤酒味。

克里奧羅可可豆有豐富的花香調和果香調。

克里奧羅（Criollo）

佛里斯特羅（Forestero）

佛里斯特羅可可豆生長快速，因此可作為大量量產巧克力的原料，但它們的風味缺少層次。

混種的千里塔力奧可可豆可賦予巧克力辛辣風味和泥土氣息。

千里塔力奧（Trinitario）

不同品種的可可

巧克力係以可可莢果裡的可可豆製成。可可樹的樹種很多，各自有其獨特的豆子風味。此為三種最常使用的品種。

巧克力的來源（圓餅圖）

- 象牙海岸 33%
- 其他國家 25%
- 迦納 17.5%
- 印尼 7.45%
- 厄瓜多 5.6%
- 巴西 5.3%
- 祕魯 1.8%
- 墨西哥 1.66%
- 多明尼加共和國 1.4%
- 哥倫比亞 1.1%

巧克力的來源

大型巧克力製造公司向全球前幾位的可可生產國購買可可豆，再將不同地區來的可可豆混合，創造出自家的配方口味。南美洲的可可豆能賦予巧克力果香調和花香調，使其滋味豐富迷人。

你知道嗎？

是你的大腦覺得巧克力美味

巧克力令人上癮的魅力來自可可豆的風味、所含的脂肪與化學物質，也要歸功於添加的糖分。

可可豆的化學奧祕

可可豆含有600種以上的風味物質，以及正好可在口腔溫度下融化的脂肪（可可脂）。巧克力棒以完美比例結合美味的可可與糖，因此能刺激大腦的快樂中樞。可可也含有天然興奮劑的咖啡因與可可鹼，因此吃巧克力會有興奮感。

融化巧克力
和回火巧克力有何不同？

要做出完美的巧克力糖果糕點，值得學習和掌握巧克力師傅的回火調溫技巧。

融化的巧克力適用於甜點或趁溫熱上桌的烘焙食品，不過，若要製作於室溫下食用的巧克力糖果糕點，使用回火調溫的巧克力會有很多好處。回火作業包含加熱巧克力、冷卻和再加熱三項步驟，目的是控制可可脂晶體的形態，增進固態巧克力的質地（見下欄）。回火會促使可可脂裡的脂肪分子結出穩定的晶體網絡，造就出外表有光澤，在嘴裡可一口咬開，在口中融化時毫無油膩感的固態巧克力。

可可脂裡的脂肪分子十分獨特，它們固化時，可結成六種不同的「晶體」，分別為：I型、II型、III型、IV型、V型和VI型，每一種各有不同密度和融化溫度。如果讓熔岩巧克力蛋糕自然而然地冷卻，它會含有這些不同的晶體（VI型除外，這一種晶體只有在巧克力固化數個月後才會形成）。這樣的巧克力會有柔軟、鬆脆質地和油脂後味。只有V型晶體可造就完美的固態巧克力，因此關鍵是防止I型至IV型的晶體形成。以下示範回火的步驟。

#1

#2

#3

#4

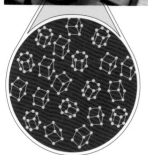

▲ 加溫巧克力

若回火調溫做得不好，巧克力會有多種脂肪晶體。重新融化巧克力時，需要小心加熱和冷卻，如此一來，所有脂肪才會結為V型結晶。

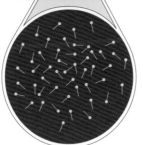

▲ 融化脂肪晶體

巧克力在30～32℃（86～90℉）左右會融化，但是必須加熱到45℃（113℉）才能讓所有脂肪晶體都融化。經常攪拌巧克力，並且要照看溫度。

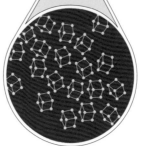

▲ 形成第IV型和V型晶體

待巧克力冷卻到28℃（82℉），可產生大量V型脂肪晶體和一些IV型晶體。傳統做法是將巧克力抹在大理石板上冷卻，也可將裝有巧克力的容器泡在一碗冷水裡。

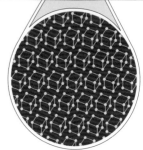

▲ 留下第V型晶體

冷卻後，必須以文火將巧克力重新加熱到31℃（88℉），只讓IV型晶體融化。如此一來只留下V型晶體，即是回火調溫過的巧克力。

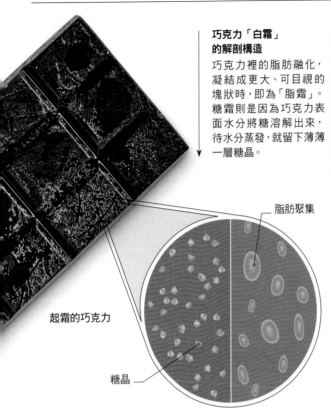

巧克力「白霜」的解剖構造

巧克力裡的脂肪融化，凝結成更大、可目視的塊狀時，即為「脂霜」。糖霜則是因為巧克力表面水分將糖溶解出來，待水分蒸發，就留下薄薄一層糖晶。

脂肪聚集

起霜的巧克力

糖晶

已經變白的
巧克力還能使用嗎？

巧克力主要成分的特性可導致它的表面起粉狀的白「霜」。

所有種類的巧克力，從巧克力棒、巧克力裹層到巧克力糖，都可能產生白色的斑點，看起來就像發霉一樣。這樣的巧克力仍然可食用或用於烹調和烘焙，原因有兩項。第一，巧克力的含糖量雖高，但含水量極低，因此微生物很難在上頭生長繁殖。二來，可可豆富含天然抗氧化物，因此可防止脂肪氧化進而酸敗。黑巧克力可保存至少兩年，牛奶巧克力和白巧克力的保存期則少一半，因為它們含有的乳脂肪量比可可脂更快變質酸敗。巧克力表面的粉狀斑點則是正常的變化，巧克力若是回火調溫不足，或是存放於溫暖、潮溼環境下，時間一久，就會出現此現象。這種粉狀「起霜」是由於巧克力表層的脂肪或糖晶所導致（見上圖）。

要怎麼
拯救融化的巧克力塊？

只要稍微留心和了解巧克力的組成成分，你可以挽救任何巧克力災難。

巧克力塊會融到軟軟糊糊，通常是因為接觸到水分或水蒸氣。再碰到一兩滴水，只需一下子時間，融化的巧克力就會凝固成團塊。這個過程稱為結塊（seizing），是糖導致了這樣的變化。小小的糖分子通常均勻懸浮分布於可可脂裡。水一進入，糖會迅速溶解，聚合在水滴周圍，結成糖糊。滋味大致未變，但是質地轉為軟糊。注意別讓融化的巧克力跟水分接觸即可避免結塊，若已發生結塊，可試試以下方法。

小心水

只需半茶匙（3mℓ）的水就足以使100公克（3.5盎司）的巧克力結塊。

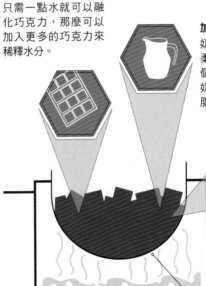

加入更多的巧克力
只需一點水就可以融化巧克力，那麼可以加入更多的巧克力來稀釋水分。

加入奶油
奶油會讓巧克力成為柔滑的液態醬汁。這個辦法會奏效是因為奶油本身即是水與乳脂肪分子的混合物。

加入更多的水
加水到整體的20%，巧克力醬即「轉化」，它會成為漿狀，懸浮的可可脂分子和脂肪分子可讓它變得濃稠。

隔水加熱

如何挽救融化而軟糊的巧克力

如何製作
巧克力甘納許？

儘管巧克力甘納許屬於專業甜點技巧，其實要嫻熟掌握很容易。

甘納許的組成很簡單，僅僅混合了鮮奶油和巧克力，適用範圍包括松露巧克力內餡、抹在蛋糕上的糖霜，本身也是美味的甜點。

脂肪與水的結合

從科學觀點，巧克力甘納許有如巧克力風味的鮮奶油，是一種「乳化劑」，也是一種「懸浮液」。鮮奶油是乳脂球浮於水中

慢慢來

絕不可讓巧克力甘納許的溫度升高到超過33℃（91℉），否則會油水分離。

的乳化劑，再加進巧克力的所有成分：可可脂、可可微粒和糖（以及牛乳固形物或其他油脂）。可可脂微滴與乳脂球分散於液體中；糖在水裡溶解，成為糖漿；而固狀可可微粒吸收水分膨脹，懸浮在液體裡。巧克力和重乳脂鮮奶油以一比一比例混合，即形成滑順巧克力甘納許，而增加巧克力或可可含量（見下欄）會使得質地變稠，風味變濃。

製作巧克力甘納許

要做出用途無限廣的巧克力甘納許，技巧很簡單。你可以使用較低脂的奶油來做出質地較稀薄、滋味較淡的澆淋用、淋面用甘納許；要製作松露巧克力或作為巧克力裹層時，可加入較多的巧克力讓質地更濃稠。也可以加入水果粉或酒精基底、油脂基底的調味材料。

實 作

燒焦牛奶蛋白質

將200公克（7盎司）的黑巧克力切成均等碎片。將200㎖（7液量盎司）的重乳脂鮮奶油倒入湯鍋裡，以小火加熱到它開始冒泡。牛奶裡的「焦」蛋白質可增添鮮奶油風味的深度。不可讓它沸騰，可能會破壞脂肪球，導致混合料油水分離。

將脂肪和水分子結合

將鍋子移開熱源。將切碎的巧克力加進鮮奶油裡，等待30秒讓它們融解。巧克力切得越碎，融解得越快。均等大小可讓巧克力碎片以均等速度融化，減少結塊的可能。

攪打至乳化

以刮刀將液化的可可脂、可可微粒、糖粒與熱鮮奶油攪拌均勻。隨著脂肪和水完全乳化結合，即成滑順巧克力甘納許。可趁溫熱當作醬汁使用，或是倒入淺碗裡，待它冷卻以後，可做糖果甜食或塔派的內餡。

要怎麼做出
可在冰淇淋上硬化的
巧克力外衣？

這個技法背後的科學原理很簡單。

　　醬料一淋在冰淇淋上就硬化的神奇魔法，只是椰子油的作用。椰子油和多數的植物油不同，含有高量的飽和脂肪，因此在室溫下為固態。然而，椰子油裡的脂肪種類又比多數動物脂肪來得少，因此椰子油的融化和固化可發生在一瞬間。將它和糖混合，加熱為巧克力醬，可使脂肪分子較不易固化，椰子油的融化溫度也降低到低於室溫。要自製巧克力醬汁，將4湯匙的精製椰子油，85公克（3盎司）黑巧克力和1撮鹽倒入一個碗裡，微波加熱2～4分鐘，攪拌，置於室溫下冷卻，接著淋在冰淇淋上。

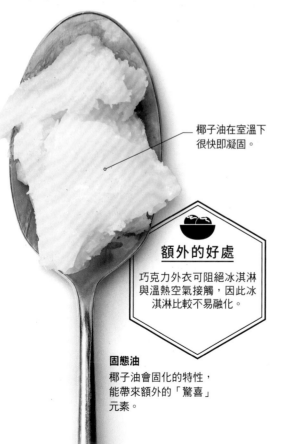

椰子油在室溫下
很快即凝固。

額外的好處

巧克力外衣可阻絕冰淇淋
與溫熱空氣接觸，因此冰
淇淋比較不易融化。

固態油
椰子油會固化的特性，
能帶來額外的「驚喜」
元素。

舒芙蕾如何膨升

舒芙蕾在烘烤過程中，半固態蛋白霜裡的氣泡會擴張，水分會蒸發為蒸氣，使得氣穴越變越大。蛋奶醬裡的蛋黃在蛋白氣泡之間形成一道道壁壘。

小氣泡擴張。

蛋白質將氣泡
固著住。

事先計畫

打發的蛋白氣泡會隨著時
間慢慢變扁，因此應該先
準備蛋奶醬，再開始打發
蛋白。

烘焙前的舒芙蕾混合料

舒芙蕾如何定型

當舒芙蕾繼續膨升，蛋白與蛋白質會凝結，內部形成柔軟、黏稠質地，而表面烤出上色的脆皮。

要怎麼做出
完美的巧克力舒芙蕾？

無論鹹味或甜味，製作舒芙蕾的原則在於：
細心將蛋白霜與富含脂肪的蛋奶醬拌切均勻。

將蛋白打發成蛋白霜是所有舒芙蕾的基礎。蛋白被打發為挺立堅實尖角狀，蛋白裡的氣泡在烤箱高溫環境中擴展，使得舒芙蕾膨發起來。風味來自蛋黃所製成的高脂蛋奶醬，此頁的配方為加入椰子油和糖。但是混合蛋白霜和蛋奶霜會有點難度，蛋白裡的氣泡接觸到脂肪會爆開，因此小心混合非常重要。蛋白霜對蛋黃蛋奶醬的份量以二比一為宜，以橡膠刮刀小心切拌，每次少量地拌，分兩三次完成的效果最好。椰子油和糖會讓蛋奶醬變稠，使得氣泡壁穩定，但是如果太稠，可能會重到抑制氣泡的擴展和膨升。

「將蛋白打發為蓬鬆尖角狀，再與蛋黃基底的蛋奶醬混合。」

擴張的氣泡使混合料膨升起來。

蛋白質已經凝結。

拜梅納反應之賜（見第16～17頁），表面定型和褐變上色。

你知道嗎？

你可以重新加熱扁塌的舒芙蕾

舒芙蕾在上桌品嚐前即扁塌的話，仍有補救機會。

第二次膨發

將舒芙蕾再次放進烤箱，可使混合料裡的空氣再次膨脹，舒芙蕾差不多會發到和第一次差不多的高度。你可以將烤妥的舒芙蕾放入塑膠袋裡，放進冰箱冷藏，隔天再進爐烤一次，或是放入冷凍庫保存。注意，再度加熱時，「二度烘烤」的舒芙蕾膨升的程度較小，但質地會更接近蛋糕。

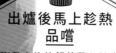

出爐後馬上趁熱品嚐

膨發之後的舒芙蕾必然會扁塌，熱空氣會收縮，而澱粉含量低的氣泡壁很脆弱、沒有支撐力。

烘烤好的舒芙蕾混合料

塌陷的舒芙蕾混合料

索引

作者介紹

　　斯圖亞特·法里蒙醫師為食品科學和保健營養學領域作家、節目主持人和講座主持人。他經常上電視、廣播節目，也是公共活動的常客。他是受過專業訓練的醫師和教師，所撰寫的文章散見於《新科學人》（*New Scientist*）、《獨立報》（*The Independent*）、《華盛頓郵報》（*The Washington Post*）等報章雜誌。他目前在廣播電台主持一個塊狀科學節目。他至今公開發表過的食品研究成果涵蓋廣泛多樣的主題。

致謝

出版社的致謝

　　我們要感謝作者在本書中傾囊相授的專業知識和建議。

攝影　Will Heap, William Reavell
食物造型師　Kate Turner, Jane Lawrie
設計協助　Helen Garvey
編輯協助　Alice Horne, Laura Bithell
校對　Corinne Masciocchi
索引編輯　Vanessa Bird

作者的致謝

　　我要特別感謝阿拉斯加海援學院（Alaska Sea Grant）海洋顧問課程的海洋食品科技專家Chris Sannito，他親切指導我有關鮭魚撈捕、燻製和保存的更細微要點；世界自然基金會（World Wildlife Fund）的計畫專員Merrielle Macleod，為我說明目前全球水產養殖的真實情況，不時還講幾段網路上流傳的鬼故事來調劑氣氛。謝謝英國農業與園藝發展委員會（Agriculture & Horticulture Development Board）的資深牛羊專家 Mary Vickers跟我解說全球牛類品種知識和多種影響肉品肉質的因素。謝謝英國蛋類資訊局（British Egg Information Service）的 Kevin Coles 提供最新統計資料。英國威爾特郡麥多納農場（New MacDonald Farm）的Louise and Matt Macdonald夫妻讓我參觀他們的蛋雞場。常青藤之家酪農場（Ivy House Farm Dairy）的 Geoff Bowles 為我導覽，不吝滿足我的好奇心，鉅細靡遺介紹了關於乳品、鮮奶油和奶油製作的林林總總細節，我後來更得知該酪農場是英國王室的供應商。英國威爾特郡哈特里農場（Hartley Farm）的屠宰員Kevin Jones 欣然擱下他手邊正在處理的牛體，花時間向我說明屠宰所用刀具和整個流程，Will Brown 教導我如何選擇肉品與熟成肉類。蓋瑞餐廳（Gary Says）的主廚暨廚藝講師Steve Lloyd 帶我一窺他們的廚房，觀看「專業大廚們」如何大展身手，烤窯烘焙坊（The Oven Bakery）的Nathan Olive 和 Angie Brown 准許我戳一戳酸麵團，打開他們的烤箱看一看，還解答我對烘焙麵包該注意細節的問題。我要向以上每一位致上謝意。當然，還有許多要感謝的對象，我未能一一列舉，但我要對《現代主義烹調》（*Modernist Cuisine*）的作者Nathan Myhrvold和倫敦大學學院的Jim Davies 表達感激之情。是Davies讓我透過電子顯微鏡觀察不同種類的巧克力和餅乾，我才能研究它們的細微構造（特定部分和整體）。

　　我要謝謝 Dawn Henderson 和 DK 出版團隊邀請我加入這個令人興奮的計畫。Claire Cross 和 Bob Bridle兩位編輯以十足耐性包容我對科學細節的斤斤計較，藝術家和設計師完成的漂亮配圖令我驚豔，Claire 孜孜不倦將我的稿件刪節為易於閱讀和消化的份量。

　　感謝我的文學經紀人Jonathan Pegg 自始至終對我支持有加，我也一定要對內人、家人和朋友致上誠摯的謝意和愛，在我為了本書焚膏繼晷、足不出戶的日子裡，是他們的關懷讓我得以保持身心健康。

The publisher would like to thank the following for their kind permission to reproduce their photographs:

(Key: a-above; b-below/bottom; c-centre; f-far; l-left; r-right; t-top)
22 Dreamstime.com: Alina Yudina (ca); Demarco (ca/Stainless steel); Yurok Aleksandrovich (c). 24 Dreamstime.com: Demarco (cr); Fotoschab (cr/Copper); James Steidl (crb). 25 Dreamstime.com: Alina Yudina (cl); Liubomirt (clb). 27 123RF.com: tobi (bl). 33 123RF.com: Reinis Bigacs / bigacis (crb); Kyoungil Jeon (cla). Dreamstime.com: Erik Lam (c); Kingjon (c/Raw t-bone). 39 123RF.com: Mr.Smith Chetanachan (br). 117 Alamy Stock Photo: Huw Jones (tc). 124 Dreamstime.com: Charlieaja (tl). 140-141 Dreamstime.com: Coffeemill (cb). 145 Dreamstime.com: Eyewave (l). 150 Depositphotos Inc: Maks Narodenko (tr). 154 Dreamstime.com: Buriy (bl). 188 Dreamstime.com: Viovita (crb). 212 123RF.com: foodandmore (bl). 233 123RF.com: Oleksandr Prokopenko (cb)

All other images © Dorling Kindersley
For further information see: www.dkimages.com